固体物性入門

例題・演習と詳しい解答で理解する

沼居 貴陽 著

森北出版株式会社

●本書のサポート情報を当社Webサイトに掲載する場合があります．下記のURLにアクセスし，サポートの案内をご覧ください．

https://www.morikita.co.jp/support/

●本書の内容に関するご質問は，森北出版 出版部「（書名を明記）」係宛に書面にて，もしくは下記のe-mailアドレスまでお願いします．なお，電話でのご質問には応じかねますので，あらかじめご了承ください．

editor@morikita.co.jp

●本書により得られた情報の使用から生じるいかなる損害についても，当社および本書の著者は責任を負わないものとします．

■本書を無断で複写複製（電子化を含む）することは，著作権法上での例外を除き，禁じられています．複写される場合は，そのつど事前に（一社）出版者著作権管理機構（電話03-5244-5088, FAX03-5244-5089, e-mail：info@jcopy.or.jp）の許諾を得てください．また本書を代行業者等の第三者に依頼してスキャンやデジタル化することは，たとえ個人や家庭内での利用であっても一切認められておりません．

はしがき

　固体物性は，エレクトロニクスの基礎を支える重要な分野です．たとえば，半導体デバイスの研究開発を進めたり，半導体デバイスの動作特性を理解するためには，固体物性を深く理解しておくことが大切です．固体物性は，電磁気学，統計力学，量子力学など，広範な分野を基礎としているだけに，初学者にとってはなかなか理解するのが大変な分野だと思われます．このような状況を踏まえて，筆者は立命館大学で固体物性の講義を担当し，学生の反応や，試験の結果をもとに，学生の理解度を反映させながら，講義ノートをまとめ直して完成したのが本書です．レベルとしては，学部2～3年生を想定しており，大学院受験の準備にもなると考えています．また，研究開発に従事している社会人にとっても，基礎を固めるのに役立つと思われます．いずれにせよ，本書が少しでも固体物性を理解する手助けになれば幸いです．

　本書では，各章のはじめに章ごとの目的とキーワードをまとめたうえで，固体物性の説明をしています．そして，例題を随所に設けていますが，例題の解答をいきなり読むのではなく，まずは自分の頭でじっくり考え，そして自分の手を動かして例題に取り組んでほしいと思います．また，重要な箇所は，**Point** としてまとめましたので，学んだことを整理するのに役立てていただければ幸いです．さらに，章末には演習問題を設けました．演習問題のタイトルに該当する箇所を復習してから，力試しのつもりで取り組んでもらえればと思います．なお，演習問題の解答は，巻末にまとめてあります．問題を解き終わったら，本書の解答と比べてみるだけでなく，ぜひ数値のオーダー（桁）を頭に入れておいてください．物理量のオーダーをつかんでおくことは，研究開発にたずさわるうえで，とても大切なことだからです．また，解答を終えた後で，学んだ章を復習することも，理解を深めるには有効でしょう．例題と演習問題を活用して，固体物性に対する理解を深めてもらえれば，このうえない喜びです．丸暗記ではなく，理解することに重点をおいて，本書を読み進めていただくことを願っています．また，付録には本書を読み進めるうえで必要な統計力学と量子力学の基礎をまとめています．復習をかねて，付録に目を通してから，本文を読み始めるのもよい方法だと思います．

　さて，近年，単位系については，SI 単位系 (Système International d'Unités) を用いることが推奨されています．しかし，半導体の分野では，キャリア濃度の単位とし

て，cm^{-3} を用いることが多いようです．本書でも，慣例にならってキャリア濃度の単位として，cm^{-3} を用いています．例題や演習問題では，単位換算を進めながら計算をしていますので，これを機会に単位換算にも慣れ親しんでほしいと思います．

なお，本書を作成するにあたり，自分で理解した内容を自分の言葉で書くという方針をベースにしました．それだけに，もし考え違いや誤りがあれば，なるべく早い機会に訂正したいので，ご連絡いただけると幸いです．

最後に，筆者が，これまで研究や若手の指導に従事してくることができたのは，学生時代からご指導いただいている東京大学名誉教授（元慶應義塾大学教授）霜田光一先生，慶應義塾大学名誉教授 上原喜代治先生，元慶應義塾大学教授 藤岡知夫先生，慶應義塾大学教授 小原實先生のおかげであり，ここで改めて感謝したいと思います．また，本書を出版する機会をいただいた森北出版株式会社の石井智也氏はじめ編集部の方々にお礼を申し上げます．

2007 年 5 月

沼 居 貴 陽

目　　次

第1章　結晶の構造　　　1
1.1　格子と単位構造　　1
1.2　結晶面の指数　　7
1.3　結晶構造　　10
　　演習問題　　14

第2章　X線回折　　　15
2.1　結晶によるX線の回折　　15
2.2　逆格子　　18
2.3　散乱振幅　　25
　　演習問題　　28

第3章　結晶結合　　　29
3.1　結晶の結合力　　29
3.2　弾　性　　42
　　演習問題　　48

第4章　固体の比熱　　　50
4.1　フォノンによる比熱　　50
4.2　自由電子気体による比熱　　73
　　演習問題　　78

第5章　エネルギーバンド　　　80
5.1　エネルギーバンドとエネルギーギャップ　　80
5.2　ほとんど自由な電子モデル　　82
5.3　周期的ポテンシャル中の電子　　88
5.4　有効質量　　92
　　演習問題　　93

第6章 金属　　　　　　　　　　　　　　　　　　　　　　　　94

6.1　電気伝導　94
6.2　自由電子気体の誘電関数　98
6.3　静電しゃへい　101
　　演習問題　104

第7章 半導体　　　　　　　　　　　　　　　　　　　　　　　　105

7.1　真性半導体　105
7.2　不純物半導体　110
7.3　半導体中の電気伝導　117
7.4　非平衡半導体　120
7.5　エネルギーバンドと有効質量　125
　　演習問題　127

第8章 誘電体　　　　　　　　　　　　　　　　　　　　　　　　130

8.1　マクスウェル方程式と分極　130
8.2　巨視的な電界　132
8.3　原子の位置における局所電界　138
8.4　相転移のランダウ理論　139
　　演習問題　142

第9章 磁性体　　　　　　　　　　　　　　　　　　　　　　　　143

9.1　磁化と磁化率　143
9.2　常磁性体　145
9.3　反磁性体　150
9.4　強磁性体　153
9.5　フェリ磁性体　154
　　演習問題　156

第10章 超伝導体　　　　　　　　　　　　　　　　　　　　　　　157

10.1　超伝導　157
10.2　ロンドン方程式　159
10.3　ジョゼフソン効果　161
　　演習問題　164

第 11 章　合　金　　　166

11.1　秩序状態と無秩序状態　166
11.2　二元合金における秩序化の理論　167
　　　演習問題　171

第 12 章　電磁界との相互作用　　　172

12.1　光の反射　172
12.2　クラマース-クローニッヒの関係　175
12.3　励起子　177
12.4　核磁気共鳴　178
　　　演習問題　182

第 13 章　表面と界面　　　183

13.1　表面再構成　183
13.2　界面伝導チャネル　186
　　　演習問題　187

第 14 章　格子欠陥　　　188

14.1　ショットキー欠陥とフレンケル欠陥　188
14.2　色中心　191
14.3　転　位　192
　　　演習問題　193

演習問題の解答　　　194

付録 A　統計力学の基礎　　　242

A.1　状態数とエントロピー　242
A.2　プランク分布関数　242
A.3　フェルミ-ディラック分布関数　245

付録 B　量子力学の基礎　　　248

B.1　シュレーディンガー方程式　248
B.2　箱形井戸　249
B.3　調和振動子　250
B.4　水素原子　254
B.5　定常状態における摂動論　256

参考文献　261

索　引　263

本書でよく用いられる物理定数

名称	記号	値
アボガドロ定数	N_A	$6.022 \times 10^{23}\,\mathrm{mol}^{-1}$
真空中の光速	c	$2.99792458 \times 10^8\,\mathrm{m\,s}^{-1}$
真空中の電子の質量	m_0	$9.109 \times 10^{-31}\,\mathrm{kg}$
真空の透磁率	μ_0	$\dfrac{4\pi}{10^7} = 1.25664 \times 10^{-6}\,\mathrm{H\,m}^{-1}$
真空の誘電率	ε_0	$\dfrac{10^7}{4\pi c^2} = 8.854 \times 10^{-12}\,\mathrm{F\,m}^{-1}$
電気素量	e	$1.602 \times 10^{-19}\,\mathrm{C}$
ディラック定数	$\hbar = \dfrac{h}{2\pi}$	$1.05457 \times 10^{-34}\,\mathrm{J\,s}$
プランク定数	h	$6.626 \times 10^{-34}\,\mathrm{J\,s}$
ボルツマン定数	k_B	$1.381 \times 10^{-23}\,\mathrm{J\,K}^{-1}$

第 1 章 結晶の構造

● ● ● この章の目的 ● ● ●

固体の物性は，結晶の構造と深く結びついている．そこで，固体物性を学ぶ第一歩として，この章では結晶の構造について解説する．結晶の構造が，格子と単位構造を用いて説明できることを示してから，結晶面を表す指数と具体的な結晶構造を紹介する．

● キーワード ●
結晶，格子，格子点，単位構造，結晶面，ミラー指数，結晶構造

1.1 格子と単位構造

結晶 (crystal) とは，原子，分子，またはイオンが，空間的に規則正しく周期的に配列した固体である．このような結晶の構造は，図 1.1 のように，一つの**格子** (lattice) を考え，その中の各々の**格子点** (lattice point) に 1 個の原子または 1 団の原子群を配置したものとして表すことができる．ここで，格子点に配置した 1 個の原子または 1 団の原子群を**単位構造** (basis) という．また，格子の 1 辺の長さを**格子定数** (lattice constant) という．

いま，結晶の中の任意の点を考え，この点を位置ベクトル r を用いて点 r と表すこ

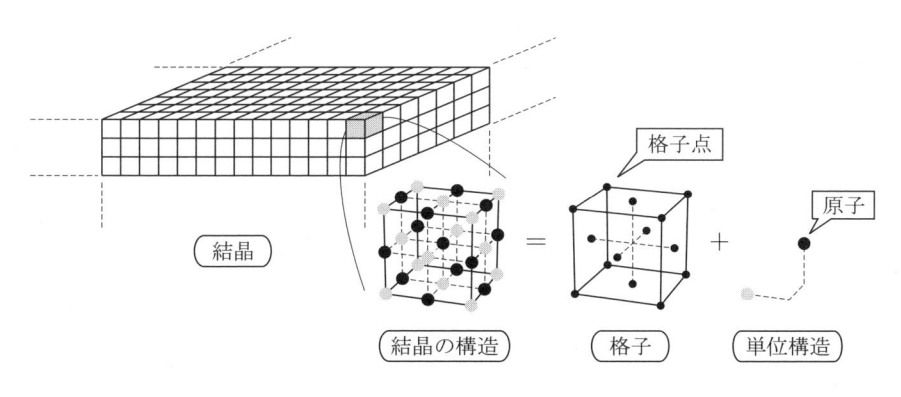

図 1.1 結 晶

とにしよう．結晶では，原子が周期的に並んでいるから，図 1.2 のように，点 r から周囲を見たときと，点 r' から周囲を見たときとで，すべてが一致するような点 r と点 r' が存在する．このとき，点 r' を次のように表すことができる．

$$r' = r + T \tag{1.1}$$

式 (1.1) で導入したベクトル T は，結晶の周期を表すベクトルであり，**並進ベクトル** (translation vector) とよばれている．そして，u_1, u_2, u_3 を任意の整数として

$$T = u_1 \hat{a}_1 + u_2 \hat{a}_2 + u_3 \hat{a}_3 \tag{1.2}$$

と書くことができる．

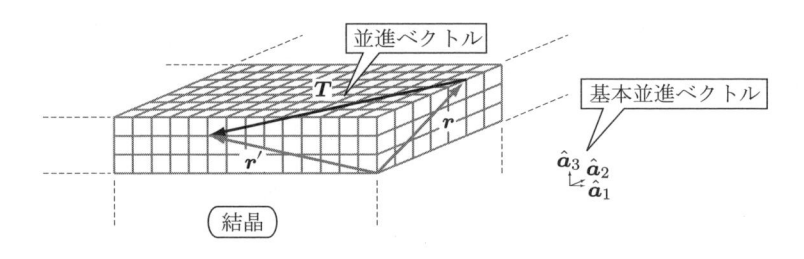

図 1.2 並進ベクトル

　式 (1.1), (1.2) が常に成り立つようなベクトル $\hat{a}_1$, $\hat{a}_2$, $\hat{a}_3$ を**基本並進ベクトル** (primitive translation vector) という．この基本並進ベクトルは，結晶の構造を表すための座標軸，すなわち**結晶軸** (crystal axis) として用いられることも多い．ただし，結晶軸は，結晶の対称性と利便性を考えて選ばれ，必ずしも基本並進ベクトルが結晶軸として採用されるわけではないことに注意してほしい．さて，基本並進ベクトルを稜線とする平行六面体を**基本セル** (primitive cell) という．基本セルの頂点に存在する各格子点は，隣接する格子に共有されている．したがって，基本セルの頂点に存在する各格子点の 1/8 だけが基本セルに属していることになる．基本セルは，平行六面体の 8 個の頂点だけに格子点をもっているから，$1/8 \times 8 = 1$ 個の格子点をもっていることになる．

　3 次元の格子には，結晶の対称性から，表 1.1 に示すような 14 種類の**空間格子** (space lattice) が存在し，これらの空間格子を**ブラベ格子** (Bravais lattice) という．表 1.1 において，結晶系の隣の記号の大部分は，格子名の英語の頭文字であり，P は単純格子 (primitive unit cell)，C は底心格子 (base-centered unit cell)，I は体心格子 (body-centered unit cell, Innenzentrierte 独語)，F は面心格子 (face-centered unit cell)，

表 1.1 14 種類の 3 次元ブラベ格子

結晶系	格子の数	通常の単位格子の軸と角に対する制限	格子形状
三斜晶系 (triclinic)	1	$a_1 \neq a_2 \neq a_3$ $\alpha \neq \beta \neq \gamma$	三斜晶 P
単斜晶系 (monoclinic)	2	$a_1 \neq a_2 \neq a_3$ $\alpha = \gamma = 90° \neq \beta$	単斜晶 P, 単斜晶 C
斜方晶系 (orthorhombic)	4	$a_1 \neq a_2 \neq a_3$ $\alpha = \beta = \gamma = 90°$	斜方晶 P, 斜方晶 C, 斜方晶 I, 斜方晶 F
正方晶系 (tetragonal)	2	$a_1 = a_2 \neq a_3$ $\alpha = \beta = \gamma = 90°$	正方晶 P, 正方晶 I
立方晶系 (cubic)	3	$a_1 = a_2 = a_3$ $\alpha = \beta = \gamma = 90°$	立方晶 P, 立方晶 I, 立方晶 F
菱面体晶系 (trigonal)	1	$a_1 = a_2 = a_3$ $\alpha = \beta = \gamma < 120°, \neq 90°$	菱面体晶 R
六方晶系 (hexagonal)	1	$a_1 = a_2 \neq a_3$ $\alpha = \beta = 90°, \gamma = 120°$	六方晶 P

Rは菱面格子 (rhombohedral unit cell) を表している．なお，例外として，これらのうち，C は base-centered の centered の頭文字，I は独語 Innenzentrierte の頭文字である．

Point

結晶は，空間的な周期性をもつ．
⇨ 結晶を格子，単位構造，基本並進ベクトルによって表現する．

▶**例題 1.1** 図 1.3 に六方晶の一つである単純六方格子の基本セルを示す．単純六方格子の基本並進ベクトル $\hat{a}_1$, $\hat{a}_2$, $\hat{a}_3$ が，格子定数 a, c を単位として，

$$\hat{a}_1 = \frac{\sqrt{3}}{2}a\,\hat{x} + \frac{1}{2}a\,\hat{y}, \quad \hat{a}_2 = -\frac{\sqrt{3}}{2}a\,\hat{x} + \frac{1}{2}a\,\hat{y}, \quad \hat{a}_3 = c\,\hat{z} \tag{1.3}$$

で与えられるとき，基本セルの体積 V を求めよ．なお，$\hat{x}$, $\hat{y}$, $\hat{z}$ は，それぞれ xyz-直交座標系における x, y, z 軸方向の単位ベクトルである．

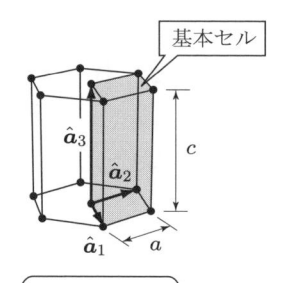

図 **1.3** 単純六方格子の基本セル

解 単純六方格子の基本セルの体積 V は，基本並進ベクトル $\hat{a}_1$, $\hat{a}_2$, $\hat{a}_3$ の x, y, z 成分を用いた行列式から，次のように求められる．

$$V = \begin{vmatrix} \frac{\sqrt{3}}{2}a & \frac{1}{2}a & 0 \\ -\frac{\sqrt{3}}{2}a & \frac{1}{2}a & 0 \\ 0 & 0 & c \end{vmatrix} = \frac{\sqrt{3}}{2}a^2 c \tag{1.4}$$

空間格子の例として，立方晶を構成する 3 個の格子を図 1.4 に示す．図 1.4 (a) は立方体の頂点のみに格子点をもつ**単純立方格子** (simple cubic lattice, 略号 sc)，図 1.4 (b) は立方体の頂点と中心に格子点をもつ**体心立方格子** (body-centered cubic lattice, 略号 bcc)，図 1.4 (c) は立方体の頂点と各面の中心に格子点をもつ**面心立方**

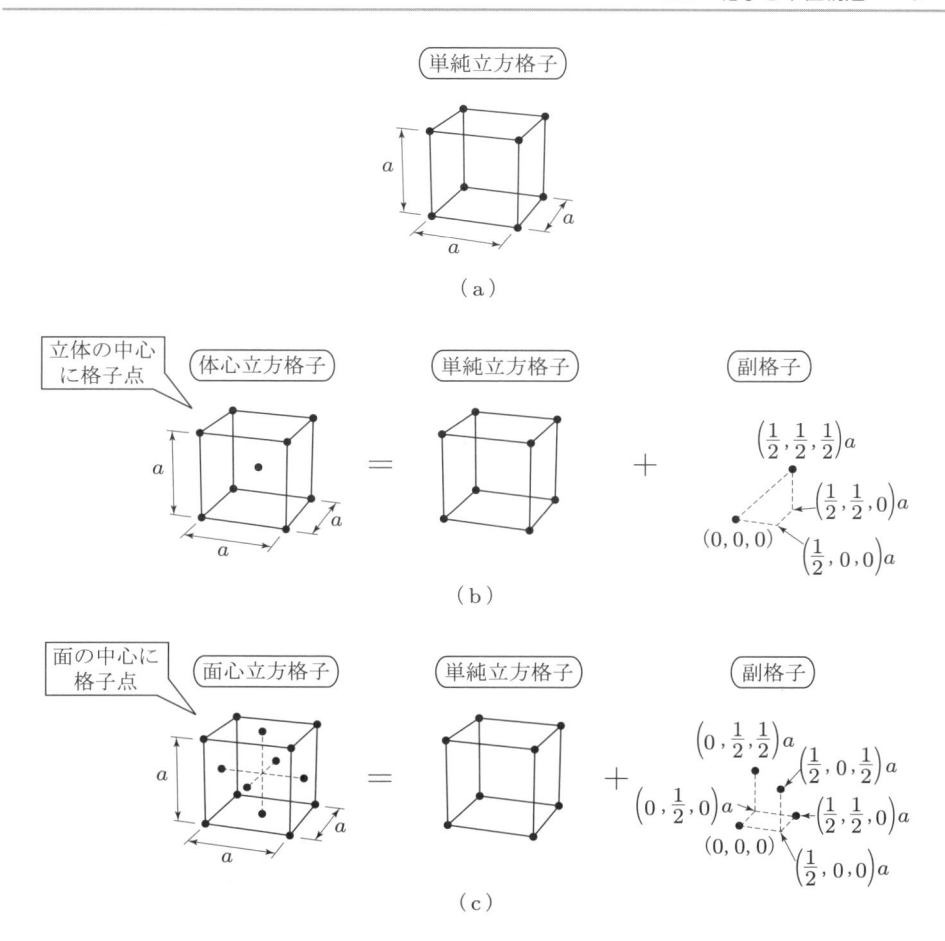

図 1.4 立方晶：(a) 単純立方格子，(b) 体心立方格子，(c) 面心立方格子

格子 (face-centered cubic lattice, 略号 fcc) である.

これらの立方格子は，**副格子** (sublattice) を考えることによって，単純立方格子として表すこともできる．体心立方格子の場合，格子定数 a ($= a_1 = a_2 = a_3$) を単位として $(x, y, z) = (0, 0, 0)$, $\left(\frac{1}{2}, \frac{1}{2}, \frac{1}{2}\right)$ に存在する格子点を副格子としてもつ単純立方格子とみなすことができる．また，面心立方格子は，格子定数 a ($= a_1 = a_2 = a_3$) を単位として $(x, y, z) = (0, 0, 0)$, $\left(0, \frac{1}{2}, \frac{1}{2}\right)$, $\left(\frac{1}{2}, 0, \frac{1}{2}\right)$, $\left(\frac{1}{2}, \frac{1}{2}, 0\right)$ に存在する格子点を副格子としてもつ単純立方格子であると考えられる．このように副格子の選び方で，どの格子とみなすべきかが変わってくる．

▶ **例題 1.2**　図 1.5(a) に体心立方格子の基本並進ベクトル $\hat{a}_1$, $\hat{a}_2$, $\hat{a}_3$ を示す．この基本並進ベクトル $\hat{a}_1$, $\hat{a}_2$, $\hat{a}_3$ は，格子定数 a $(= a_1 = a_2 = a_3)$ を用いて，次のように表される．

$$\hat{a}_1 = \frac{1}{2}a(-\hat{x}+\hat{y}+\hat{z}), \quad \hat{a}_2 = \frac{1}{2}a(\hat{x}-\hat{y}+\hat{z}), \quad \hat{a}_3 = \frac{1}{2}a(\hat{x}+\hat{y}-\hat{z}) \quad (1.5)$$

基本並進ベクトル $\hat{a}_1$, $\hat{a}_2$, $\hat{a}_3$ を用いて，図 1.5(b) に示した体心立方格子の格子点を表せ．

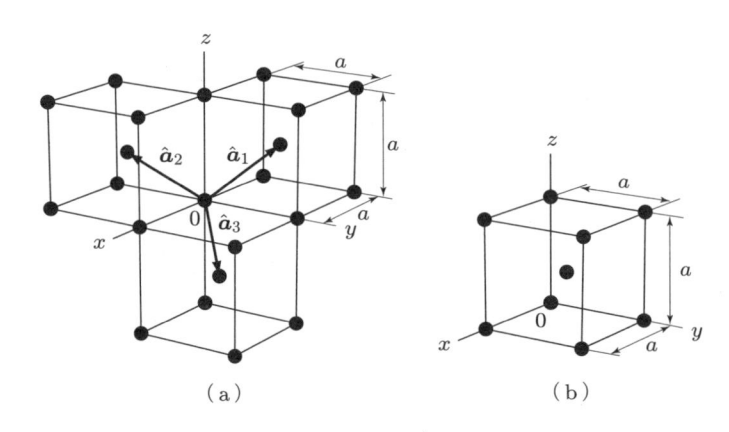

図 **1.5**　体心立方格子の基本並進ベクトル

解　格子点を xyz-直交座標系における座標 (x,y,z) によって表すと，これらの座標は，基本並進ベクトル $\hat{a}_1$, $\hat{a}_2$, $\hat{a}_3$ を用いて，次のように書くことができる．

$$(0,0,0) = 0 \cdot \hat{a}_1 + 0 \cdot \hat{a}_2 + 0 \cdot \hat{a}_3, \quad (0,0,a) = \hat{a}_1 + \hat{a}_2, \tag{1.6}$$

$$(0,a,0) = \hat{a}_3 + \hat{a}_1, \quad (a,0,0) = \hat{a}_2 + \hat{a}_3, \tag{1.7}$$

$$(0,a,a) = 2\hat{a}_1 + \hat{a}_2 + \hat{a}_3, \quad (a,0,a) = \hat{a}_1 + 2\hat{a}_2 + \hat{a}_3, \tag{1.8}$$

$$(a,a,0) = \hat{a}_1 + \hat{a}_2 + 2\hat{a}_3, \quad (a,a,a) = 2\hat{a}_1 + 2\hat{a}_2 + 2\hat{a}_3, \tag{1.9}$$

$$\left(\frac{a}{2}, \frac{a}{2}, \frac{a}{2}\right) = \hat{a}_1 + \hat{a}_2 + \hat{a}_3 \tag{1.10}$$

以上から，各格子点を式 (1.2) によって表現できることがわかる．

▶ **例題 1.3**　図 1.6 に面心立方格子の基本並進ベクトル $\hat{a}_1$, $\hat{a}_2$, $\hat{a}_3$ を示す．この基本並進ベクトル $\hat{a}_1$, $\hat{a}_2$, $\hat{a}_3$ は，格子定数 a $(= a_1 = a_2 = a_3)$ を用いて，次のように表される．

$$\hat{a}_1 = \frac{1}{2}a(\hat{y}+\hat{z}), \quad \hat{a}_2 = \frac{1}{2}a(\hat{z}+\hat{x}), \quad \hat{a}_3 = \frac{1}{2}a(\hat{x}+\hat{y}) \tag{1.11}$$

基本並進ベクトル $\hat{a}_1$, $\hat{a}_2$, $\hat{a}_3$ を用いて，図 1.6 に示した面心立方格子の格子点を表せ．

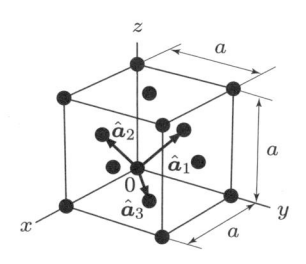

図 1.6 面心立方格子の基本並進ベクトル

解 格子点を xyz-直交座標系における座標 (x,y,z) によって表すと，これらの座標は，基本並進ベクトル $\hat{a}_1$, $\hat{a}_2$, $\hat{a}_3$ を用いて，次のように書くことができる．

$$(0,0,0) = 0\cdot\hat{a}_1 + 0\cdot\hat{a}_2 + 0\cdot\hat{a}_3, \quad (0,0,a) = \hat{a}_1 + \hat{a}_2 - \hat{a}_3, \tag{1.12}$$

$$(0,a,0) = \hat{a}_1 - \hat{a}_2 + \hat{a}_3, \quad (a,0,0) = -\hat{a}_1 + \hat{a}_2 + \hat{a}_3, \tag{1.13}$$

$$(0,a,a) = 2\hat{a}_1, \quad (a,0,a) = 2\hat{a}_2, \quad (a,a,0) = 2\hat{a}_3, \tag{1.14}$$

$$(a,a,a) = \hat{a}_1 + \hat{a}_2 + \hat{a}_3, \quad \left(0,\frac{a}{2},\frac{a}{2}\right) = \hat{a}_1, \quad \left(\frac{a}{2},0,\frac{a}{2}\right) = \hat{a}_2, \tag{1.15}$$

$$\left(\frac{a}{2},\frac{a}{2},0\right) = \hat{a}_3, \quad \left(a,\frac{a}{2},\frac{a}{2}\right) = \hat{a}_2 + \hat{a}_3, \tag{1.16}$$

$$\left(\frac{a}{2},a,\frac{a}{2}\right) = \hat{a}_3 + \hat{a}_1, \quad \left(\frac{a}{2},\frac{a}{2},a\right) = \hat{a}_1 + \hat{a}_2 \tag{1.17}$$

以上から，各格子点を式 (1.2) によって表現できることがわかる．

1.2 結晶面の指数

◆ **結晶面** 結晶面 (crystal plane) によって，原子の配置が異なるので，ポテンシャルエネルギーの空間分布が異なる．この結果，原子間の結合力が方向によって異なる．したがって，半導体プロセスにおけるエッチングレート（半導体が削られるときの速さ），トラップ準位の数，へき開の可否などが結晶面ごとに決まる．したがって，半導体デバイスを作製するときには，どの結晶面を用いるかが，とても重要になる．この結晶面の位置と方向は，結晶面上にある 3 点を使って決めることができる．ただし，

この 3 点は一直線上に並んでいないことが必要である．

どのようにして結晶面の方向を決めるか，また，このために結晶面上のどの 3 点を用いるかについて，立方晶系 ($a_1 = a_2 = a_3$, $\alpha = \beta = \gamma = 90°$) を例にとって説明することにしよう．いま，結晶面の法線ベクトル $\boldsymbol{n}$ を整数 h, k, l と結晶軸 $\boldsymbol{a}_1$, $\boldsymbol{a}_2$, $\boldsymbol{a}_3$ を用いて，

$$\boldsymbol{n} = h\boldsymbol{a}_1 + k\boldsymbol{a}_2 + l\boldsymbol{a}_3 \tag{1.18}$$

と表すことにする．図 1.7 に結晶面とその法線ベクトルとの関係を示す．

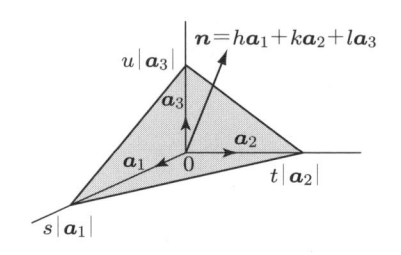

図 1.7 結晶面の法線ベクトルの例

◆ **ミラー指数** 結晶面の法線方向を $[hkl]$ と定義する．そして，結晶面の指数 (index of the plane)，すなわち**ミラー指数** (Miller index) は，かっこの種類を変更して (hkl) と定義する．つまり，結晶面の法線ベクトルの成分を用いて，ミラー指数が定義されている．なお，h, k, l は，負の値をとってもよい．ただし，法線方向とミラー指数には絶対値を用い，絶対値の上にバー (̄) をつける約束となっている．たとえば，$h = -1$, $k = 2$, $l = -1$ のときは，結晶面の法線方向とミラー指数は，それぞれ $[\bar{1}2\bar{1}]$, $(\bar{1}2\bar{1})$ と表される．結晶面の法線方向とミラー指数の表記では，座標やベクトルの表示とは異なり，かっこの中でカンマ (,) を用いないことにも注意してほしい．さて，結晶では原子，分子，またはイオンが，空間的に規則正しく周期的に配列しているので，物理的性質が同じ結晶面が複数存在する．このように物理的性質が同じ結晶面を等価な結晶面とよび，等価な結晶面の法線方向を $\langle hkl \rangle$ と表す．また，等価な結晶面のミラー指数は $\{hkl\}$ と表す．

いま，この結晶面が，図 1.7 のように $\boldsymbol{a}_1$, $\boldsymbol{a}_2$, $\boldsymbol{a}_3$ 軸とそれぞれ s, t, u で交わっているとすると，結晶面上に存在するベクトルとして，

$$r_1 = sa_1 - ta_2$$
$$r_2 = ta_2 - ua_3 \qquad (1.19)$$
$$r_3 = ua_3 - sa_1$$

を考えることができる．結晶面の法線ベクトル n と結晶面上に存在するベクトル r_1, r_2, r_3 は直交するから，

$$n \cdot r_1 = n \cdot r_2 = n \cdot r_3 = 0 \qquad (1.20)$$

が成り立つ．したがって，式 (1.18)，(1.19) を式 (1.20) に代入すると，

$$sh = tk = ul \qquad (1.21)$$

が得られる．式 (1.21) から，c を定数として，

$$h = \frac{c}{s}, \quad k = \frac{c}{t}, \quad l = \frac{c}{u} \qquad (1.22)$$

と表すことができる．ここで，s, t, u が，格子定数 $|a_1| = a_1$, $|a_2| = a_2$, $|a_3| = a_3$ を単位として，結晶面と結晶軸との切片を表したものであることに注意しよう．つまり，結晶面のミラー指数は，結晶面と結晶軸との切片の逆数を求め，これらの逆数と同じ比を表すような整数で表されることになる．ただし，整数の選び方は多数あるので，もっとも簡単にするために，これらの逆数と同じ比を満たす最小の整数をミラー指数とする．ミラー指数の例を図 1.8 に示す．図 1.8 の場合，結晶面は，結晶軸 a_1, a_2, a_3 と $3|a_1|$, $2|a_2|$, $2|a_3|$ で交わる．これらの数値 3, 2, 2 の逆数は $\frac{1}{3}$, $\frac{1}{2}$, $\frac{1}{2}$ である．これらの数値と同じ比をもつ最小の整数は 2, 3, 3 だから，ミラー指数は (233) となる．

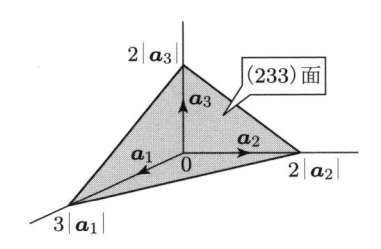

図 1.8 ミラー指数の例

— Point —

ミラー指数を求めるには，
(1) 結晶面の切片の逆数を最小の整数比に直す．
(2) 上記整数が負の場合，絶対値の上にバー (¯) をつける．

▶ **例題 1.4** 図 1.9(a), (b) に示した結晶面のミラー指数をそれぞれ求めよ.

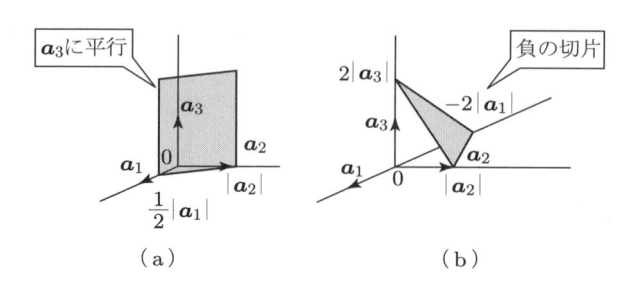

図 1.9 結晶面のミラー指数

解 図 1.9(a) の場合, 結晶面は, 結晶軸 a_1, a_2 と $\frac{1}{2}|a_1|$, $|a_2|$ で交わり, a_3 に平行である. このときは, 結晶面が a_3 と無限遠 ∞ で交わると考える. これらの数値の逆数は 2, 1, $\frac{1}{\infty}=0$ である. これらの数値と同じ比をもつ最小の整数は 2, 1, 0 だから, ミラー指数は (210) となる.

図 1.9(b) の場合, 結晶面は, 結晶軸 a_1, a_2, a_3 と $-2|a_1|$, $|a_2|$, $2|a_3|$ で交わる. これらの数値の逆数は $-\frac{1}{2}$, 1, $\frac{1}{2}$ である. これらの数値と同じ比をもつ最小の整数は -1, 2, 1 であるが, ミラー指数は負の数については, 絶対値の上にバー (¯) をつけて表すことになっている. したがって, 図 1.9(b) の結晶面のミラー指数は ($\bar{1}21$) と表される.

1.3 結晶構造

ここで, **結晶構造** (crystal structure) と空間格子との関係について考えよう. 例として, 塩化ナトリウム (NaCl) 構造, 塩化セシウム (CsCl) 構造, 六方最密構造, ダイヤモンド構造, 閃亜鉛鉱構造について示す.

◆ **塩化ナトリウム構造** 図 1.10 の**塩化ナトリウム (NaCl) 構造**は, 格子定数 $a\ (=a_1=a_2=a_3)$ を単位として $(x,y,z)=(0,0,0)$ に存在する Cl^- イオンと $\left(\frac{1}{2},\frac{1}{2},\frac{1}{2}\right)$ に存在する Na^+ イオンを単位構造とする面心立方格子である. 塩化ナトリウム (NaCl) の場合, $a=5.63\times 10^{-8}$ cm $=5.63$ Å である. 塩化ナトリウム構造をとる結晶として, LiH, MgO, AgBr, PbS, KCl, KBr などがある.

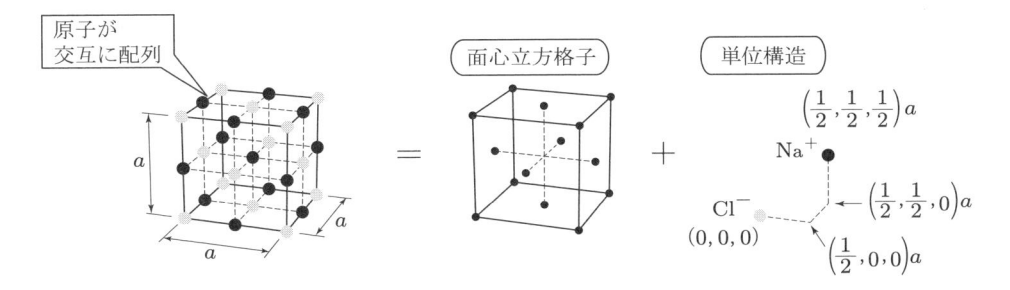

図 1.10　塩化ナトリウム構造

◆ **塩化セシウム構造**　図 1.11 の**塩化セシウム (CsCl) 構造**は，格子定数 $a\ (= a_1 = a_2 = a_3)$ を単位として $(0, 0, 0)$ に存在する Cs^+ イオンと $\left(\frac{1}{2}, \frac{1}{2}, \frac{1}{2}\right)$ に存在する Cl^- イオンを単位構造とする単純立方格子である．塩化セシウム (CsCl) の場合，$a = 4.11\,\text{Å}$ である．塩化セシウム構造をとる結晶として，BeCu, AlNi, CuZn, CuPd, AgMg, LiHg, NH$_4$Cl, TlBr, TlI などがある．

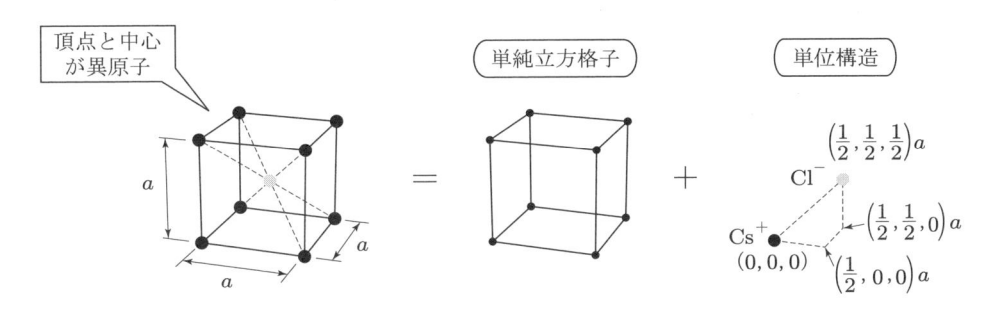

図 1.11　塩化セシウム構造

◆ **六方最密構造**　図 1.12 の**六方最密構造** (hexagonal closed-packed structure, 略号 hcp) は，式 (1.3) の単純六方格子の基本並進ベクトル $\hat{\boldsymbol{a}}_1$, $\hat{\boldsymbol{a}}_2$, $\hat{\boldsymbol{a}}_3$ の方向に座標軸を選んだ場合，座標 $(0, 0, 0)$ と $\left(\frac{2a}{3}, \frac{a}{3}, \frac{c}{2}\right)$ に存在する同種原子を単位構造とする単純六方格子である．六方最密構造をとる結晶としては，He, Be, Mg, Ti, Zn, Cd, Co, Y, Zr, Gd, Lu などがある．

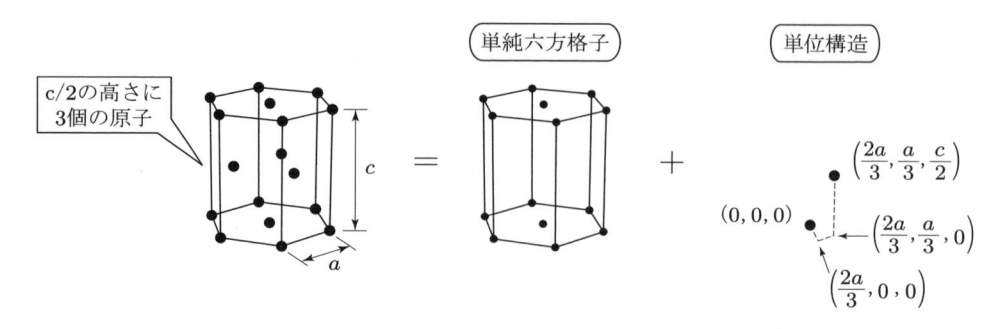

図 1.12 六方最密構造

▶ 例題 1.5　理想的な六方最密構造に対する c/a 比を求めよ．

解

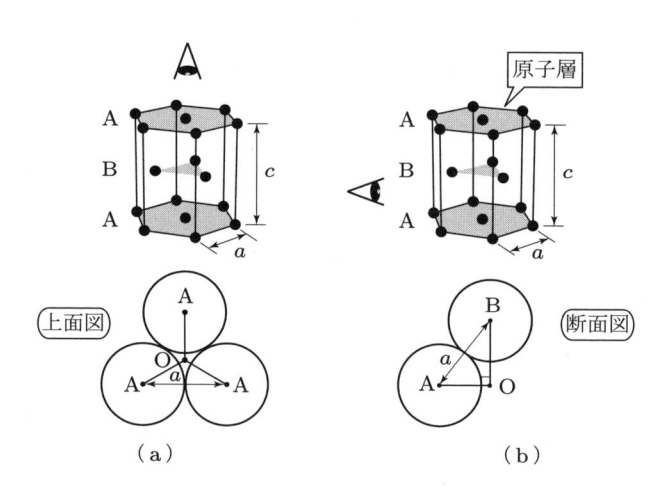

図 1.13 六方最密構造．(a) 上面図，(b) 線分 OA に沿った断面図．

原子を完全な球とし，原子層 A の格子点を A，原子層 B の格子点を B と表す．図 1.13(a) に示すように，原子層 A 上の 3 個の最近接球の重心を O とすると，線分 OA の長さ $\overline{\text{OA}}$ は，次のように求められる．

$$\overline{\text{OA}} = \frac{\sqrt{3}}{2}a \times \frac{2}{3} = \frac{\sqrt{3}}{3}a$$

原子層 A の上に原子層 B を重ねるとき，原子層 B の球は原子層 A の法線のうち点 O を通る線上に配置される．図 1.13(b) のように，線分 OA に沿った断面を考えると，$\overline{\text{AB}} = a$ だから線分 OB の長さ $\overline{\text{OB}}$ は，次のようになる．

$$\overline{\text{OB}} = \sqrt{\overline{\text{AB}}^2 - \overline{\text{OA}}^2} = \sqrt{\frac{2}{3}}\,a$$

したがって，次の結果が得られる．

$$c = 2 \times \overline{\text{OB}} = \sqrt{\frac{8}{3}}\,a \qquad \therefore \quad \frac{c}{a} = \sqrt{\frac{8}{3}} = 1.633$$

◆ **ダイヤモンド構造**　図 1.14 の**ダイヤモンド構造** (diamond structure) は，格子定数 $a\ (= a_1 = a_2 = a_3)$ を単位として $(0,0,0)$ と $\left(\frac{1}{4}, \frac{1}{4}, \frac{1}{4}\right)$ に同種の原子をもち，これを単位構造とする面心立方格子である．ダイヤモンド構造をとる結晶として，C，Si，Ge，Sn などがある．シリコン (Si) の場合，$a = 5.43\,\text{Å}$ である．

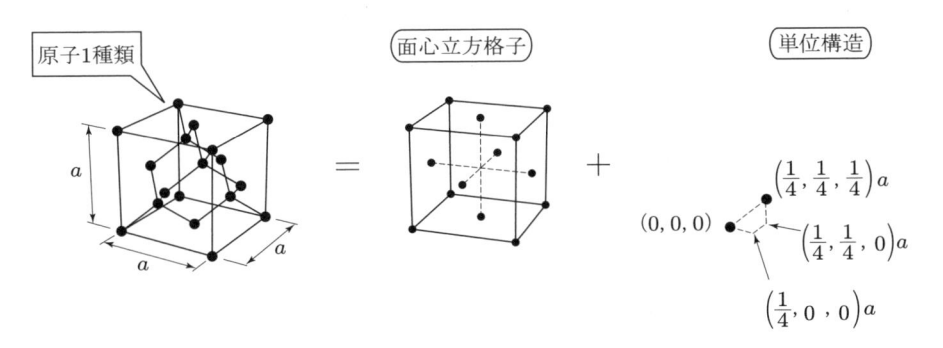

図 **1.14**　ダイヤモンド構造

◆ **閃亜鉛鉱構造**　図 1.15 の**閃亜鉛鉱構造** (zinc blende structure) は，格子定数 $a\ (= a_1 = a_2 = a_3)$ を単位として $(0,0,0)$ と $\left(\frac{1}{4}, \frac{1}{4}, \frac{1}{4}\right)$ に異種の原子をもち，これを単位構造とする面心立方格子である．硫化亜鉛 (ZnS) の場合，Zn が $(0,0,0)$ に，S が $\left(\frac{1}{4}, \frac{1}{4}, \frac{1}{4}\right)$ に位置し，$a = 5.41\,\text{Å}$ である．閃亜鉛鉱構造をとる結晶としては，SiC，AlP，GaP，ZnSe，GaAs，AlAs，InP，InSb などがある．

半導体デバイスにおいてよく用いられるシリコンやゲルマニウムの単結晶は，ダイヤモンド構造である．また，発光ダイオード，半導体レーザー，フォトダイオードなどの光デバイスに用いられる化合物半導体の単結晶の多くは，閃亜鉛鉱構造である．

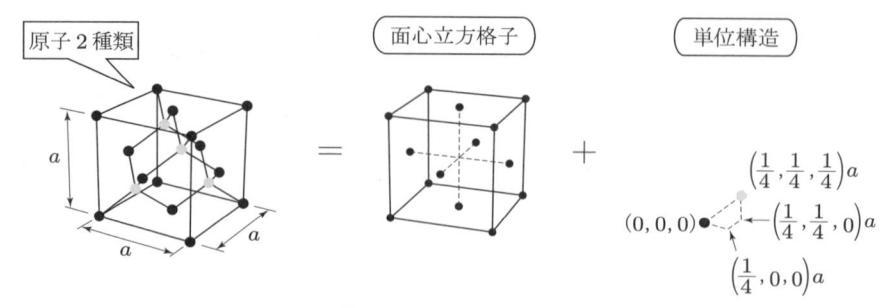

図 1.15 閃亜鉛鉱構造

演習問題

【1.1 体心立方格子】

(a) 格子定数 a の体心立方格子の最近接原子間距離 d_n を求めよ．

(b) 格子定数 a の体心立方格子の基本並進ベクトル $\hat{a}_1$, $\hat{a}_2$, $\hat{a}_3$ が

$$\hat{a}_1 = \frac{1}{2}a(-\hat{x}+\hat{y}+\hat{z}), \quad \hat{a}_2 = \frac{1}{2}a(\hat{x}-\hat{y}+\hat{z}), \quad \hat{a}_3 = \frac{1}{2}a(\hat{x}+\hat{y}-\hat{z}) \tag{1.23}$$

と表されるとき，基本セルの体積 V を求めよ．

【1.2 面心立方格子】

(a) 格子定数 a の面心立方格子の最近接原子間距離 d_n を求めよ．

(b) 格子定数 a の面心立方格子の基本並進ベクトル $\hat{a}_1$, $\hat{a}_2$, $\hat{a}_3$ が

$$\hat{a}_1 = \frac{1}{2}a(\hat{y}+\hat{z}), \quad \hat{a}_2 = \frac{1}{2}a(\hat{z}+\hat{x}), \quad \hat{a}_3 = \frac{1}{2}a(\hat{x}+\hat{y}) \tag{1.24}$$

と表されるとき，基本セルの体積 V を求めよ．

【1.3 面間隔】 格子定数 a の立方晶において，隣接する (hkl) 面の間隔 d を求めよ．

第 2 章
X 線回折

● ● ● ● この章の目的 ● ● ● ●

結晶の構造を決定するために，X 線回折が用いられている．この章では，X 線回折と結晶構造の関係について解説する．

● キーワード ●
回折，ブラッグの法則，逆格子，散乱振幅，原子形状因子，構造因子

2.1 結晶による X 線の回折

　結晶の格子定数は，オングストローム ($1\,\text{Å} = 10^{-8}\,\text{cm}$) オーダーの大きさなので，肉眼はおろか，通常の光学顕微鏡などを使っても，とても観察することはできない．そこで，図 2.1 のように，結晶に波長 $1\,\text{Å}$ 程度の X 線を照射し，**回折 X 線** (diffracted X-ray) を観測することで，結晶構造を決定している．回折[*1] X 線は，結晶構造に応じて，特定の条件でのみ現れる．この性質を利用して，結晶構造の解析をすることができる．X 線回折を利用した結晶構造の解析では，あらかじめ結晶構造ごとに回折条件を計算しておき，実験結果と比較することで結晶構造を決定している．

　まず，結晶における原子面間隔の決定法について説明しよう．図 2.2 のように，波長 λ の X 線を結晶に入射する．この図は入射面の様子を示したものであり，矢印は X 線の進行方向を表している．そして，入射 X 線の進行方向と結晶面との間の角度を θ とする．いま，結晶面を鏡面と考え，回折 X 線の進行方向と結晶面との間の角度も θ とする．このような，結晶面による X 線の回折を**ブラッグ回折** (Bragg diffraction) という．なお，X 線に対する結晶の屈折率は，ほぼ 1 であり，X 線に対する空気の屈折率とほぼ同じである．したがって，X 線は屈折を受けることなく，結晶を透過すると考えてよい．

[*1] 波が物体に当たると，複数の波に分解される．そして，分解された複数の波が重ね合わされる現象を回折という．回折では，複数の波が重ね合わされるときの干渉効果によって，物体の影に波が回りこんだり，特定の方向に波が出射したりする．干渉条件によっては，単に波が反射されただけのように見えることもある．

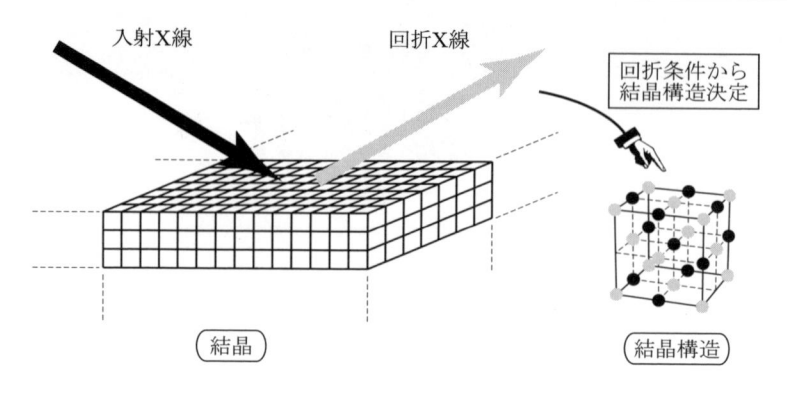

図 2.1 結晶による X 線の回折

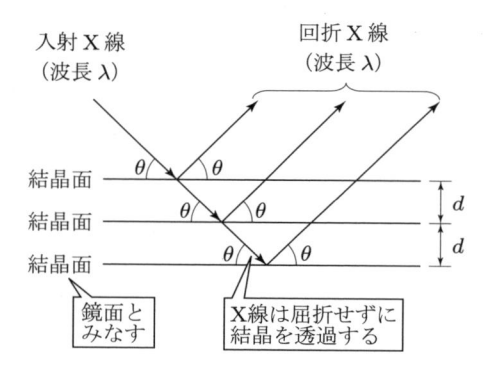

図 2.2 結晶面による X 線の回折（ブラッグ回折）

これから，角度 θ と結晶面間隔 d との間の関係を導出してみよう．ここでのポイントは，X 線の等位相面（波面）である．X 線の電界 $\boldsymbol{E}$ を

$$\boldsymbol{E} = \boldsymbol{E}_0 \exp[\mathrm{i}(\boldsymbol{k}\cdot\boldsymbol{r} - \omega t)] \tag{2.1}$$

と表したとき，$(\omega t - \boldsymbol{k}\cdot\boldsymbol{r})$ を位相とよぶ．そして，この位相の値が等しい面を等位相面（波面）という．なお，式 (2.1) において，$\boldsymbol{E}_0$ は電界の振幅，$\boldsymbol{k}$ は波数ベクトル（$|\boldsymbol{k}| = 2\pi/\lambda$），$\boldsymbol{r}$ は位置ベクトル，ω は X 線の角周波数，t は時間である．

図 2.3 は，X 線の波としての性質に着目し，X 線の入射と回折の様子を模式的に示したものである．等位相面（波面）は，矢印で示した X 線の進行方向に垂直である．これから，結晶面 1 の点 O で回折し，点 A に到達した回折 X 線の光路長 $\overline{\mathrm{OA}}$ と，結晶面 1 の点 O を透過し，結晶面 2 の点 B で回折して点 C に到達した回折 X 線の光路長 $\overline{\mathrm{OB}} + \overline{\mathrm{BC}}$ との差 Δl を考えよう．

2.1 結晶による X 線の回折

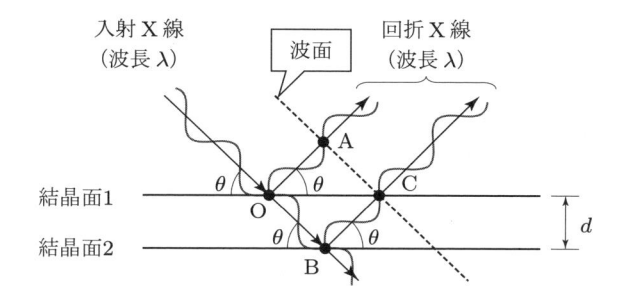

図 2.3 X 線の回折条件（ブラッグ条件）

図 2.3 から，結晶面間隔 d と角度 θ を用いて，

$$\overline{\mathrm{OB}} = \overline{\mathrm{BC}} = \frac{d}{\sin\theta} \tag{2.2}$$

と表される．また，

$$\overline{\mathrm{OC}} = \overline{\mathrm{OB}}\cos\theta + \overline{\mathrm{BC}}\cos\theta = \frac{2d\cos\theta}{\sin\theta} \tag{2.3}$$

である．したがって，

$$\overline{\mathrm{OA}} = \overline{\mathrm{OC}}\cos\theta = \frac{2d\cos^2\theta}{\sin\theta} \tag{2.4}$$

となる．以上から，光路長の差 Δl は，

$$\Delta l = \left(\overline{\mathrm{OB}} + \overline{\mathrm{BC}}\right) - \overline{\mathrm{OA}} = 2d\sin\theta \tag{2.5}$$

と表される．この光路長の差 Δl が X 線の波長 $\lambda = 2\pi/|\boldsymbol{k}|$ の整数倍であれば，経路 OA を通った回折 X 線の等位相面（波面）と，経路 OB + BC を通った回折 X 線の等位相面（波面）とが揃う．この結果，2 本の回折 X 線が強めあい，回折 X 線が観測される．すなわち，回折 X 線が現れるときは，角度 θ と結晶面間隔 d との間の関係は，n を正の整数として，次式で与えられる．

$$2d\sin\theta = n\lambda \tag{2.6}$$

この式 (2.6) が，回折 X 線が現れる条件すなわち**回折条件** (diffraction condition) を示している．また，この条件は，**ブラッグ条件** (Bragg condition) ともよばれる．

Point

ブラッグ条件 $2d\sin\theta = n\lambda$ は，
　各光路の等位相面（波面）が揃い，回折 X 線が現れる条件である．

> ▶ **例題 2.1** いま，$d = 10^{-8}$ cm, $\theta = 45°$, $n = 1$ とするとき，回折 X 線が生じるための X 線の波長 λ を有効数字 3 桁で求めよ．
>
> **解** 式 (2.6) から，X 線の波長 λ は次のようになる．
>
> $$\lambda = 1.41 \times 10^{-8} \text{ cm} \tag{2.7}$$

2.2 逆格子

◆ **逆格子ベクトル** 結晶面による X 線の回折を微視的に見ると，回折 X 線は，入射 X 線が結晶内の個々の電子によって散乱されたものの重ね合わせであると考えることができる．この電子による散乱を数式を用いて表す準備として，結晶内の位置 $\boldsymbol{r}$ における電子濃度 $n(\boldsymbol{r})$ を考えよう．電子による X 線の散乱を理論的に取り扱うには，電子濃度 $n(\boldsymbol{r})$ をフーリエ級数展開し，次のように表すと便利である．

$$n(\boldsymbol{r}) = \sum_{\boldsymbol{G}} n_{\boldsymbol{G}} \exp(\mathrm{i}\boldsymbol{G} \cdot \boldsymbol{r}) \tag{2.8}$$

ここで，$n_{\boldsymbol{G}}$ は電子濃度に対するフーリエ係数，$\boldsymbol{G}$ は**逆格子ベクトル** (reciprocal lattice vector) である．結晶では，原子，分子，またはイオンが，空間的に規則正しく周期的に配列しているので，電子濃度 $n(\boldsymbol{r})$ も周期的なはずである．したがって，並進ベクトル $\boldsymbol{T}$ を用いると，

$$n(\boldsymbol{r}) = n(\boldsymbol{r} + \boldsymbol{T}) \tag{2.9}$$

という関係が成り立つ．式 (2.9) を式 (2.8) に代入すると，次の関係が導かれる．

$$\exp(\mathrm{i}\boldsymbol{G} \cdot \boldsymbol{T}) = 1 \tag{2.10}$$

$$\boldsymbol{G} \cdot \boldsymbol{T} = 2\pi m \tag{2.11}$$

ここで，m は任意の整数である．

Point

逆格子ベクトル $\boldsymbol{G}$ は，下記の関係を満たす．

$$\exp(\mathrm{i}\boldsymbol{G} \cdot \boldsymbol{T}) = 1, \quad \boldsymbol{G} \cdot \boldsymbol{T} = 2\pi m$$

ここで，$\boldsymbol{T}$ は並進ベクトル，m は任意の整数である．

◆ **逆格子の基本ベクトル**　逆格子ベクトル G を表すために，基本並進ベクトル $\hat{a}_i$ と次の関係を満たすベクトルとして，逆格子の基本ベクトル $\hat{b}_j$ を定義しよう．

$$\hat{a}_i \cdot \hat{b}_j = 2\pi \delta_{ij} \tag{2.12}$$

ただし，δ_{ij} は**クロネッカーのデルタ記号**[*2] (Kronecker's δ) である．基本並進ベクトル $\hat{a}_i$ が 3 次元ベクトルの場合，逆格子の基本ベクトル $\hat{b}_j$ は，次のように選ぶことができる．

$$\hat{b}_1 = 2\pi \frac{\hat{a}_2 \times \hat{a}_3}{V}, \quad \hat{b}_2 = 2\pi \frac{\hat{a}_3 \times \hat{a}_1}{V}, \quad \hat{b}_3 = 2\pi \frac{\hat{a}_1 \times \hat{a}_2}{V} \tag{2.13}$$

$$V = \hat{a}_1 \cdot (\hat{a}_2 \times \hat{a}_3) = \hat{a}_2 \cdot (\hat{a}_3 \times \hat{a}_1) = \hat{a}_3 \cdot (\hat{a}_1 \times \hat{a}_2) \tag{2.14}$$

ここで，V は基本セルの体積である．逆格子の基本ベクトルと基本セルの体積の添え字 1, 2, 3 の順番に注目すると，図 2.4 のように循環していることがわかる．

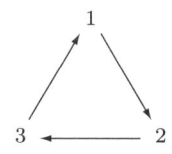

図 2.4　逆格子ベクトルと基本セルの体積における添え字の循環

逆格子の基本ベクトル $\hat{b}_1$, $\hat{b}_2$, $\hat{b}_3$ と整数 v_1, v_2, v_3 を用いて，逆格子ベクトル G は次のように表される．

$$G = v_1 \hat{b}_1 + v_2 \hat{b}_2 + v_3 \hat{b}_3 \tag{2.15}$$

▶ **例題 2.2**　体心立方格子の基本並進ベクトル $\hat{a}_1$, $\hat{a}_2$, $\hat{a}_3$ は，格子定数 a ($= a_1 = a_2 = a_3$) を用いて，次のように表される．

$$\hat{a}_1 = \frac{1}{2}a(-\hat{x} + \hat{y} + \hat{z}), \quad \hat{a}_2 = \frac{1}{2}a(\hat{x} - \hat{y} + \hat{z}), \quad \hat{a}_3 = \frac{1}{2}a(\hat{x} + \hat{y} - \hat{z}) \tag{2.16}$$

(a) 体心立方格子に対する逆格子の基本ベクトル $\hat{b}_1$, $\hat{b}_2$, $\hat{b}_3$ を求めよ．
(b) 求めた逆格子の基本ベクトル $\hat{b}_1$, $\hat{b}_2$, $\hat{b}_3$ が式 (2.12) を満たすことを示せ．

[*2] クロネッカーのデルタ記号 δ_{ij} は，次式のように定義されている．

$$\delta_{ij} = \begin{cases} 1 & (i = j) \\ 0 & (i \neq j) \end{cases}$$

解 (a) 演習問題 1.1 の解答から，基本セルの体積 $V = \frac{1}{2}a^3$ である．したがって，体心立方格子に対する逆格子の基本ベクトル $\hat{\boldsymbol{b}}_1, \hat{\boldsymbol{b}}_2, \hat{\boldsymbol{b}}_3$ は，次のようになる．

$$\hat{\boldsymbol{b}}_1 = \frac{2\pi}{V} \begin{vmatrix} \hat{\boldsymbol{x}} & \hat{\boldsymbol{y}} & \hat{\boldsymbol{z}} \\ \frac{1}{2}a & -\frac{1}{2}a & \frac{1}{2}a \\ \frac{1}{2}a & \frac{1}{2}a & -\frac{1}{2}a \end{vmatrix} = \frac{2\pi}{a}(\hat{\boldsymbol{y}} + \hat{\boldsymbol{z}}) \tag{2.17}$$

$$\hat{\boldsymbol{b}}_2 = \frac{2\pi}{V} \begin{vmatrix} \hat{\boldsymbol{x}} & \hat{\boldsymbol{y}} & \hat{\boldsymbol{z}} \\ \frac{1}{2}a & \frac{1}{2}a & -\frac{1}{2}a \\ -\frac{1}{2}a & \frac{1}{2}a & \frac{1}{2}a \end{vmatrix} = \frac{2\pi}{a}(\hat{\boldsymbol{z}} + \hat{\boldsymbol{x}}) \tag{2.18}$$

$$\hat{\boldsymbol{b}}_3 = \frac{2\pi}{V} \begin{vmatrix} \hat{\boldsymbol{x}} & \hat{\boldsymbol{y}} & \hat{\boldsymbol{z}} \\ -\frac{1}{2}a & \frac{1}{2}a & \frac{1}{2}a \\ \frac{1}{2}a & -\frac{1}{2}a & \frac{1}{2}a \end{vmatrix} = \frac{2\pi}{a}(\hat{\boldsymbol{x}} + \hat{\boldsymbol{y}}) \tag{2.19}$$

(b)
$$\hat{\boldsymbol{a}}_1 \cdot \hat{\boldsymbol{b}}_1 = \frac{1}{2}a(-\hat{\boldsymbol{x}} + \hat{\boldsymbol{y}} + \hat{\boldsymbol{z}}) \cdot \frac{2\pi}{a}(\hat{\boldsymbol{y}} + \hat{\boldsymbol{z}}) = 2\pi \tag{2.20}$$

$$\hat{\boldsymbol{a}}_1 \cdot \hat{\boldsymbol{b}}_2 = \frac{1}{2}a(-\hat{\boldsymbol{x}} + \hat{\boldsymbol{y}} + \hat{\boldsymbol{z}}) \cdot \frac{2\pi}{a}(\hat{\boldsymbol{z}} + \hat{\boldsymbol{x}}) = 0 \tag{2.21}$$

$$\hat{\boldsymbol{a}}_1 \cdot \hat{\boldsymbol{b}}_3 = \frac{1}{2}a(-\hat{\boldsymbol{x}} + \hat{\boldsymbol{y}} + \hat{\boldsymbol{z}}) \cdot \frac{2\pi}{a}(\hat{\boldsymbol{x}} + \hat{\boldsymbol{y}}) = 0 \tag{2.22}$$

$$\hat{\boldsymbol{a}}_2 \cdot \hat{\boldsymbol{b}}_1 = \frac{1}{2}a(\hat{\boldsymbol{x}} - \hat{\boldsymbol{y}} + \hat{\boldsymbol{z}}) \cdot \frac{2\pi}{a}(\hat{\boldsymbol{y}} + \hat{\boldsymbol{z}}) = 0 \tag{2.23}$$

$$\hat{\boldsymbol{a}}_2 \cdot \hat{\boldsymbol{b}}_2 = \frac{1}{2}a(\hat{\boldsymbol{x}} - \hat{\boldsymbol{y}} + \hat{\boldsymbol{z}}) \cdot \frac{2\pi}{a}(\hat{\boldsymbol{z}} + \hat{\boldsymbol{x}}) = 2\pi \tag{2.24}$$

$$\hat{\boldsymbol{a}}_2 \cdot \hat{\boldsymbol{b}}_3 = \frac{1}{2}a(\hat{\boldsymbol{x}} - \hat{\boldsymbol{y}} + \hat{\boldsymbol{z}}) \cdot \frac{2\pi}{a}(\hat{\boldsymbol{x}} + \hat{\boldsymbol{y}}) = 0 \tag{2.25}$$

$$\hat{\boldsymbol{a}}_3 \cdot \hat{\boldsymbol{b}}_1 = \frac{1}{2}a(\hat{\boldsymbol{x}} + \hat{\boldsymbol{y}} - \hat{\boldsymbol{z}}) \cdot \frac{2\pi}{a}(\hat{\boldsymbol{y}} + \hat{\boldsymbol{z}}) = 0 \tag{2.26}$$

$$\hat{\boldsymbol{a}}_3 \cdot \hat{\boldsymbol{b}}_2 = \frac{1}{2}a(\hat{\boldsymbol{x}} + \hat{\boldsymbol{y}} - \hat{\boldsymbol{z}}) \cdot \frac{2\pi}{a}(\hat{\boldsymbol{z}} + \hat{\boldsymbol{x}}) = 0 \tag{2.27}$$

$$\hat{\boldsymbol{a}}_3 \cdot \hat{\boldsymbol{b}}_3 = \frac{1}{2}a(\hat{\boldsymbol{x}} + \hat{\boldsymbol{y}} - \hat{\boldsymbol{z}}) \cdot \frac{2\pi}{a}(\hat{\boldsymbol{x}} + \hat{\boldsymbol{y}}) = 2\pi \tag{2.28}$$

▶ 例題 2.3

面心立方格子の基本並進ベクトル $\hat{\boldsymbol{a}}_1$, $\hat{\boldsymbol{a}}_2$, $\hat{\boldsymbol{a}}_3$ は，格子定数 a ($= a_1 = a_2 = a_3$) を用いて，次のように表される．

$$\hat{\boldsymbol{a}}_1 = \frac{1}{2}a\,(\hat{\boldsymbol{y}} + \hat{\boldsymbol{z}}), \quad \hat{\boldsymbol{a}}_2 = \frac{1}{2}a\,(\hat{\boldsymbol{z}} + \hat{\boldsymbol{x}}), \quad \hat{\boldsymbol{a}}_3 = \frac{1}{2}a\,(\hat{\boldsymbol{x}} + \hat{\boldsymbol{y}}) \tag{2.29}$$

(a) 面心立方格子に対する逆格子の基本ベクトル $\hat{\boldsymbol{b}}_1$, $\hat{\boldsymbol{b}}_2$, $\hat{\boldsymbol{b}}_3$ を求めよ．
(b) 求めた逆格子の基本ベクトル $\hat{\boldsymbol{b}}_1$, $\hat{\boldsymbol{b}}_2$, $\hat{\boldsymbol{b}}_3$ が式 (2.12) を満たすことを示せ．

解 (a) 演習問題 1.2 の解答から，基本セルの体積 $V = \dfrac{1}{4}a^3$ である．したがって，面心立方格子に対する逆格子の基本ベクトル $\hat{\boldsymbol{b}}_1$, $\hat{\boldsymbol{b}}_2$, $\hat{\boldsymbol{b}}_3$ は，次のようになる．

$$\hat{\boldsymbol{b}}_1 = \frac{2\pi}{V} \begin{vmatrix} \hat{\boldsymbol{x}} & \hat{\boldsymbol{y}} & \hat{\boldsymbol{z}} \\ \frac{1}{2}a & 0 & \frac{1}{2}a \\ \frac{1}{2}a & \frac{1}{2}a & 0 \end{vmatrix} = \frac{2\pi}{a}(-\hat{\boldsymbol{x}} + \hat{\boldsymbol{y}} + \hat{\boldsymbol{z}}) \tag{2.30}$$

$$\hat{\boldsymbol{b}}_2 = \frac{2\pi}{V} \begin{vmatrix} \hat{\boldsymbol{x}} & \hat{\boldsymbol{y}} & \hat{\boldsymbol{z}} \\ \frac{1}{2}a & \frac{1}{2}a & 0 \\ 0 & \frac{1}{2}a & \frac{1}{2}a \end{vmatrix} = \frac{2\pi}{a}(\hat{\boldsymbol{x}} - \hat{\boldsymbol{y}} + \hat{\boldsymbol{z}}) \tag{2.31}$$

$$\hat{\boldsymbol{b}}_3 = \frac{2\pi}{V} \begin{vmatrix} \hat{\boldsymbol{x}} & \hat{\boldsymbol{y}} & \hat{\boldsymbol{z}} \\ 0 & \frac{1}{2}a & \frac{1}{2}a \\ \frac{1}{2}a & 0 & \frac{1}{2}a \end{vmatrix} = \frac{2\pi}{a}(\hat{\boldsymbol{x}} + \hat{\boldsymbol{y}} - \hat{\boldsymbol{z}}) \tag{2.32}$$

(b)
$$\hat{\boldsymbol{a}}_1 \cdot \hat{\boldsymbol{b}}_1 = \frac{1}{2}a\,(\hat{\boldsymbol{y}} + \hat{\boldsymbol{z}}) \cdot \frac{2\pi}{a}(-\hat{\boldsymbol{x}} + \hat{\boldsymbol{y}} + \hat{\boldsymbol{z}}) = 2\pi \tag{2.33}$$

$$\hat{\boldsymbol{a}}_1 \cdot \hat{\boldsymbol{b}}_2 = \frac{1}{2}a\,(\hat{\boldsymbol{y}} + \hat{\boldsymbol{z}}) \cdot \frac{2\pi}{a}(\hat{\boldsymbol{x}} - \hat{\boldsymbol{y}} + \hat{\boldsymbol{z}}) = 0 \tag{2.34}$$

$$\hat{\boldsymbol{a}}_1 \cdot \hat{\boldsymbol{b}}_3 = \frac{1}{2}a\,(\hat{\boldsymbol{y}} + \hat{\boldsymbol{z}}) \cdot \frac{2\pi}{a}(\hat{\boldsymbol{x}} + \hat{\boldsymbol{y}} - \hat{\boldsymbol{z}}) = 0 \tag{2.35}$$

$$\hat{\boldsymbol{a}}_2 \cdot \hat{\boldsymbol{b}}_1 = \frac{1}{2}a\,(\hat{\boldsymbol{z}} + \hat{\boldsymbol{x}}) \cdot \frac{2\pi}{a}(-\hat{\boldsymbol{x}} + \hat{\boldsymbol{y}} + \hat{\boldsymbol{z}}) = 0 \tag{2.36}$$

$$\hat{\boldsymbol{a}}_2 \cdot \hat{\boldsymbol{b}}_2 = \frac{1}{2}a\,(\hat{\boldsymbol{z}} + \hat{\boldsymbol{x}}) \cdot \frac{2\pi}{a}(\hat{\boldsymbol{x}} - \hat{\boldsymbol{y}} + \hat{\boldsymbol{z}}) = 2\pi \tag{2.37}$$

$$\hat{\boldsymbol{a}}_2 \cdot \hat{\boldsymbol{b}}_3 = \frac{1}{2}a\,(\hat{\boldsymbol{z}} + \hat{\boldsymbol{x}}) \cdot \frac{2\pi}{a}(\hat{\boldsymbol{x}} + \hat{\boldsymbol{y}} - \hat{\boldsymbol{z}}) = 0 \tag{2.38}$$

$$\hat{\boldsymbol{a}}_3 \cdot \hat{\boldsymbol{b}}_1 = \frac{1}{2}a\left(\hat{\boldsymbol{x}}+\hat{\boldsymbol{y}}\right) \cdot \frac{2\pi}{a}\left(-\hat{\boldsymbol{x}}+\hat{\boldsymbol{y}}+\hat{\boldsymbol{z}}\right) = 0 \qquad (2.39)$$

$$\hat{\boldsymbol{a}}_3 \cdot \hat{\boldsymbol{b}}_2 = \frac{1}{2}a\left(\hat{\boldsymbol{x}}+\hat{\boldsymbol{y}}\right) \cdot \frac{2\pi}{a}\left(\hat{\boldsymbol{x}}-\hat{\boldsymbol{y}}+\hat{\boldsymbol{z}}\right) = 0 \qquad (2.40)$$

$$\hat{\boldsymbol{a}}_3 \cdot \hat{\boldsymbol{b}}_3 = \frac{1}{2}a\left(\hat{\boldsymbol{x}}+\hat{\boldsymbol{y}}\right) \cdot \frac{2\pi}{a}\left(\hat{\boldsymbol{x}}+\hat{\boldsymbol{y}}-\hat{\boldsymbol{z}}\right) = 2\pi \qquad (2.41)$$

◆ **回折条件**　逆格子ベクトル $\boldsymbol{G}$ を用いて，回折条件を導いてみよう．図 2.5 に結晶内の電子濃度を考慮した X 線の回折の様子を示す．いま，入射 X 線の振幅を $\boldsymbol{E}_0$，入射 X 線の波数ベクトルを $\boldsymbol{k}$ とし，時間依存性 $\exp(-\mathrm{i}\omega t)$ を省略して，入射 X 線の電界 $\boldsymbol{E}_{\mathrm{in}}$ を次のように表す．

$$\boldsymbol{E}_{\mathrm{in}} = \boldsymbol{E}_0 \exp(\mathrm{i}\boldsymbol{k}\cdot\boldsymbol{r}) \qquad (2.42)$$

このとき，回折 X 線の電界 $\boldsymbol{E}_{\mathrm{out}}$ は，散乱に寄与した電子の個数に比例する．つまり，回折 X 線の電界 $\boldsymbol{E}_{\mathrm{out}}$ は，入射 X 線の電界 $\boldsymbol{E}_{\mathrm{in}}$ に電子濃度 $n(\boldsymbol{r})$ を乗じ，結晶のうちで散乱に寄与した位置 $\boldsymbol{r}$ に関して積分することで求められる．したがって，回折 X 線の電界 $\boldsymbol{E}_{\mathrm{out}}$ は，次のように書くことができる．

$$\boldsymbol{E}_{\mathrm{out}} = \boldsymbol{E}_0' \exp(\mathrm{i}\boldsymbol{k}'\cdot\boldsymbol{r}) = \int n(\boldsymbol{r})\boldsymbol{E}_{\mathrm{in}}\,\mathrm{d}\boldsymbol{r} = \int n(\boldsymbol{r})\boldsymbol{E}_0 \exp(\mathrm{i}\boldsymbol{k}\cdot\boldsymbol{r})\,\mathrm{d}\boldsymbol{r} \qquad (2.43)$$

ここで，$\boldsymbol{E}_0'$ は回折 X 線の振幅，$\boldsymbol{k}'$ は回折 X 線の波数ベクトルで，$|\boldsymbol{k}'|=|\boldsymbol{k}|=2\pi/\lambda$（$\lambda$ は X 線の波長）である．なお，式 (2.43) において $\mathrm{d}\boldsymbol{r}$ は微小長さベクトルではない

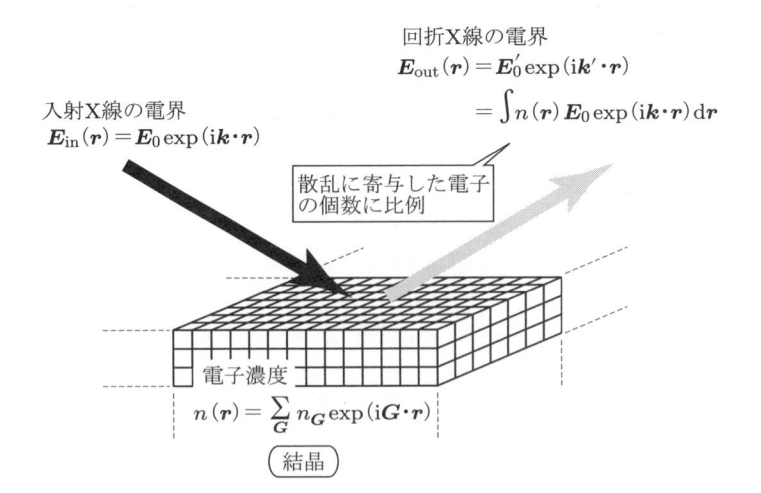

図 **2.5**　結晶内の電子による X 線の回折

ことに注意しよう．また，体積 V を用いて $\mathrm{d}r$ の代わりに $\mathrm{d}V$ と表してもよい．

結晶内の電子濃度 $n(r)$ に対する式 (2.8) を式 (2.43) に代入すると，

$$\boldsymbol{E}_{\mathrm{out}} = \boldsymbol{E}'_0 \exp(\mathrm{i}\boldsymbol{k}' \cdot \boldsymbol{r}) = \int \sum_{\boldsymbol{G}} n_{\boldsymbol{G}} \boldsymbol{E}_0 \exp[\mathrm{i}(\boldsymbol{G}+\boldsymbol{k}) \cdot \boldsymbol{r}] \, \mathrm{d}\boldsymbol{r} \quad (2.44)$$

が得られる．式 (2.44) の指数関数に着目すると，次の関係が成り立つ．

$$\boldsymbol{k}' = \boldsymbol{G} + \boldsymbol{k} \quad (2.45)$$

ここで，

$$\Delta\boldsymbol{k} = \boldsymbol{k}' - \boldsymbol{k} \quad (2.46)$$

とおくと，式 (2.45) は，次のように書き換えられる．

$$\Delta\boldsymbol{k} = \boldsymbol{G} \quad (2.47)$$

式の形だけからは想像しづらいかも知れないが，式 (2.47) はブラッグ条件を示している．

▶ **例題 2.4** 式 (2.47) がブラッグ条件を示していることを証明せよ．

解 図 2.6 のように，基本並進ベクトル $\hat{\boldsymbol{a}}_1, \hat{\boldsymbol{a}}_2, \hat{\boldsymbol{a}}_3$ との切片が，それぞれ $|\hat{\boldsymbol{a}}_1|/h$, $|\hat{\boldsymbol{a}}_2|/k$, $|\hat{\boldsymbol{a}}_3|/l$ であるような (hkl) 面を考える．そして，(hkl) 面と次のような逆格子ベクトル $\boldsymbol{G}$ との関係をこれから導いてみよう．

$$\boldsymbol{G} = n\boldsymbol{G}_0, \quad \boldsymbol{G}_0 = h\hat{\boldsymbol{b}}_1 + k\hat{\boldsymbol{b}}_2 + l\hat{\boldsymbol{b}}_3 \quad (2.48)$$

ここで，n は正の整数，$\hat{\boldsymbol{b}}_1, \hat{\boldsymbol{b}}_2, \hat{\boldsymbol{b}}_3$ は，基本並進ベクトル $\hat{\boldsymbol{a}}_1, \hat{\boldsymbol{a}}_2, \hat{\boldsymbol{a}}_3$ を式 (2.13) に代入して求めた逆格子の基本ベクトルである．

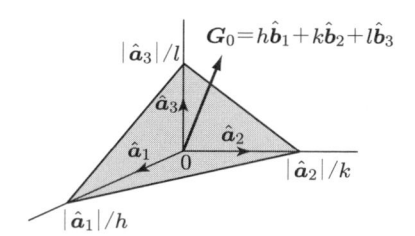

図 2.6 hkl 面と逆格子ベクトル

(hkl) 面上のベクトル $(\hat{\boldsymbol{a}}_1/h - \hat{\boldsymbol{a}}_2/k)$, $(\hat{\boldsymbol{a}}_2/k - \hat{\boldsymbol{a}}_3/l)$, $(\hat{\boldsymbol{a}}_3/l - \hat{\boldsymbol{a}}_1/h)$ と逆格子ベクトル $\boldsymbol{G}$ との間には，

$$\left(\frac{\hat{a}_1}{h} - \frac{\hat{a}_2}{k}\right) \cdot \boldsymbol{G} = \left(\frac{\hat{a}_2}{k} - \frac{\hat{a}_3}{l}\right) \cdot \boldsymbol{G} = \left(\frac{\hat{a}_3}{l} - \frac{\hat{a}_1}{h}\right) \cdot \boldsymbol{G} = 0 \quad (2.49)$$

という関係が成り立つ．したがって，逆格子ベクトル $\boldsymbol{G}$ は (hkl) 面に垂直である．

(hkl) 面と隣接した面として原点を通る面を考えると，隣接した面の間隔 d は，$\hat{a}_1/h$, $\hat{a}_2/k$, $\hat{a}_3/l$ の $\boldsymbol{G}$ 方向への射影成分になる．$\boldsymbol{G}$ 方向の単位ベクトルは $\boldsymbol{G}/|\boldsymbol{G}|$ だから，次式が得られる．

$$d = \frac{\hat{a}_1}{h} \cdot \frac{\boldsymbol{G}}{|\boldsymbol{G}|} = \frac{\hat{a}_2}{k} \cdot \frac{\boldsymbol{G}}{|\boldsymbol{G}|} = \frac{\hat{a}_3}{l} \cdot \frac{\boldsymbol{G}}{|\boldsymbol{G}|} = \frac{2\pi n}{|\boldsymbol{G}|} \quad (2.50)$$

式 (2.46), (2.47) から，入射 X 線の波数ベクトル $\boldsymbol{k}$, 回折 X 線の波数ベクトル $\boldsymbol{k}'$, 逆格子ベクトル $\boldsymbol{G}$ の関係は，図 2.7 のように表される．ここで，$|\boldsymbol{k}| = |\boldsymbol{k}'| = 2\pi/\lambda$ (λ は X 線の波長) という関係を用いると，

$$|\boldsymbol{G}| = |\boldsymbol{k}|\sin\theta + |\boldsymbol{k}'|\sin\theta = \frac{4\pi}{\lambda}\sin\theta \quad (2.51)$$

となる．式 (2.50) に式 (2.51) を代入すると，

$$2d\sin\theta = n\lambda \quad (2.52)$$

が得られる．これは，式 (2.6) で示したブラッグ条件である．

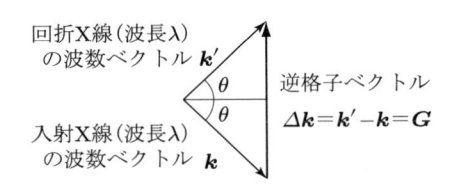

図 2.7 X 線の波数ベクトル $\boldsymbol{k}$, $\boldsymbol{k}'$ と逆格子ベクトル $\boldsymbol{G}$ との関係

◆ **ラウエ条件** 式 (2.45) から，

$$\boldsymbol{k}' \cdot \boldsymbol{k}' = (\boldsymbol{G} + \boldsymbol{k}) \cdot (\boldsymbol{G} + \boldsymbol{k}) = \boldsymbol{G} \cdot \boldsymbol{G} + 2\boldsymbol{k} \cdot \boldsymbol{G} + \boldsymbol{k} \cdot \boldsymbol{k} \quad (2.53)$$

が成り立つ．ここで，

$$\boldsymbol{k}' \cdot \boldsymbol{k}' = \boldsymbol{k} \cdot \boldsymbol{k}, \quad \boldsymbol{G} \cdot \boldsymbol{G} = |\boldsymbol{G}|^2 \quad (2.54)$$

を用いると，

$$-2\boldsymbol{k} \cdot \boldsymbol{G} = |\boldsymbol{G}|^2 \quad (2.55)$$

となる．ここで，式 (2.15) の逆格子ベクトルの定義を見ると，$\boldsymbol{G}$ が逆格子ベクトルであれば，$-\boldsymbol{G}$ も逆格子ベクトルであることがわかる．したがって，式 (2.55) において，$\boldsymbol{G}$ の代わりに $-\boldsymbol{G}$ として，

$$2\boldsymbol{k} \cdot \boldsymbol{G} = |\boldsymbol{G}|^2 \tag{2.56}$$

もブラッグ条件を表しているといえる．このとき $\boldsymbol{G} = -\boldsymbol{G}$ と記述しないように注意してほしい．なぜならば，$\boldsymbol{G} = -\boldsymbol{G}$ は，$\boldsymbol{G} = 0$ を意味するからである．

また，式 (2.12), (2.15), (2.47) から，回折条件は，整数 v_1, v_2, v_3 と基本並進ベクトル $\hat{\boldsymbol{a}}_1, \hat{\boldsymbol{a}}_2, \hat{\boldsymbol{a}}_3$ を用いて

$$\hat{\boldsymbol{a}}_1 \cdot \Delta \boldsymbol{k} = 2\pi v_1, \quad \hat{\boldsymbol{a}}_2 \cdot \Delta \boldsymbol{k} = 2\pi v_2, \quad \hat{\boldsymbol{a}}_3 \cdot \Delta \boldsymbol{k} = 2\pi v_3 \tag{2.57}$$

と表すこともできる．これは，**ラウエ条件** (Laue condition) とよばれている．

Point

回折条件は，次のように表すこともできる．
- $\Delta \boldsymbol{k} = \boldsymbol{G}, \quad 2\boldsymbol{k} \cdot \boldsymbol{G} = |\boldsymbol{G}|^2$　（ブラッグ条件）
- $\boldsymbol{a}_1 \cdot \Delta \boldsymbol{k} = 2\pi v_1, \quad \boldsymbol{a}_2 \cdot \Delta \boldsymbol{k} = 2\pi v_2, \quad \boldsymbol{a}_3 \cdot \Delta \boldsymbol{k} = 2\pi v_3$　（ラウエ条件）

▶ 2.3　散乱振幅

式 (2.43), (2.45) から，入射 X 線の電界振幅 $|\boldsymbol{E}_0|$ と回折 X 線の電界振幅 $|\boldsymbol{E}_0'|$ の比として，次式で定義される**散乱振幅** (scattering amplitude) F を考えよう．

$$F \equiv \frac{|\boldsymbol{E}_0'|}{|\boldsymbol{E}_0|} = \int n(\boldsymbol{r}) \exp[\mathrm{i}(\boldsymbol{k} - \boldsymbol{k}') \cdot \boldsymbol{r}] \mathrm{d}\boldsymbol{r} = \int n(\boldsymbol{r}) \exp(-\mathrm{i}\boldsymbol{G} \cdot \boldsymbol{r}) \mathrm{d}\boldsymbol{r} \tag{2.58}$$

回折 X 線が現れるためには，回折条件 $\Delta \boldsymbol{k} = \boldsymbol{k}' - \boldsymbol{k} = \boldsymbol{G}$ を満たしたうえで，$F \neq 0$ となることが必要である．ここで，図 2.8 において，入射 X 線が照射された範囲に存在する電子から回折される X 線を考えよう．

結晶は，格子と単位構造から構成される結晶構造の繰り返しとして表すことができる．そして，格子点に配置した単位構造の中にある原子が，電子をもっている．そこで，式 (2.58) は，1 個の結晶構造内の電子すべてによる回折を表す**構造因子** (structure factor) $S_{\boldsymbol{G}}$ と 1 個の原子内の電子すべてによる回折を表す**原子形状因子** (atomic form factor) f_j を用いて，次のように表すことができる．

$$F = N S_{\boldsymbol{G}} \tag{2.59}$$

$$S_{\boldsymbol{G}} \equiv \sum_j f_j \exp(-\mathrm{i}\boldsymbol{G} \cdot \boldsymbol{r}_j) \tag{2.60}$$

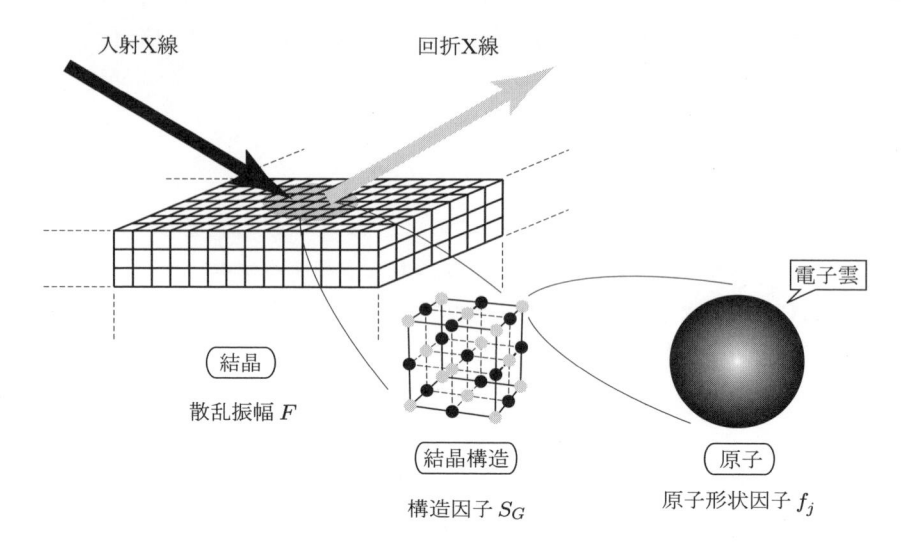

図 2.8 X線回折を生じさせる電子

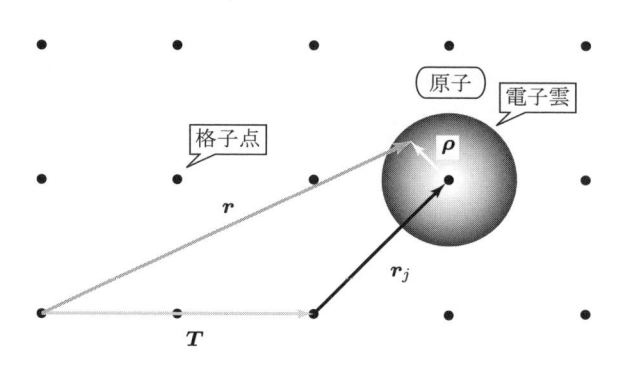

図 2.9 結晶内の電子の座標

$$f_j \equiv \int_{\text{atom}} n(\boldsymbol{\rho}) \exp(-\mathrm{i}\boldsymbol{G} \cdot \boldsymbol{\rho}) \, \mathrm{d}\boldsymbol{\rho} \tag{2.61}$$

ここで，N は入射X線が照射された範囲に存在する結晶構造（格子）の個数，$\sum$ は 1 個の結晶構造（格子）全体にわたっての和を示しており，f_j と r_j における添え字の j は 1 個の結晶構造（格子）の中の j 番目の原子に対応している．また，$\int_{\text{atom}} \cdots \mathrm{d}\boldsymbol{\rho}$ は 1 個の原子全体にわたっての積分を表している．なお，図 2.9 のように，電子の座標 r を並進ベクトル T，1 個の結晶構造（格子）内の座標 r_j，格子点から見た原子内の電子座標 $\boldsymbol{\rho}$ を用いて，次のように表した．

$$\boldsymbol{r} = \boldsymbol{T} + \boldsymbol{r}_j + \boldsymbol{\rho} \tag{2.62}$$

式 (2.59) から，回折 X 線が現れるための条件 $F \neq 0$ を満たすためには，$S_G \neq 0$ となればよいことがわかる．なお，式 (2.61) において $d\boldsymbol{\rho}$ は微小長さベクトルではないことに注意しよう．また，体積 V を用いて $d\boldsymbol{\rho}$ の代わりに dV と表してもよい．

Point

回折 X 線が現れる条件は，次のように表される．

$$S_G = \sum_j f_j \exp(-i\boldsymbol{G} \cdot \boldsymbol{r}_j) \neq 0, \quad \Delta \boldsymbol{k} = \boldsymbol{G} \qquad (2.63)$$

結晶構造が，単純立方格子，体心立方格子，面心立方格子のような立方晶として表される場合，次のような単純立方格子の基本並進ベクトルを用いると便利である．

$$\hat{\boldsymbol{a}}_1 = a\hat{\boldsymbol{x}}, \quad \hat{\boldsymbol{a}}_2 = a\hat{\boldsymbol{y}}, \quad \hat{\boldsymbol{a}}_3 = a\hat{\boldsymbol{z}} \qquad (2.64)$$

ここで，a は格子定数である．式 (2.64) を式 (2.13)，(2.15) に代入すると，単純立方格子の逆格子ベクトル $\boldsymbol{G}$ は，次のようになる．

$$\boldsymbol{G} = \frac{2\pi}{a}(v_1 \hat{\boldsymbol{x}} + v_2 \hat{\boldsymbol{y}} + v_3 \hat{\boldsymbol{z}}) \qquad (2.65)$$

式 (2.65) を式 (2.60) に代入すると，立方晶に対する構造因子 S_G は，

$$S_G = \sum_j f_j \exp\left[-i\frac{2\pi}{a}(v_1 x_j + v_2 y_j + v_3 z_j)\right] \qquad (2.66)$$

と書くことができる．なお，(x_j, y_j, z_j) を 1 個の結晶構造（格子）中の j 番目の原子の座標とした．

▶ **例題 2.5** 結晶構造が単純立方格子であるような結晶の構造因子 S_G を求めよ．

解 格子点に存在する原子は，すべて同一であり，1 個の原子の原子形状因子を f とおく．また，各格子点に存在する原子は，隣接する格子と共有されているから，各格子点に存在する原子に対する原子形状因子 f_j は，f を用いて次のように表される．

$$f_j = \left(\frac{1}{2}\right)^3 f = \frac{1}{8} f \qquad (2.67)$$

格子定数を a とすると，式 (2.66) から，構造因子 S_G は次のように求められる．

$$S_G = \frac{1}{8} f e^{-i\frac{2\pi}{a}(v_1 \cdot 0 + v_2 \cdot 0 + v_3 \cdot 0)} + \frac{1}{8} f e^{-i\frac{2\pi}{a}(v_1 \cdot a + v_2 \cdot 0 + v_3 \cdot 0)}$$
$$+ \frac{1}{8} f e^{-i\frac{2\pi}{a}(v_1 \cdot 0 + v_2 \cdot a + v_3 \cdot 0)} + \frac{1}{8} f e^{-i\frac{2\pi}{a}(v_1 \cdot 0 + v_2 \cdot 0 + v_3 \cdot a)}$$

$$+ \frac{1}{8}fe^{-\mathrm{i}\frac{2\pi}{a}(v_1\cdot a+v_2\cdot a+v_3\cdot 0)} + \frac{1}{8}fe^{-\mathrm{i}\frac{2\pi}{a}(v_1\cdot 0+v_2\cdot a+v_3\cdot a)}$$

$$+ \frac{1}{8}fe^{-\mathrm{i}\frac{2\pi}{a}(v_1\cdot a+v_2\cdot 0+v_3\cdot a)} + \frac{1}{8}fe^{-\mathrm{i}\frac{2\pi}{a}(v_1\cdot a+v_2\cdot a+v_3\cdot a)}$$

$$= f \tag{2.68}$$

この結果は,

$$S_G = f \times 1 \tag{2.69}$$

と書き換えて,1個の原子に対する原子形状因子 f と,$f=1$ としたときの単純立方格子に対する構造因子 1 との積であると解釈することもできる.

演習問題

【2.1 六方空間格子の逆格子】 六方空間格子の基本並進ベクトルは,次のように選ぶことができる.

$$\hat{a}_1 = \frac{\sqrt{3}}{2}a\hat{x} + \frac{a}{2}\hat{y}, \quad \hat{a}_2 = -\frac{\sqrt{3}}{2}a\hat{x} + \frac{a}{2}\hat{y}, \quad \hat{a}_3 = c\hat{z}$$

このとき,逆格子の基本ベクトルを求めよ.

【2.2 体心立方格子の構造因子】 結晶構造が体心立方格子であるような結晶の構造因子 S_G を求めよ.

【2.3 面心立方格子の構造因子】 結晶構造が面心立方格子であるような結晶の構造因子 S_G を求めよ.

【2.4 ダイヤモンド構造の構造因子】 ダイヤモンド構造の構造因子 S_G を求めよ.

【2.5 原子形状因子】 電子分布が原点のまわりで球対称なとき,原子形状因子 f_j を計算せよ.

【2.6 1次元結晶の回折X線】 1次元結晶において,各格子点 $\rho_m = ma$ (m は整数)に同一の点状の散乱中心が並んでいると仮定する.そして,M 個の散乱中心による散乱振幅 F は,次式で与えられる.

$$F = \sum_{m=0}^{M-1} \exp(-\mathrm{i}\, ma\cdot \Delta k) = \frac{1-\exp[-\mathrm{i}\, M(a\cdot \Delta k)]}{1-\exp[-\mathrm{i}\,(a\cdot \Delta k)]} \tag{2.70}$$

散乱振幅 F を用いて,散乱強度 $|F|^2$ が定義される.いま,$|F|^2$ を求め,$a\cdot \Delta k$ の関数として図示せよ.

第3章 結晶結合

● ● ● この章の目的 ● ● ●

結晶中では，原子間あるいはイオン間に結合力がはたらいている．この章では，結合力と結晶の種類との関係，および結晶の弾性について解説する．

● キーワード ●

希ガス結晶，ファン・デル・ワールス-ロンドン相互作用，レナード-ジョーンズ・ポテンシャル，イオン結晶，マーデルング定数，共有結合結晶，金属結晶，水素結合結晶，弾性，応力，ひずみ，弾性定数

3.1 結晶の結合力

結晶は，その結合力の種類によって，希ガス結晶，イオン結晶，共有結合結晶，金属結晶，水素結合結晶に分類される．これから，それぞれの結晶について，詳しく説明していくことにしよう．希ガス結晶とイオン結晶では，原子（イオン間）がクーロン力によって結合している．一方，共有結合結晶と金属結晶では，原子が電子を共有することによって結合している．共有結合結晶の場合は，**価電子** (valence electron)，すなわち自由に動き回らずに結合に寄与する電子を原子間で共有する．これに対して，金属結晶では，結晶内を自由に動き回る電子を原子が一時的に所有することによって結合が成り立っている．このように結晶内を自由に動き回る電子を**自由電子** (free electron) とよんだり，電気伝導に寄与するという意味で**伝導電子** (conduction electron) とよんだりする．自由電子は，金属結晶内であたかも気体のようにふるまうので，自由電子気体とよばれている．金属結晶では，一様な自由電子気体の中に，原子が電子を失ってできた金属イオンが存在し，この金属イオンと自由電子気体の間にクーロン力もはたらいている．水素結合結晶は，水素が電気陰性度の高い F, O, N などの原子間に入ってはたらく力によって作られる．

◆ **希ガス結晶**　希ガス結晶 (crystal of inert gas) は，ヘリウム (He)，ネオン (Ne)，アルゴン (Ar)，クリプトン (Kr)，キセノン (Xe) といった希ガス原子が集まってでき

た結晶であり，図 3.1 のように，希ガス結晶の構造は，^{4}He では (a) の六方最密 (hcp) 構造，Ne, Ar, Kr, Xe では (b) の面心立方 (fcc) 構造である．また，希ガス結晶内の電子分布は，自由原子のものに近い．

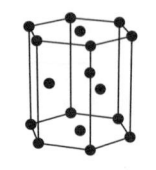

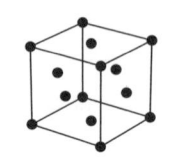

（a）六方最密(hcp)構造　　（b）面心立方(fcc)構造

図 3.1　希ガス結晶の構造

◆ **ファン・デル・ワールス-ロンドン相互作用**　希ガス原子は，最外殻軌道がすべて電子で占有され，閉殻を形成している．このため，安定でイオン化しづらい．しかし，希ガス原子内で電子分布が偏ることがあり，この電子分布の偏りによって生じる**ファン・デル・ワールス-ロンドン相互作用** (van der Waals-London interaction) によって，原子間が結合している．

◆ **ばねモデル**　図 3.2 のようなばねモデルを考え，量子力学（付録 B 参照）を用いてファン・デル・ワールス-ロンドン相互作用を考察してみよう．ここでは，原子を最外殻電子 ⊖ と，イオン殻 ⊕ に分けて考え，⊖ と ⊕ とがばねで結合していると考える．原子 1 の運動量を p_1，原子 1 における最外殻電子 ⊖ の原子の中心からの変位を x_1 とする．また，原子 2 の運動量を p_2，原子 2 における最外殻電子 ⊖ の原子の中心からの変位を x_2 とする．そして，原子の質量を m，ばね定数を C，電気素量を e，真空の誘電率を ε_0 とする．このとき，この原子系のハミルトニアン $\mathcal{H}$ は，次のように表される．

$$\mathcal{H} = \mathcal{H}_0 + \mathcal{H}' \tag{3.1}$$

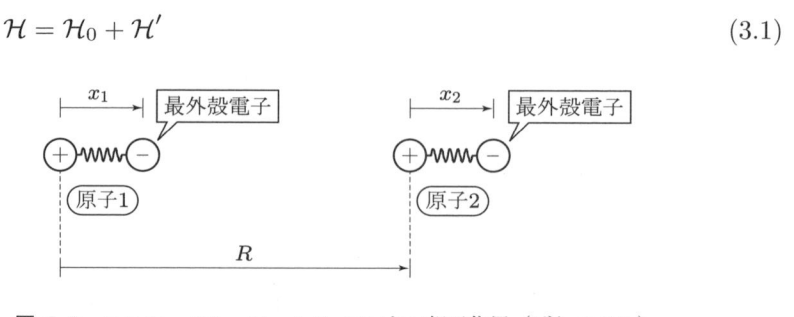

図 3.2　ファン・デル・ワールス-ロンドン相互作用（ばねモデル）

$$\mathcal{H}_0 = \frac{p_1{}^2}{2m} + \frac{1}{2}Cx_1{}^2 + \frac{p_2{}^2}{2m} + \frac{1}{2}Cx_2{}^2 \tag{3.2}$$

$$\mathcal{H}' = \frac{1}{4\pi\varepsilon_0}\left(\frac{e^2}{R} + \frac{e^2}{R-x_1+x_2} - \frac{e^2}{R-x_1} - \frac{e^2}{R+x_2}\right) \tag{3.3}$$

ただし，$\mathcal{H}_0$ は非摂動ハミルトニアン，$\mathcal{H}'$ は原子間のクーロン相互作用を表す摂動ハミルトニアンである．また，原子内のクーロン相互作用ポテンシャルを無視した．

ここで，次式のように，$\dfrac{1}{R\pm x}$ を x についてマクローリン展開し，

$$\frac{1}{R\pm x} = \frac{1}{R} \mp \frac{x}{R^2} + \frac{x^2}{R^3} \mp \frac{x^3}{R^4} + \cdots \quad (\text{複号同順}) \tag{3.4}$$

高次の微小項を無視すると，式 (3.3) の摂動ハミルトニアン $\mathcal{H}'$ は，次のように簡略化される．

$$\mathcal{H}' = -\frac{e^2}{4\pi\varepsilon_0}\frac{2x_1 x_2}{R^3} \tag{3.5}$$

このままでは，摂動ハミルトニアン $\mathcal{H}'$ の中に変数 x_1, x_2 の積があるので，シュレーディンガー方程式を解くことが難しい．そこで，ハミルトニアン $\mathcal{H}$ が，2 個の独立な変数の和で表されるように，次のような変数を導入する．

$$x_{\rm s} = \frac{1}{\sqrt{2}}(x_1 + x_2), \quad x_{\rm a} = \frac{1}{\sqrt{2}}(x_1 - x_2) \tag{3.6}$$

$$p_{\rm s} = \frac{1}{\sqrt{2}}(p_1 + p_2), \quad p_{\rm a} = \frac{1}{\sqrt{2}}(p_1 - p_2) \tag{3.7}$$

これらの変数 $x_{\rm s}$, $x_{\rm a}$, $p_{\rm s}$, $p_{\rm a}$ を用いると，

$$x_1 = \frac{1}{\sqrt{2}}(x_{\rm s} + x_{\rm a}), \quad x_2 = \frac{1}{\sqrt{2}}(x_{\rm s} - x_{\rm a}) \tag{3.8}$$

$$p_1 = \frac{1}{\sqrt{2}}(p_{\rm s} + p_{\rm a}), \quad p_2 = \frac{1}{\sqrt{2}}(p_{\rm s} - p_{\rm a}) \tag{3.9}$$

と書き換えられる．式 (3.8), (3.9) を式 (3.2), (3.5) に代入すると，式 (3.1) からハミルトニアン $\mathcal{H}$ は，次のように表される．

$$\mathcal{H} = \mathcal{H}_{\rm s} + \mathcal{H}_{\rm a} \tag{3.10}$$

$$\mathcal{H}_{\rm s} = \left[\frac{p_{\rm s}{}^2}{2m} + \frac{1}{2}\left(C - 2\frac{e^2}{4\pi\varepsilon_0 R^3}\right)x_{\rm s}{}^2\right] \tag{3.11}$$

$$\mathcal{H}_{\rm a} = \left[\frac{p_{\rm a}{}^2}{2m} + \frac{1}{2}\left(C + 2\frac{e^2}{4\pi\varepsilon_0 R^3}\right)x_{\rm a}{}^2\right] \tag{3.12}$$

この式を見ると，ハミルトニアン $\mathcal{H}$ が $(x_\mathrm{s}, p_\mathrm{s})$ の組合わせで表されたハミルトニアン $\mathcal{H}_\mathrm{s}$ と，$(x_\mathrm{a}, p_\mathrm{a})$ の組合わせで表されたハミルトニアン $\mathcal{H}_\mathrm{a}$ との和で表されていることがわかる．このような変形を行うと，ハミルトニアン $\mathcal{H}_\mathrm{s}$，$\mathcal{H}_\mathrm{a}$ に共通な波動関数を求めておき，それぞれのハミルトニアンに対するエネルギー固有値の和によって，ハミルトニアン $\mathcal{H}$ に対するエネルギー固有値を決定することができる．また，ハミルトニアン $\mathcal{H}_\mathrm{s}$，$\mathcal{H}_\mathrm{a}$ は，それぞればね係数 $\left(C - 2\dfrac{e^2}{4\pi\varepsilon_0 R^3}\right)$，$\left(C + 2\dfrac{e^2}{4\pi\varepsilon_0 R^3}\right)$ をもつ調和振動子に対するハミルトニアンであるとみなすことができる．

◆ **ファン・デル・ワールス引力ポテンシャル** 　自然界はエネルギーがもっとも低い状態が安定なので，結晶を形成しているときのエネルギーとしては，エネルギー固有値の最小値を求めればよい．付録 B.3 から，エネルギー固有値の最小値 U は，次のようになる．

$$U = \frac{1}{2}\hbar\left(\omega_\mathrm{s} + \omega_\mathrm{a}\right) \tag{3.13}$$

$$\omega_\mathrm{s} = \sqrt{\frac{1}{m}\left(C - 2\frac{e^2}{4\pi\varepsilon_0 R^3}\right)} \tag{3.14}$$

$$\omega_\mathrm{a} = \sqrt{\frac{1}{m}\left(C + 2\frac{e^2}{4\pi\varepsilon_0 R^3}\right)} \tag{3.15}$$

ただし，$\frac{1}{2}\hbar\omega_\mathrm{s}$ はハミルトニアン $\mathcal{H}_\mathrm{s}$ に対する零点エネルギー，$\frac{1}{2}\hbar\omega_\mathrm{a}$ はハミルトニアン $\mathcal{H}_\mathrm{a}$ に対する零点エネルギーである．

ここで，次式のように，$\sqrt{C \pm x}$ を x についてマクローリン展開し，

$$\sqrt{C \pm x} = \sqrt{C} \pm \frac{1}{2\sqrt{C}}x - \frac{1}{8\sqrt{C^3}}x^2 \pm \frac{1}{16\sqrt{C^5}}x^3 - \cdots \quad \text{（複号同順）} \tag{3.16}$$

高次の微小項を無視すると，

$$U = \left(1 - \frac{e^4}{32\pi^2\varepsilon_0{}^2 C^2 R^6}\right)U_0 \tag{3.17}$$

$$U_0 = \hbar\sqrt{\frac{C}{m}} \tag{3.18}$$

となる．ここで，U_0 は非摂動ハミルトニアン $\mathcal{H}_0$ に対するエネルギー固有値の最小値，$\hbar = h/2\pi$ はディラック定数 (Dirac's constant)，$h = 6.626 \times 10^{-34}$ J s はプランク定数 (Planck's constant) である．式 (3.17) における $-\dfrac{e^4}{32\pi^2\varepsilon_0{}^2 C^2 R^6}U_0$ が原子

間のクーロン相互作用に起因するエネルギーの低減を表しており，原子がバラバラに存在するときよりも，結晶化したほうがエネルギーが低く，安定であることを示している．この $-\dfrac{e^4}{32\pi^2\varepsilon_0{}^2C^2R^6}U_0$ は原子間距離 R の6乗に反比例していることから，原子間距離 R に反比例するクーロン引力ポテンシャルではなく，ファン・デル・ワールス引力ポテンシャルとよばれている．また，このような原子間の相互作用をファン・デル・ワールス–ロンドン相互作用という．

---**Point**---
希ガス結晶における結合は，原子間距離 R に対して，
R^{-6} に比例するファン・デル・ワールス引力ポテンシャルに起因する．

◆ **レナード–ジョーンズ・ポテンシャル** 反発力ポテンシャルは R^{-12} に比例する．ただし，この R^{-12} は，ファン・デル・ワールス引力ポテンシャルと違い，理論的に導かれたものではない．反発力ポテンシャルが R^{-n} に比例すると仮定して，$n=12$ とすると希ガス結晶のポテンシャルエネルギーをよく説明できるにすぎないことに注意してほしい．この反発力ポテンシャルは，次の二つの原因で生じると考えられる．一つの原因は，重なり合った電荷分布間の静電的な反発力である．二つめの原因は，**パウリの排他律** (Pauli exclusion principle, 5.1 節参照) から，スピンが平行な電子の分布が重なったときに，これらの電子がエネルギーの高い状態に押し上げられることによる．

以上から，距離 R だけ離れた2個の希ガス原子のポテンシャルエネルギー $U(R)$ は，ϵ と σ をパラメータとして

$$U(R) = 4\epsilon\left[\left(\frac{\sigma}{R}\right)^{12} - \left(\frac{\sigma}{R}\right)^{6}\right] \tag{3.19}$$

で与えられる．このポテンシャル $U(R)$ は，**レナード–ジョーンズ・ポテンシャル** (Lennard-Jones potential) として知られており，図 3.3 のように最小値をもつグラフとなる．

また，ϵ と σ は，**レナード–ジョーンズ・パラメータ** (Lennard-Jones parameter) とよばれ，これらの値は表 3.1 のようになる．

---**Point**---
希ガス結晶における原子間の平衡距離 R_0 は，レナード–ジョーンズ・ポテンシャル $U(R)$ が最小値をとる条件，すなわち次式によって決まる．

$$\frac{\mathrm{d}U(R)}{\mathrm{d}R} = 0$$

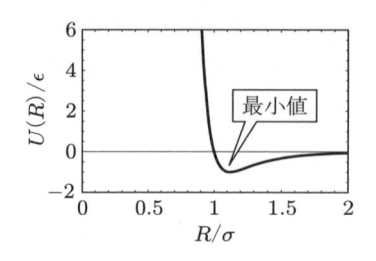

表 3.1 レナード–ジョーンズ・パラメータ

希ガス元素	ϵ (eV)	σ (Å)
ネオン (Ne)	3.10×10^{-3}	2.74
アルゴン (Ar)	1.04×10^{-2}	3.40
クリプトン (Kr)	1.40×10^{-2}	3.65
キセノン (Xe)	2.00×10^{-2}	3.98

図 3.3 2 個の希ガス原子に対するレナード–ジョーンズ・ポテンシャル

▶ **例題 3.1** 二つの希ガス原子から構成される希ガス結晶を考える．この希ガス結晶において，原子間の平衡距離 R_0 を求めよ．

解 原子間の平衡距離 R_0 は，レナード–ジョーンズ・ポテンシャル $U(R)$ が最小値をとるときの原子間距離である．図 3.3 から，レナード–ジョーンズ・ポテンシャル $U(R)$ が最小値をとるのは，

$$\left[\frac{dU(R)}{dR}\right]_{R=R_0} = -24\epsilon\left[2\left(\frac{\sigma}{R_0}\right)^6 - 1\right]\frac{\sigma^6}{R_0^7} = 0 \tag{3.20}$$

を満たすときである．したがって，原子間の平衡距離 R_0 は，次のようになる．

$$R_0 = 2^{\frac{1}{6}}\sigma = 1.12\sigma \tag{3.21}$$

結晶内に N 個の原子があるとき，希ガス結晶の全ポテンシャルエネルギー $U_{\text{tot}}(R)$ は，次式のようになる．

$$U_{\text{tot}}(R) = \frac{1}{2}N \times 4\epsilon\left[\sum_j{}' \left(\frac{\sigma}{p_{ij}R}\right)^{12} - \sum_j{}' \left(\frac{\sigma}{p_{ij}R}\right)^6\right] \tag{3.22}$$

ここで，$\sum'$ は，$i=j$ を除くすべての和をとることを意味している．また，$p_{ij}R$ は，原子 i と原子 j の距離を，最近接原子間距離 R を用いて表したものである．

▶ **例題 3.2** 面心立方構造の場合，

$$\sum_j{}' p_{ij}^{-12} = 12.13188, \quad \sum_j{}' p_{ij}^{-6} = 14.45392 \tag{3.23}$$

である．希ガス結晶が面心立方構造のとき，原子間の平衡距離 R_0 を求めよ．

解 面心立方構造の場合，式 (3.22) から R の平衡値 R_0 は，

$$\left[\frac{\mathrm{d}U_{\mathrm{tot}}(R)}{\mathrm{d}R}\right]_{R=R_0} = -12N\epsilon\left[2\times 12.13\left(\frac{\sigma}{R_0}\right)^6 - 14.45\right]\frac{\sigma^6}{R_0{}^7} = 0 \quad (3.24)$$

となる．したがって，次の結果が得られる．

$$R_0 = \left(\frac{2\times 12.13}{14.45}\right)^{\frac{1}{6}}\sigma = 1.09\sigma \quad (3.25)$$

▶例題 3.3　体心立方構造の場合，

$$\sum_j{}' p_{ij}{}^{-12} = 9.11418, \quad \sum_j{}' p_{ij}{}^{-6} = 12.2533 \quad (3.26)$$

である．希ガス結晶がもし体心立方構造をとるとした場合，原子間の平衡距離 R_0 を求めよ．

解　体心立方構造の場合，式 (3.22) から R の平衡値 R_0 は，

$$\left[\frac{\mathrm{d}U_{\mathrm{tot}}(R)}{\mathrm{d}R}\right]_{R=R_0} = -12N\epsilon\left[2\times 9.11\left(\frac{\sigma}{R_0}\right)^6 - 12.25\right]\frac{\sigma^6}{R_0{}^7} = 0 \quad (3.27)$$

となる．したがって，次の結果が得られる．

$$R_0 = \left(\frac{2\times 9.11}{12.25}\right)^{\frac{1}{6}}\sigma = 1.07\sigma \quad (3.28)$$

▶例題 3.4　希ガス結晶において，原子間の平衡距離 R_0 における，面心立方 (fcc) 構造のレナード-ジョーンズ・ポテンシャル $U_{\mathrm{fcc}}(R_0)$ と体心立方構造 (bcc) のレナード-ジョーンズ・ポテンシャル $U_{\mathrm{bcc}}(R_0)$ を比較せよ．そして，希ガス結晶が，体心立方構造 (bcc) ではなく，面心立方 (fcc) 構造となる理由を説明せよ．

解　面心立方 (fcc) 構造の場合，式 (3.22) に式 (3.25) を代入すると，$U_{\mathrm{fcc}}(R_0)$ は，次のように求められる．

$$U_{\mathrm{fcc}}(R_0) = 2N\epsilon \times (-4.31)$$

一方，体心立方 (bcc) 構造の場合，式 (3.22) に式 (3.28) を代入すると，$U_{\mathrm{bcc}}(R_0)$ は，次のように求められる．

$$U_{\mathrm{bcc}}(R_0) = 2N\epsilon \times (-4.12)$$

表 3.1 から $\epsilon > 0$ だから，

$$U_{\text{fcc}}(R_0) < U_{\text{bcc}}(R_0)$$

となり，面心立方 (fcc) 構造のほうが体心立方構造 (bcc) よりも平衡状態のレナード–ジョーンズ・ポテンシャルが小さく，安定であるといえる．この結果，希ガス結晶は，体心立方構造 (bcc) ではなく，面心立方 (fcc) 構造となる

◆ **凝集エネルギー**　原子間の平衡距離 R_0 における 1 原子あたりのレナード–ジョーンズ・ポテンシャル $U(R_0)$ は，完全に自由な原子のポテンシャルエネルギーを 0 としたとき，希ガス結晶のエネルギーが 1 原子あたりどれだけ低下して安定になったかを示す指標である．完全に自由な原子のポテンシャルエネルギーを 0 としたとき，$-U(R_0)$ を**凝集エネルギー** (cohesive energy) といい，結晶に 1 原子あたりどれだけのエネルギーを与えれば，原子がばらばらになって完全に自由になるかを表している．希ガス結晶の 1 原子あたりの凝集エネルギーを表 3.2 に示す．これらの凝集エネルギーの値は，p. 39 の表 3.3 のイオン結晶に比べると，絶対値が 2 桁ほど小さく，希ガス結晶の結合力は，きわめて小さいといえる．

表 **3.2**　希ガス結晶の 1 原子あたりの凝集エネルギー

希ガス元素	凝集エネルギー (eV/atom)
ネオン (Ne)	2.00×10^{-2}
アルゴン (Ar)	8.00×10^{-2}
クリプトン (Kr)	1.16×10^{-1}
キセノン (Xe)	1.60×10^{-1}

◆ **イオン結晶**　塩化ナトリウム (NaCl) や塩化セシウム (CsCl) などの**イオン結晶** (ionic crystal) は，正負のイオンからつくられており，異符号の電荷をもつイオン間のクーロン引力によって結合している．図 3.4 のように，イオン結晶の構造は，(a) の塩化ナトリウム (NaCl) 構造や，(b) の塩化セシウム (CsCl) 構造である．

簡単な例として，図 3.5 のように，イオンが直線上に並んだイオン結晶を考える．そして，イオンは，交互に $\pm q$ の電荷をもっており，イオン間の距離を R とする．このとき，1 個のイオンに対するクーロン引力ポテンシャルエネルギー $U_{\text{ion}}(R)$ は，

$$U_{\text{ion}}(R) = -2\frac{q^2}{4\pi\varepsilon_0}\left(\frac{1}{R} - \frac{1}{2R} + \frac{1}{3R} - \frac{1}{4R} + \cdots\right) = -\frac{2\ln 2}{4\pi\varepsilon_0}\frac{q^2}{R} \qquad (3.29)$$

となる．

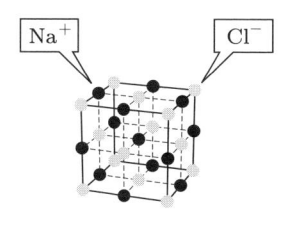

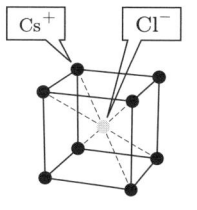

(a) 塩化ナトリウム (NaCl) 構造　　**(b) 塩化セシウム (CsCl) 構造**

図 **3.4**　イオン結晶の構造

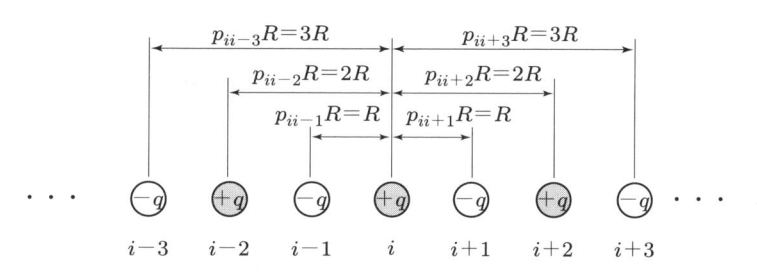

図 **3.5**　イオンが直線上に並んだイオン結晶

▶ **例題 3.5**　1 個のイオンに対するクーロン引力ポテンシャルエネルギー $U_{\rm ion}(R)$ を与える式 (3.29) を導け．

解　図 3.5 の 1 個のイオンに着目すると，このイオンの両側に交互に $\pm q$ の電荷をもつイオンが間隔 R で並んでいる．したがって，1 個のイオンに対するクーロン引力ポテンシャルエネルギー $U_{\rm ion}(R)$ は，

$$U_{\rm ion}(R) = -2\frac{q^2}{4\pi\varepsilon_0 R}\left(1 - \frac{1}{2} + \frac{1}{3} - \frac{1}{4} + \cdots\right) = -2\frac{q^2}{4\pi\varepsilon_0 R}\sum_{n=1}^{\infty}(-1)^{n+1}\frac{1}{n} \tag{3.30}$$

となる．ここで，次のようなマクローリン展開に着目する．

$$f(x) = \ln(1+x) = x - \frac{x^2}{2} + \frac{x^3}{3} - \frac{x^4}{4} + \cdots = \sum_{n=1}^{\infty}(-1)^{n+1}\frac{x^n}{n} \tag{3.31}$$

この関係を用いると，$x=1$ の場合，

$$f(1) = \ln 2 = 1 - \frac{1}{2} + \frac{1}{3} - \frac{1}{4} + \cdots = \sum_{n=1}^{\infty}(-1)^{n+1}\frac{1}{n} \tag{3.32}$$

となる．したがって，$U_{\rm ion}(R)$ は，次のように表される．

$$U_{\rm ion}(R) = -\frac{2\ln 2}{4\pi\varepsilon_0}\frac{q^2}{R} \tag{3.33}$$

◆ **マーデルング定数**　一般には，1 個のイオンに対するクーロン引力ポテンシャルエネルギー $U_{\text{ion}}(R)$ は，次のように表される．

$$U_{\text{ion}}(R) = -\frac{\alpha q^2}{4\pi\varepsilon_0 R} \tag{3.34}$$

ここで，α は**マーデルング定数** (Madelung constant) とよばれ，イオン間距離を $p_{ij}R$ と表した場合，次式で定義されている．

$$\alpha \equiv \sum_j{}' \frac{(\pm)}{p_{ij}} \tag{3.35}$$

ここで，$(\pm)$ は符号を示しており，極性の異なるイオン間では $+$ とし，極性の同じイオン間では $-$ と約束する．

　例として，イオンが直線上に並んだイオン結晶を考えると，前述の結果から，マーデルング定数 α は次の値になる．

$$\alpha = 2\ln 2 \tag{3.36}$$

イオンの並び方が異なれば，マーデルング定数 α の値は，もちろん異なる．

◆ **最近接イオン間距離**　イオン結晶において，イオン 1 個あたりの反発力ポテンシャルを $z\lambda\exp\left(-\dfrac{R}{\rho}\right)$ とすると，イオン 1 個あたりのポテンシャルエネルギー $U(R)$ は，

$$U(R) = \left[z\lambda\exp\left(-\frac{R}{\rho}\right) - \frac{\alpha q^2}{4\pi\varepsilon_0 R}\right] \tag{3.37}$$

となる．ここで，z は最近接イオンの数であり，λ と ρ は経験的なパラメータである．

　結晶内に $\pm q$ の電荷の $2N$ 個のイオンがあるとき，イオン結晶の全ポテンシャルエネルギー $U_{\text{tot}}(R)$ は，

$$U_{\text{tot}}(R) = 2NU(R) \div 2 = N\left[z\lambda\exp\left(-\frac{R}{\rho}\right) - \frac{\alpha q^2}{4\pi\varepsilon_0 R}\right] \tag{3.38}$$

となる．なお，1 個のイオンに対するポテンシャルエネルギーを単純に $2N$ 倍すると，ポテンシャルエネルギーを二重に加えたことになる．そこで，この式では，$2NU(R)$ を 2 で割っていることに注意してほしい．

　最近接イオン間距離 R の平衡値 R_0 は，

$$\frac{dU_{\text{tot}}(R)}{dR} = -\frac{Nz\lambda}{\rho}\exp\left(-\frac{R}{\rho}\right) + \frac{N\alpha q^2}{4\pi\varepsilon_0 R^2} = 0 \tag{3.39}$$

から，次式で与えられる．

$$R_0{}^2 \exp\left(-\frac{R_0}{\rho}\right) = \frac{\rho \alpha q^2}{4\pi\varepsilon_0 z\lambda} \tag{3.40}$$

これを用いると，イオン結晶の全ポテンシャルエネルギーは，次のように表される．

$$U_{\text{tot}}(R_0) = -\frac{N\alpha q^2}{4\pi\varepsilon_0 R_0}\left(1 - \frac{\rho}{R_0}\right) \tag{3.41}$$

塩化ナトリウム構造のイオン結晶について，1イオン対あたりの凝集エネルギーを表3.3に示す．これらの凝集エネルギーの値は，希ガス結晶に比べると，絶対値が2桁ほど大きい．凝集エネルギーが大きいためイオン結晶は硬いが，もろい傾向がある．

表 3.3 塩化ナトリウム構造のイオン結晶に対する1イオン対あたりの凝集エネルギー

イオン結晶	凝集エネルギー (eV/ion-pair)
フッ化リチウム (LiF)	10.514
塩化ナトリウム (NaCl)	7.924
シュウ化カリウム (KBr)	6.878
ヨウ化ルビジウム (RbI)	6.288

◆ **共有結合結晶**　共有結合結晶 (covalent crystal) は，原子間で電子を共有することで原子間の結合が形成されており，図3.6のような(a)のダイヤモンド構造あるいは(b)の閃亜鉛鉱構造をとる．共有結合結晶を構成する元素が1種類の場合，ダイヤモンド構造となる．一方，共有結合結晶を構成する元素が2種類の場合，閃亜鉛鉱構造となる．

共有結合結晶は，上向きスピンをもつ電子と下向きスピンをもつ電子の分布の重なり，すなわち反平行スピンをもつ電子の分布の重なりによって特徴づけられる．反平行スピンをもつ電子間では，パウリの排他律による反発力は減少するので，電荷分布の大きな重なりが可能となる．重なり合った電子が，その電子が属しているイオン殻

（a）ダイヤモンド構造　　　（b）閃亜鉛鉱構造

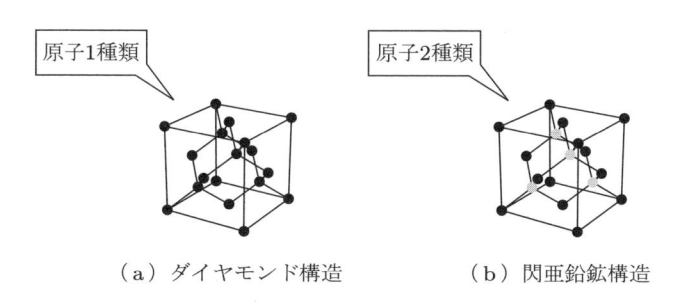

図 3.6　共有結合結晶の構造

を静電引力によって結びつけている．

炭素 (C)，シリコン (Si)，ゲルマニウム (Ge) などの VI 族元素では，最外殻の s 軌道と 3 個の p 軌道 (p_x, p_y, p_z) にそれぞれ 2 個の電子が配置されている．たとえば，炭素 (C) の場合，最外殻の電子配置は，$(2s)^2(2p)^2$ と表され，シリコン (Si) の場合，最外殻の電子配置は，$(3s)^2(3p)^2$ と表される．炭素 (C) やシリコン (Si) が結晶を作るときは，次のように **sp^3 混成軌道** (sp^3 hybridized orbital) を形成する．

$$C : (2s)^2(2p)^2 \rightarrow (2s)^1(2p)^3$$
$$Si : (3s)^2(3p)^2 \rightarrow (3s)^1(3p)^3$$

図 3.7(a) に s 軌道，(b)～(d) に 3 個の p 軌道 (p_x, p_y, p_z)，(e) に sp^3 混成軌道を示す．共有結合結晶では，sp^3 混成軌道に存在する電子を原子間で共有して原子間の結合が起こり，原子が正四面体の頂点に位置するように配置される．そして，炭素 (C)，シリコン (Si)，ゲルマニウム (Ge) などの VI 族元素に対して，ダイヤモンド構造が形成される．

ダイヤモンド構造をとる共有結合結晶の 1 原子あたりの凝集エネルギーを表 3.4 に示す．これらの値は，イオン結晶と同程度のオーダー（桁）である．

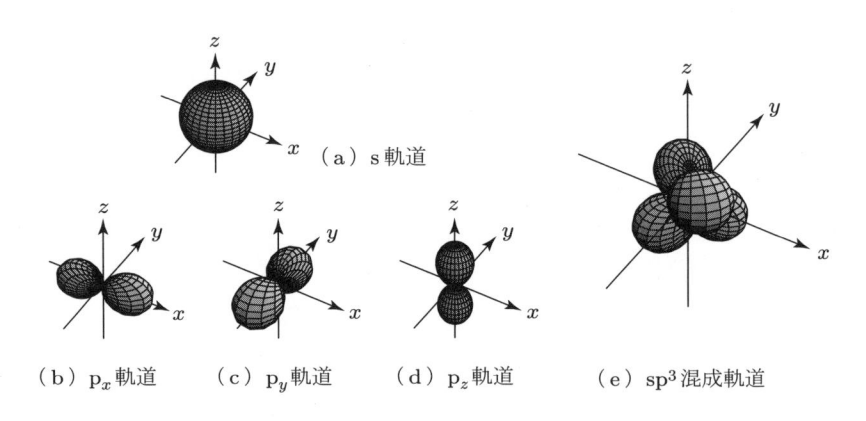

(a) s 軌道

(b) p_x 軌道　　(c) p_y 軌道　　(d) p_z 軌道　　(e) sp^3 混成軌道

図 **3.7**　s 軌道，3 個の p 軌道 (p_x, p_y, p_z)，sp^3 混成軌道

表 **3.4**　ダイヤモンド構造をとる共有結合結晶の 1 原子あたりの凝集エネルギー

共有結合結晶	凝集エネルギー (eV/atom)
炭素 (C)	7.37
シリコン (Si)	4.63
ゲルマニウム (Ge)	3.85
すず (Sn)	3.14

ヒ化ガリウム (GaAs) などの化合物半導体は，図 3.6(b) のような閃亜鉛鉱構造をとる．閃亜鉛鉱構造では，次のように結晶を構成する原子がイオン化し，sp^3 混成軌道を形成して，原子間の結合が起こる．このように，閃亜鉛鉱構造では，格子点にイオンが配置されているから，共有結合だけでなくイオン結晶としての性質もあわせもつことになる．

$$\text{ZnS} : \text{Zn} : (3d)^{10}(4s)^2 \rightarrow \text{Zn}^{2-} : (3d)^{10}(4s)^1(4p)^3$$
$$\text{S} : (3s)^2(3p)^4 \rightarrow \text{S}^{2+} : (3s)^1(3p)^3$$

◆ **金属結晶**　金属結晶 (metal) は，図 3.8 のような (a) の面心立方 (fcc) 構造，(b) の体心立方 (bcc) 構造，(c) の六方最密 (hcp) 構造をとる．金属結晶では，結晶内を自由に動き回る自由電子の数が多いため，電気伝導率が大きい．金属結合の特徴は，価電子のエネルギーが，自由原子のときのエネルギーよりも低いことにある．

金属結晶内で自由に動き回る自由電子は，あたかも気体のようにふるまう．そこで，このような電子を**自由電子気体** (free electron gas) とよんでいる．そして，金属結晶は，図 3.9 のように，網掛け部で示した自由電子気体の中に，電子を失ってできた金属イオンが配置されたものと考えることができる．したがって，金属結晶の凝集エネルギーを理論的に扱うときには，自由電子気体の運動エネルギー，自由電子気体と金属イオンとのクーロン相互作用ポテンシャル，自由電子気体内の電子間相互作用ポテンシャルを考える必要がある．

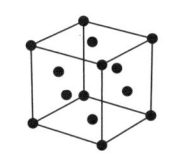

（a）面心立方(fcc)構造　　（b）体心立方(bcc)構造　　（c）六方最密(hcp)構造

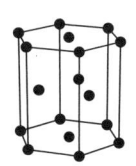

図 **3.8**　金属結晶の構造

図 **3.9**　金属結晶における自由電子気体と金属イオン

表 3.5　金属結晶の 1 原子あたりの凝集エネルギー

金属結晶	構造	凝集エネルギー (eV/atom)
アルミニウム (Al)	fcc	3.39
銀 (Ag)	fcc	2.95
金 (Au)	fcc	3.81
クロム (Cr)	bcc	4.10
モリブデン (Mo)	bcc	6.82
タンタル (Ta)	bcc	8.10
コバルト (Co)	hcp	4.39
チタン (Ti)	hcp	4.85
タリウム (Tl)	hcp	1.88

金属結晶の 1 原子あたりの凝集エネルギーを表 3.5 に示す．これらの凝集エネルギーの値は，イオン結晶よりも少し小さく，イオン結晶よりも軟らかい．

◆ **水素結合結晶**　　**水素結合結晶**は，水素 (H) が，フッ素 (F)，酸素 (O)，窒素 (N) など電気陰性度の大きな原子の間に入って形成される結晶である．水素 (H) が酸素 (O) の間に入った例を図 3.10 に示す．**水素結合** (hydrogen bond) の結合エネルギーは 0.1 eV 程度であり，イオン結合的な性格が強い．

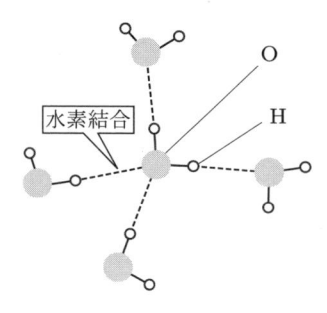

図 3.10　水素結合結晶

3.2　弾　性

◆ **応　力**　　物体内部のある面を考えたとき，物体の両側の部分がお互いに相手に及ぼす，単位面積あたりの力を**応力** (stress) という．固体に応力が加えられると，固体は変形する．応力を取り除いたときに元に戻るような変形を**弾性変形** (elastic deformation) という．これに対して，応力を取り除いても元に戻らないような変形を**塑性変形** (plastic deformation) という．これから，弾性変形を理論的に表現してみよう．

固体の変形において注意してほしいことは，固体では，図 3.11 のように原子または

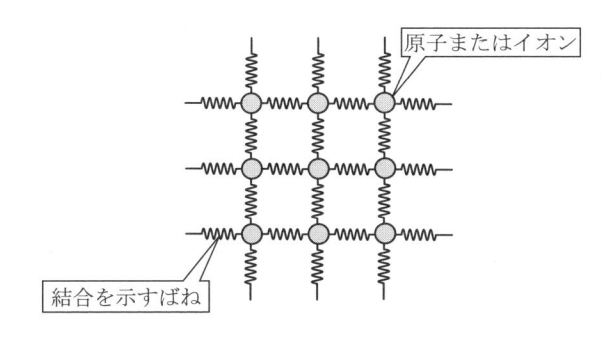

図 3.11 固体における原子間の結合

イオンが結合しているということである．ここでは，弾性変形を考えているので，結合の様子をばねを用いて表した．

固体では，原子またはイオンが結合していることから，図 3.12 のように x 軸に沿った方向に応力を印加すると，x 方向に変形するだけでなく，y 方向や z 方向にも変形する．この様子は，テニスボールやスポンジに力を加えて変形させたときの様子を思い浮かべると，わかりやすいだろう．なお，図 3.12 では，変形前の形状を白色で，変形後の形状を濃い灰色で示している．また，応力のかかる面を薄い灰色で示した．

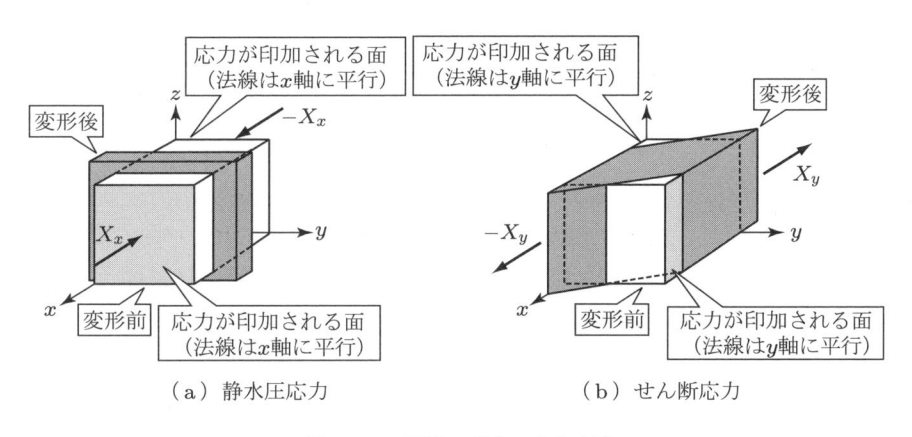

（a）静水圧応力　　　　　（b）せん断応力

図 3.12 固体の応力による変形

ここで，xyz-直交座標系を用いて，応力の表記を定義しておこう．応力の成分を，大文字 X, Y, Z と小文字 x, y, z で表す．図 3.12 のように，大文字が応力の方向に平行な軸を，添字の小文字が応力のかかる面の法線方向に平行な軸をそれぞれ示すと約束する．

図 3.12(a) における応力 X_x は，応力の方向が x 軸に平行（大文字 X によって表示）

で，応力のかかる面（薄い灰色で示した面）の法線方向が x 軸に平行（添え字 x と表示）であることを示している．このように，応力のかかる面の法線方向と応力の方向が平行であるような応力を**静水圧応力** (hydrostatic stress) という．一方，図 3.12(b) における応力 X_y は，応力の方向が x 軸に平行（X と表示）で，応力のかかる面（薄い灰色で示した面）の法線方向が y 軸に平行（添え字 y と表示）であることを示している．このように，応力のかかる面の法線方向と応力の方向が非平行であるような応力を**せん断応力** (shear stress) という．

◆ **ひずみ**　固体に応力が印加されたときの x 方向，y 方向，z 方向の変位をそれぞれ $u(\boldsymbol{r})$，$v(\boldsymbol{r})$，$w(\boldsymbol{r})$ とすると，変位 $\boldsymbol{R}(\boldsymbol{r})$ は次のように表される．

$$\boldsymbol{R}(\boldsymbol{r}) = u(\boldsymbol{r})\hat{\boldsymbol{x}} + v(\boldsymbol{r})\hat{\boldsymbol{y}} + w(\boldsymbol{r})\hat{\boldsymbol{z}} \tag{3.42}$$

これらの変位 $u(\boldsymbol{r})$，$v(\boldsymbol{r})$，$w(\boldsymbol{r})$ から，次式によって**ひずみ** (strain) の成分として，静水圧ひずみ e_{xx}，e_{yy}，e_{zz} とせん断ひずみ e_{yz}，e_{zx}，e_{xy} が定義される．

$$e_{xx} \equiv \frac{\partial u}{\partial x}, \quad e_{yy} \equiv \frac{\partial v}{\partial y}, \quad e_{zz} \equiv \frac{\partial w}{\partial z} \tag{3.43}$$

$$e_{xy} \equiv \frac{\partial u}{\partial y} + \frac{\partial v}{\partial x}, \quad e_{yz} \equiv \frac{\partial v}{\partial z} + \frac{\partial w}{\partial y}, \quad e_{zx} \equiv \frac{\partial u}{\partial z} + \frac{\partial w}{\partial x} \tag{3.44}$$

◆ **フックの法則**　1次元の変位 x だけが存在するばねでは，ばねにかかる力 f と変位との関係は，ばね定数を k として，

$$f = -kx \tag{3.45}$$

と表される．これは，**フックの法則** (Hooke's law) として知られている．固体のように，3次元の変位がある場合，フックの法則は，応力とひずみの関係として，行列を用いて表すことができる．立方晶の場合，結晶の対称性から，応力成分 X_x，Y_y，Z_z，Y_z，Z_x，X_y（大文字が応力の方向，添字の小文字が応力のかかる面の法線方向を示す）とひずみ成分 e_{xx}，e_{yy}，e_{zz}，e_{yz}，e_{zx}，e_{xy} の関係は，**弾性スティフネス定数** (elastic stiffness constant) C_{ij} を用いて，次式で表される．

$$\begin{bmatrix} X_x \\ Y_y \\ Z_z \\ Y_z \\ Z_x \\ X_y \end{bmatrix} = \begin{bmatrix} C_{11} & C_{12} & C_{12} & 0 & 0 & 0 \\ C_{12} & C_{11} & C_{12} & 0 & 0 & 0 \\ C_{12} & C_{12} & C_{11} & 0 & 0 & 0 \\ 0 & 0 & 0 & C_{44} & 0 & 0 \\ 0 & 0 & 0 & 0 & C_{44} & 0 \\ 0 & 0 & 0 & 0 & 0 & C_{44} \end{bmatrix} \begin{bmatrix} e_{xx} \\ e_{yy} \\ e_{zz} \\ e_{yz} \\ e_{zx} \\ e_{xy} \end{bmatrix} \tag{3.46}$$

また，弾性エネルギー密度 U は，次のようになる．

$$U = \frac{1}{2}C_{11}\left(e_{xx}^2 + e_{yy}^2 + e_{zz}^2\right) + \frac{1}{2}C_{44}\left(e_{yz}^2 + e_{zx}^2 + e_{xy}^2\right)$$
$$+ C_{12}\left(e_{yy}e_{zz} + e_{zz}e_{xx} + e_{xx}e_{yy}\right) \tag{3.47}$$

—— Point ——
結晶におけるフックの法則は，行列の形で表される．

▶ **例題 3.6** 立方結晶が，[100] 方向に応力 $X_x = \sigma$ を受けているとする．このとき，応力とひずみとの関係を求めよ．

解 [100] 方向の引張り応力は，

$$X_x = \sigma, \quad Y_y = Z_z = 0, \quad Y_z = Z_x = X_y = 0 \tag{3.48}$$

と表される．式 (3.48) を式 (3.46) に代入すると，応力とひずみとの関係は，次式で表される．

$$\begin{bmatrix} \sigma \\ 0 \\ 0 \\ 0 \\ 0 \\ 0 \end{bmatrix} = \begin{bmatrix} C_{11} & C_{12} & C_{12} & 0 & 0 & 0 \\ C_{12} & C_{11} & C_{12} & 0 & 0 & 0 \\ C_{12} & C_{12} & C_{11} & 0 & 0 & 0 \\ 0 & 0 & 0 & C_{44} & 0 & 0 \\ 0 & 0 & 0 & 0 & C_{44} & 0 \\ 0 & 0 & 0 & 0 & 0 & C_{44} \end{bmatrix} \begin{bmatrix} e_{xx} \\ e_{yy} \\ e_{zz} \\ e_{yz} \\ e_{zx} \\ e_{xy} \end{bmatrix} \tag{3.49}$$

この式から，

$$e_{yz} = e_{zx} = e_{xy} = 0 \tag{3.50}$$

が導かれる．また，

$$\begin{aligned} \sigma &= C_{11}e_{xx} + C_{12}\left(e_{yy} + e_{zz}\right) \\ 0 &= C_{11}e_{yy} + C_{12}\left(e_{xx} + e_{zz}\right) \\ 0 &= C_{11}e_{zz} + C_{12}\left(e_{xx} + e_{yy}\right) \end{aligned} \tag{3.51}$$

が成り立つ．この方程式を連立させて解くと，次の結果が得られる．

$$\sigma = \frac{(C_{11} + 2C_{12})(C_{11} - C_{12})}{C_{11} + C_{12}} e_{xx} \tag{3.52}$$

$$e_{yy} = e_{zz} = -\frac{C_{12}}{C_{11} + C_{12}} e_{xx} \tag{3.53}$$

◆ **結晶中を伝搬する弾性波**　密度 ρ の結晶中を伝搬する**弾性波** (elastic wave) の方程式を考えてみよう．結晶中の微小空間として1辺の長さ Δx, Δy, Δz の直方体を考え，図 3.13(a) のように，$x=x$ において 静水圧応力 $-X_x(x)$ がかかり，$x=x+\Delta x$ において 静水圧応力 $X_x(x+\Delta x)$ がかかっているとする．

静水圧応力 $X_x(x+\Delta x)$ をテイラー展開し，Δx の1次の項まで考えると，

$$X_x(x+\Delta x) = X_x(x) + \frac{\partial X_x}{\partial x}\Delta x \tag{3.54}$$

となる．したがって，微小空間において，面の法線が x 軸に平行な二つの面に対して，次の静水圧応力がかかっていることになる．

$$X_x(x+\Delta x) - X_x(x) = \frac{\partial X_x}{\partial x}\Delta x \tag{3.55}$$

静水圧応力 $\frac{\partial X_x}{\partial x}\Delta x$ がかかっている面の面積は $\Delta y \Delta z$ だから，これらの面には次の力 F_x がかかっていることになる．

$$F_x = \frac{\partial X_x}{\partial x}\Delta x \times \Delta y \Delta z = \frac{\partial X_x}{\partial x}\Delta x \Delta y \Delta z \tag{3.56}$$

次に，図 3.13(b) のように，$y=y$ において せん断応力 $-X_y(y)$ がかかり，$y=y+\Delta y$ において せん断応力 $X_y(y+\Delta y)$ がかかっているとする．せん断応力 $X_y(y+\Delta y)$ をテイラー展開し，Δy の1次の項まで考えると，

$$X_y(y+\Delta y) = X_y(y) + \frac{\partial X_y}{\partial y}\Delta y \tag{3.57}$$

となる．したがって，微小空間において，面の法線が y 軸に沿っている2個の面に対して，次のせん断応力がかかっていることになる．

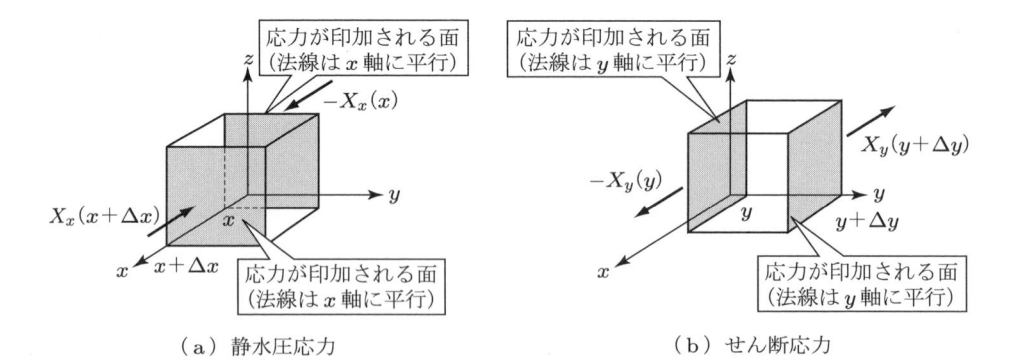

（a）静水圧応力　　　　　　　　　（b）せん断応力

図 **3.13**　弾性波が存在するときの応力

$$X_y(y+\Delta y) - X_y(y) = \frac{\partial X_y}{\partial y}\Delta y \tag{3.58}$$

せん断応力 $\dfrac{\partial X_y}{\partial y}\Delta y$ がかかっている面の面積は $\Delta z \Delta x$ だから，これらの面には次の力 F_y がかかっていることになる．

$$F_y = \frac{\partial X_y}{\partial y}\Delta y \times \Delta z \Delta x = \frac{\partial X_y}{\partial y}\Delta x \Delta y \Delta z \tag{3.59}$$

同様にして，せん断応力 X_z について考えると，$z=z$ の面と $z=z+\Delta z$ の面には次の力 F_z がかかっていることになる．

$$F_z = \frac{\partial X_z}{\partial z}\Delta x \Delta y \Delta z \tag{3.60}$$

結晶の密度が ρ だから，x 方向の変位 u については，

$$\rho \Delta x \Delta y \Delta z \frac{\partial^2 u}{\partial t^2} = F_x + F_y + F_z \tag{3.61}$$

が成り立つ．

式 (3.61) に式 (3.56)〜(3.60) を代入し，両辺を $\Delta x \Delta y \Delta z$ で割ると，密度 ρ の結晶中を伝搬する弾性波の方程式は，応力成分を用いて

$$\rho \frac{\partial^2 u}{\partial t^2} = \frac{\partial X_x}{\partial x} + \frac{\partial X_y}{\partial y} + \frac{\partial X_z}{\partial z} \tag{3.62}$$

と表される．立方晶の場合，変位成分と弾性スティフネス定数を用いて表すと，次式のようになる．

$$\rho \frac{\partial^2 u}{\partial t^2} = C_{11}\frac{\partial^2 u}{\partial x^2} + C_{44}\left(\frac{\partial^2 u}{\partial y^2} + \frac{\partial^2 u}{\partial z^2}\right) + (C_{12}+C_{44})\left(\frac{\partial^2 v}{\partial x \partial y} + \frac{\partial^2 w}{\partial x \partial z}\right) \tag{3.63}$$

ここで，式 (3.43)，(3.44)，(3.46) を用いた．

同様にして，y 方向の変位 v，z 方向の変位 w についても，次のような弾性波方程式が得られる．

$$\rho \frac{\partial^2 v}{\partial t^2} = C_{11}\frac{\partial^2 v}{\partial y^2} + C_{44}\left(\frac{\partial^2 v}{\partial x^2} + \frac{\partial^2 v}{\partial z^2}\right) + (C_{12}+C_{44})\left(\frac{\partial^2 u}{\partial x \partial y} + \frac{\partial^2 w}{\partial y \partial z}\right) \tag{3.64}$$

$$\rho \frac{\partial^2 w}{\partial t^2} = C_{11}\frac{\partial^2 w}{\partial z^2} + C_{44}\left(\frac{\partial^2 w}{\partial x^2} + \frac{\partial^2 w}{\partial y^2}\right) + (C_{12}+C_{44})\left(\frac{\partial^2 u}{\partial x \partial z} + \frac{\partial^2 v}{\partial y \partial z}\right) \tag{3.65}$$

> **▶例題 3.7** 立方結晶における [100] 方向に伝搬する弾性波について，縦波と横波の位相速度を求めよ．
>
> **解** [100] 方向の弾性波は，波数ベクトル $\boldsymbol{K} = K\hat{\boldsymbol{x}} = (K, 0, 0)$ をもつ．
> 弾性波の振動方向（結晶中の粒子の変位成分）と進行方向が同一の波，すなわち縦波は，
>
> $$u = u_0 \exp[\mathrm{i}(Kx - \omega t)], \quad v = w = 0 \tag{3.66}$$
>
> と表すことができる．ここで，ω は弾性波の角周波数である．式 (3.66) を式 (3.63) に代入すると，
>
> $$\omega^2 \rho = C_{11} K^2 \tag{3.67}$$
>
> が得られる．したがって，[100] 方向の縦波の位相速度 $v_{\mathrm{elp}} = \omega/K$ は，次のようになる．
>
> $$v_{\mathrm{elp}} = \sqrt{\frac{C_{11}}{\rho}} \tag{3.68}$$
>
> 弾性波の振動方向（結晶中の粒子の変位成分）と進行方向が垂直な波，すなわち横波は，
>
> $$u = 0, \quad v = v_0 \exp[\mathrm{i}(Kx - \omega t)], \quad w = w_0 \exp[\mathrm{i}(Kx - \omega t)] \tag{3.69}$$
>
> と表すことができる．式 (3.69) をそれぞれ式 (3.64), (3.65) に代入すると，どちらからも
>
> $$\omega^2 \rho = C_{44} K^2 \tag{3.70}$$
>
> が得られる．したがって，[100] 方向の横波の位相速度 $v_{\mathrm{etp}} = \omega/K$ は，次のようになる．
>
> $$v_{\mathrm{etp}} = \sqrt{\frac{C_{44}}{\rho}} \tag{3.71}$$

演習問題

【3.1 1次元イオン結晶】 直線上に並んだ $2N$ 個のイオンを考える．イオンは，交互に $\pm q$ の電荷をもち，最近接イオン間の反発ポテンシャルエネルギーを A/R^n とする．このとき，平衡状態におけるポテンシャルエネルギーを求めよ．なお，平衡状態における最近接イオン間距離を R_0 とする．

【3.2 2軸性応力】 立方結晶に，次のような2軸性応力が印加されている場合を考える．

$$X_x = Y_y = \sigma, \quad Z_z = 0, \quad Y_z = Z_x = X_y = 0 \tag{3.72}$$

このとき，弾性ひずみは，次のように表される．

$$e_{xx} = e_{yy} = e, \quad e_{zz} \neq 0, \quad e_{yz} = e_{zx} = e_{xy} = 0 \tag{3.73}$$

(a) 静水圧ひずみ e_{zz} を e を用いて表せ．
(b) 応力 σ とひずみ e との関係を求めよ．
(c) 弾性エネルギー密度 U を計算せよ．

【3.3 弾性エネルギー密度】 結晶が，次のようなひずみ成分をもち，他のひずみ成分がすべて 0 の場合を考える．

$$e_{xx} = -e_{yy} = \frac{1}{2}e \tag{3.74}$$

このとき，弾性エネルギー密度 U を求めよ．

【3.4 [110] 方向の弾性波】

(a) 立方結晶の [110] 方向の縦波の位相速度 v_{lp} を求めよ．
(b) 立方結晶の [110] 方向の横波の位相速度 v_{tp} を求めよ．

【3.5 [111] 方向の弾性波】

(a) 立方結晶の [111] 方向の縦波の位相速度 v_{lp} を求めよ．
(b) 立方結晶の [111] 方向の横波の位相速度 v_{tp} を求めよ．

【3.6 任意の伝搬方向の弾性波】 次式のような変位を考える．

$$\boldsymbol{R}(\boldsymbol{r}) = (u_0\,\hat{\boldsymbol{x}} + v_0\,\hat{\boldsymbol{y}} + w_0\,\hat{\boldsymbol{z}})\exp[\,\mathrm{i}\,(\boldsymbol{K}\cdot\boldsymbol{r} - \omega t)] \tag{3.75}$$

この変位が立方結晶中の弾性波の解となるための条件を求めよ．

第4章
固体の比熱

●●● **この章の目的** ●●●

極低温における固体の比熱は，格子振動を量子化したフォノンと，自由電子気体によって支配されている．この章では，フォノンによる比熱と自由電子気体による比熱について説明する．

● **キーワード** ●

格子振動，音響モード，光学モード，フォノン，状態密度，束縛条件，周期的境界条件，プランク分布関数，デバイ・モデル，アインシュタイン・モデル，フェルミ-ディラック分布関数

4.1 フォノンによる比熱

◆ **格子振動**　結晶の構造は，第1章で説明したように，格子を用いて表すことができる．そして，第3章で述べたように，結晶中では，原子やイオンが結合している．この結晶中の原子やイオンは，熱エネルギーなどのために，平衡位置を中心にして弾性振動している．このような弾性振動を**格子振動** (lattice vibration) という．これから，1種類の原子から構成される結晶と，2種類の原子から構成される結晶を例にとって，格子振動について説明することにしよう．

◆ **1種類の原子から構成される結晶の格子振動**　1種類の原子（質量 M）から構成される結晶の格子振動について，図 4.1 のような，ばねモデルを用いて解析する．そして，s 番目の原子の変位 (displacement) を u_s とおき，この原子にはたらく力は，隣接相互作用のみであると仮定する．つまり，s 番目の原子には，これに隣接する $s-1$ 番目の原子，$s+1$ 番目の原子だけから力が作用すると考える．また，隣接する原子間の相互作用定数（ばね定数）を $C\ (>0)$ とおき，原子の変位はすべて右向きを正とする．

ここで，s 番目の原子の両側のばね（図 4.1 のばね 1，ばね 2）に着目して，s 番目の原子の運動方程式を考えてみよう．

図 4.2(a) は，ばね 1 の長さの変化を示したものであり，原子が変位する前のばね 1

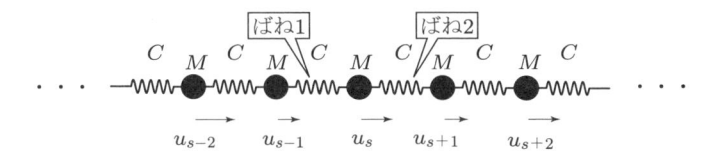

図 4.1 1種類の原子から構成される結晶の格子振動

の長さ，すなわち原子間隔の平衡値を a とした．まず，s 番目の原子だけの変位を考慮すると，ばね1の長さは $a+u_s$ になる．次に $s-1$ 番目の原子の変位も考慮すると，ばね1の長さは $a+(u_s-u_{s-1})$ となる．すなわち，ばね1の伸びは，(u_s-u_{s-1}) である．この結果，s 番目の原子には，力 $-C(u_s-u_{s-1})$ がはたらく．ここで，負の符号 $-$ が，左向きの力であることを示している．

図 4.2(b) は，ばね2の長さの変化を示したものであり，原子が変位する前のばね2の長さは a である．まず，s 番目の原子だけの変位を考慮すると，ばね2の長さは $a-u_s$ になる．次に $s+1$ 番目の原子の変位も考慮すると，ばね2の長さは $a-(u_s-u_{s+1})$ となる．すなわち，ばね2の縮みは，(u_s-u_{s+1}) である．この結果，s 番目の原子には，力 $-C(u_s-u_{s+1})$ がはたらく．ここでも，負の符号 $-$ が，左向きの力であることを示している．

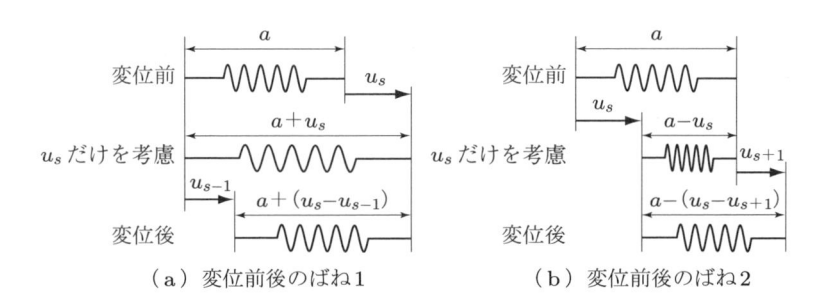

図 4.2 1種類の原子から構成される結晶における変位

以上から，原子の質量を M を用いて，運動方程式は次のように表される．

$$M\frac{\mathrm{d}^2 u_s}{\mathrm{d}t^2} = -C(u_s - u_{s-1}) - C(u_s - u_{s+1}) = C(u_{s+1} + u_{s-1} - 2u_s) \quad (4.1)$$

原子間隔の平衡値 a を用いて，この運動方程式の解 u_s を

$$u_s = u\exp[-\mathrm{i}(\omega t - sKa)] \quad (4.2)$$

とおき，運動方程式に代入すると，次の**分散関係** (dispersion relation) が得られる．

$$\omega = \left[\frac{2C}{M}(1-\cos Ka)\right]^{\frac{1}{2}} = \left[\frac{4C}{M}\sin^2\frac{Ka}{2}\right]^{\frac{1}{2}} \tag{4.3}$$

ただし，ここで格子振動の角周波数 ω が $\omega \geq 0$ を満たすことを用いた．この分散関係を図示すると，図 4.3 のように $0 \leq K \leq \pi/a$ の範囲では K に対する単調増加関数となる．

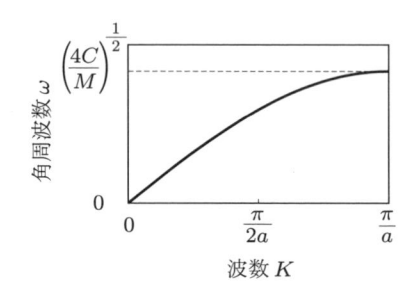

図 4.3 1 種類の原子から構成される結晶の格子振動における分散関係

この分散関係は，隣接原子間の相対位相 $\exp(\pm iKa)$ に依存しているから，波数 K の範囲で重要なのは，

$$-\frac{\pi}{a} < K < \frac{\pi}{a} \tag{4.4}$$

である．このような波数 K の範囲を**第 1 ブリルアン・ゾーン** (first Brillouin zone) という．

多くの金属では，このような力が，隣接原子間だけではなく，もっと離れた原子間でもはたらく．この場合は，原子 s と原子 $s+p$ との間の相互作用定数を C_p として，分散関係は，次のようになる．

$$\omega = \left[\frac{2}{M}\sum_{p>0}C_p(1-\cos pKa)\right]^{\frac{1}{2}} \tag{4.5}$$

— **Point** —
格子振動をばねモデルで考えるときは，
原子の両端のばねの変位を個別に考え，運動方程式を立てる．

◆ **2 種類の原子から構成される結晶の格子振動**　2 種類の原子から構成される結晶の格子振動について，図 4.4 のようなばねモデルを用いて考える．それぞれの原子の質量を M_1, M_2，変位を u_s, v_s とする．ここでも隣接相互作用のみを考え，隣接する原子間の相互作用定数を $C\,(>0)$ とおく．また，原子の変位はすべて右向きを正と

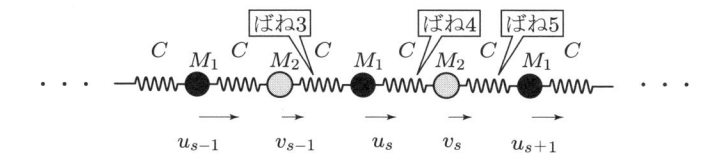

図 4.4 2種類の原子から構成される結晶の格子振動

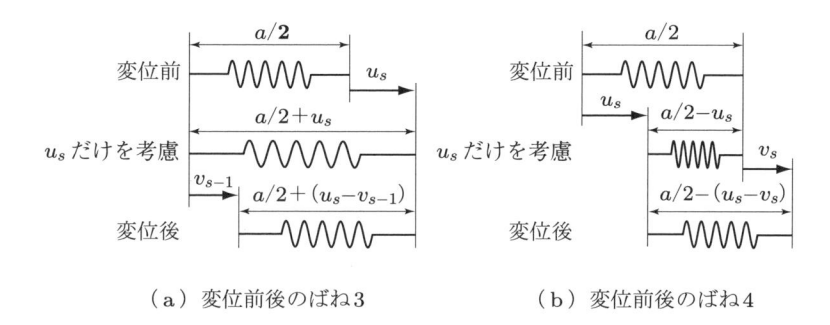

（a）変位前後のばね3　　　　　（b）変位前後のばね4

図 4.5 2種類の原子から構成される結晶における u_s を基準とした変位

する．

これから，s 番目の質量 M_1 の原子の両側のばね（図 4.5 のばね 3，ばね 4）に着目して，s 番目の質量 M_1 の原子の運動方程式を考えてみよう．

図 4.5(a) は，ばね 3 の長さの変化を示したものであり，原子が変位する前のばね 3 の長さ，すなわち隣接原子間距離の平衡値を $a/2$ とした．まず，s 番目の質量 M_1 の原子だけの変位を考慮すると，ばね 3 の長さは $a/2 + u_s$ になる．次に $s-1$ 番目の質量 M_2 の原子の変位も考慮すると，ばね 3 の長さは $a/2 + (u_s - v_{s-1})$ となる．すなわち，ばね 3 の伸びは，$(u_s - v_{s-1})$ である．この結果，s 番目の質量 M_1 の原子には，力 $-C(u_s - v_{s-1})$ がはたらく．ここでも，負の符号 − が，左向きの力であることを示している．

図 4.5(b) は，ばね 4 の長さの変化を示したものであり，原子が変位する前のばね 4 の長さは $a/2$ である．まず，s 番目の質量 M_1 の原子だけの変位を考慮すると，ばね 4 の長さは $a/2 - u_s$ になる．次に s 番目の質量 M_2 の原子の変位も考慮すると，ばね 4 の長さは $a/2 - (u_s - v_s)$ となる．すなわち，ばね 4 の縮みは，$(u_s - v_s)$ である．この結果，s 番目の質量 M_1 の原子には，力 $-C(u_s - v_s)$ がはたらく．ここでも，負の符号 − が，左向きの力であることを示している．

以上から，s 番目の質量 M_1 の原子に対する運動方程式は，次のようになる．

$$M_1 \frac{d^2 u_s}{dt^2} = -C(u_s - v_{s-1}) - C(u_s - v_s) = C(v_s + v_{s-1} - 2u_s) \quad (4.6)$$

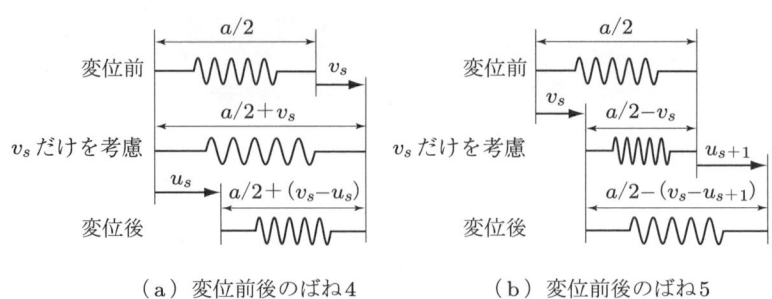

（a）変位前後のばね4　　　（b）変位前後のばね5

図 4.6　2 種類の原子から構成される結晶における v_s を基準とした変位

次に，s 番目の質量 M_2 の原子の両側のばね（図 4.6 のばね 4，ばね 5）に着目して，s 番目の質量 M_2 の原子の運動方程式を考えてみよう．

図 4.6(a) は，ばね 4 の長さの変化を示したものであり，原子が変位する前のばね 4 の長さは，前述のように $a/2$ である．まず，s 番目の質量 M_2 の原子だけの変位を考慮すると，ばね 4 の長さは $a/2 + v_s$ になる．次に s 番目の質量 M_1 の原子の変位も考慮すると，ばね 4 の長さは $a/2 + (v_s - u_s)$ となる．すなわち，ばね 4 の伸びは，$(v_s - u_s)$ である．この結果，s 番目の質量 M_2 の原子には，力 $-C(v_s - u_s)$ がはたらく．ここでも，負の符号 $-$ が，左向きの力であることを示している．

図 4.6(b) は，ばね 5 の長さの変化を示したものであり，原子が変位する前のばね 5 の長さは $a/2$ である．まず，s 番目の質量 M_2 の原子だけの変位を考慮すると，ばね 5 の長さは $a/2 - v_s$ になる．次に $s+1$ 番目の質量 M_1 の原子の変位も考慮すると，ばね 5 の長さは $a/2 - (v_s - u_{s+1})$ となる．すなわち，ばね 5 の縮みは，$(v_s - u_{s+1})$ である．この結果，s 番目の質量 M_2 の原子には，力 $-C(v_s - u_{s+1})$ がはたらく．ここでも，負の符号 $-$ が，左向きの力であることを示している．

以上から，s 番目の質量 M_2 の原子に対する運動方程式は，次のようになる．

$$M_2 \frac{\mathrm{d}^2 v_s}{\mathrm{d}t^2} = -C(v_s - u_s) - C(v_s - u_{s+1}) = C(u_{s+1} + u_s - 2v_s) \tag{4.7}$$

同一質量をもつ原子の間隔の平衡値は a だから，式 (4.6)，(4.7) の運動方程式の解 u_s，v_s を

$$u_s = u \exp[-\mathrm{i}(\omega t - sKa)], \quad v_s = v \exp[-\mathrm{i}(\omega t - sKa)] \tag{4.8}$$

とおく．これらを式 (4.6)，(4.7) に代入すると，次式が得られる．

$$\begin{aligned}
-\omega^2 M_1 u &= Cv[1 + \exp(-\mathrm{i}Ka)] - 2Cu \\
-\omega^2 M_2 v &= Cu[\exp(\mathrm{i}Ka) + 1] - 2Cv
\end{aligned} \tag{4.9}$$

この連立方程式が $u = v = 0$ 以外の解をもつためには，次式が成立すればよい．

$$\begin{vmatrix} 2C - M_1\omega^2 & -C[1 + \exp(-iKa)] \\ -C[1 + \exp(iKa)] & 2C - M_2\omega^2 \end{vmatrix} = 0 \tag{4.10}$$

式 (4.10) から，2 種類の原子から構成される結晶における分散関係は，次のように求められる．

$$\omega = \left[\frac{C}{M_1M_2} \left(M_1 + M_2 \pm \sqrt{(M_1+M_2)^2 - 4M_1M_2 \sin^2 \frac{Ka}{2}} \right) \right]^{\frac{1}{2}} \tag{4.11}$$

この分散関係を図示すると図 4.7 のようになる．ただし，$M_1 < M_2$ とした．図 4.7 からわかるように，$0 \leq K \leq \pi/a$ の範囲では，光学的分枝は K に対する単調減少関数，音響的分枝は K に対する単調増加関数となる．

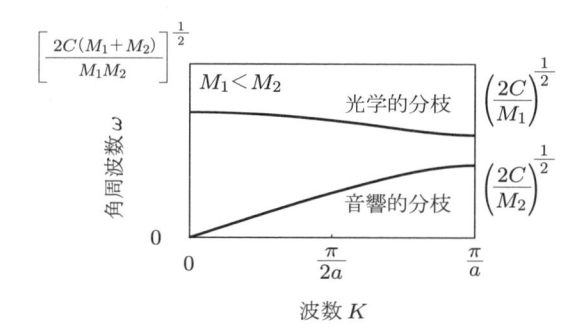

図 **4.7** 2 種類の原子から構成される結晶の格子振動における分散関係

$Ka \ll 1$ の場合，分散関係は次のようになる．

$$\omega^2 \simeq 2C\left(\frac{1}{M_1} + \frac{1}{M_2}\right), \quad \frac{C}{2(M_1+M_2)}K^2a^2 \tag{4.12}$$

$K = 0$ のとき，

$$\omega^2 \simeq 2C\left(\frac{1}{M_1} + \frac{1}{M_2}\right) \tag{4.13}$$

に対して

$$\frac{u}{v} = -\frac{M_2}{M_1} \tag{4.14}$$

となり，原子はお互いに反対方向に振動する．2 種類の原子が反対符号の電荷をもっているとき，このような振動は，**電気双極子振動** (electric dipole oscillation) になる

ので，光波などの電界と相互作用する．したがって，**光学的分枝** (optical branch) とよばれる．

一方，$K = 0$ のとき，

$$\omega^2 \simeq \frac{C}{2(M_1 + M_2)} K^2 a^2 \tag{4.15}$$

に対しては

$$u = v \tag{4.16}$$

となり，音の振動のように，原子は同じ方向に振動する．したがって，**音響的分枝** (acoustical branch) とよばれる．

図 4.7 の分散関係にも，式 (4.11) の ± の + に対応する光学的分枝と，式 (4.11) の ± の − に対応する音響的分枝を示したので，改めてよく見てほしい．

さて，振動のしかたを**モード** (mode) という言葉で表現することが多い．たとえば，弾性振動における縦波 (longitudinal wave) を，**縦モード** (longitudinal mode) の弾性振動という．この縦モードにおける光学的分枝と音響的分枝に対する原子の変位を図 4.8 に示す．この図は $Ka = 2m\pi$（m: 整数）のときのもので，図 (a) が光学的分枝，図 (b) が音響的分枝を表している．縦モードにおける光学的分枝を縦光学モード (logitudinal optical mode, LO mode)，縦モードにおける音響的分枝を縦音響モード (logitudinal acoustical mode, LA mode) とよぶことも多い．なお，破線が変位前の原子（イオン）の位置，実線が変位後の原子（イオン）の位置に対応している．

弾性振動における横波 (transverse wave) を，**横モード** (transverse mode) の弾性

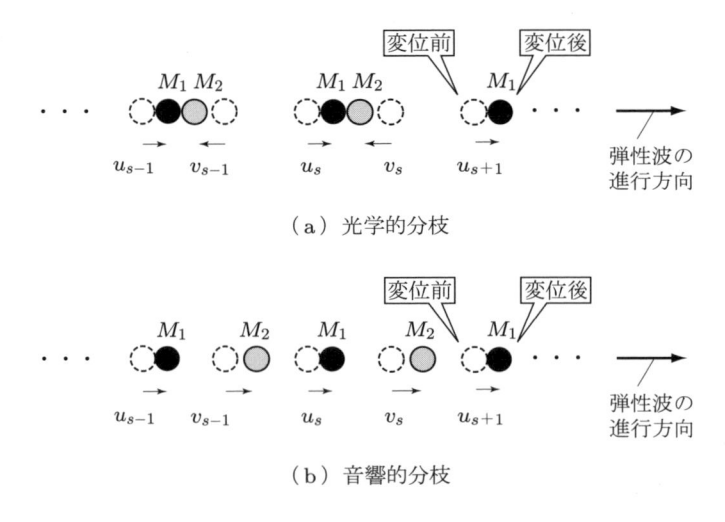

(a) 光学的分枝

(b) 音響的分枝

図 **4.8** $Ka = 2m\pi$（m: 整数）のときの縦モードの弾性振動

振動という．この横モードの弾性振動における光学的分枝と音響的分枝に対する原子の変位を図 4.9 に示す．この図は $Ka = 2m\pi$（m: 整数）のときのもので，図 (a) が光学的分枝，図 (b) が音響的分枝を表している．横モードにおける光学的分枝を横光学モード (transverse optical mode, TO mode)，横モードにおける音響的分枝を横音響モード (transverse acoustical mode, TA mode) とよぶことも多い．なお，破線が変位前の原子（イオン）の位置，実線が変位後の原子（イオン）の位置に対応している．

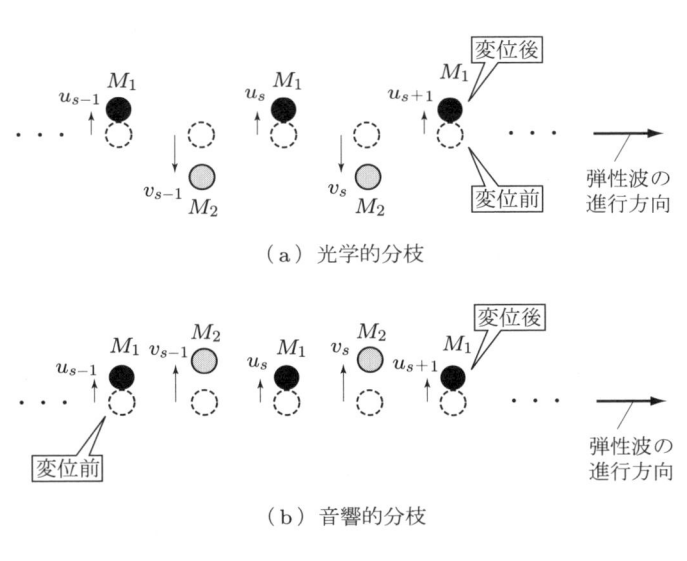

（a）光学的分枝

（b）音響的分枝

図 4.9 $Ka = 2m\pi$（m: 整数）のときの横モードの弾性振動

1 個の基本セルの中に p 種類の原子が存在するときは，3 個の音響的分枝と $3p - 3$ 個の光学的分枝が存在する．さらに，このような基本セルが結晶中に N 個あるときは，$3N$ 個の音響的分枝と $(3p - 3)N$ 個の光学的分枝が存在する．

― **Point** ―
格子振動では，縦モード，横モード，それぞれに対して，光学的分枝と音響的分枝を考える．

▶**例題 4.1** 基本セルが 2 種類の原子を含むとき，$Ka = \pi$ において，原子の変位の比 u/v を求めよ．

解 式 (4.9) から，$Ka = \pi$ では次の関係が得られる．

$$-\omega^2 M_1 u = -2Cu, \quad -\omega^2 M_2 v = -2Cv \tag{4.17}$$

したがって，2種類の原子は，お互いに独立に運動する．この結果，$\omega^2 = 2C/M_1$ のときは u のみで格子の運動を記述することができる．また，$\omega^2 = 2C/M_2$ のときは，v のみで格子の運動を記述することができる．すなわち，この K の値に対して，2種類の原子は，原子間にあたかも結合がないかのようにふるまう．

▶ **例題 4.2**　図 4.10 のような1次元の2原子鎖格子を考える．いま，隣接原子間の相互作用定数が，交互に $C_1 (>0)$ と $C_2 (>0)$ を繰り返しているとする．また，原子の質量は同一であり，隣接原子間距離の平衡値は $a/2$ である．このとき，分散関係を求めよ．

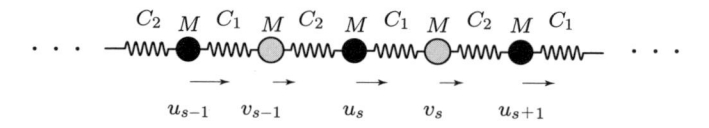

図 4.10　1次元の2原子鎖格子（原子の質量は同一）

解　原子の質量を M，変位を u_s, v_s とすると，運動方程式は次のようになる．

$$M \frac{d^2 u_s}{dt^2} = -C_1 (u_s - v_s) - C_2 (u_s - v_{s-1}) \tag{4.18}$$

$$M \frac{d^2 v_s}{dt^2} = -C_1 (v_s - u_s) - C_2 (v_s - u_{s+1}) \tag{4.19}$$

ここで

$$u_s = u \exp[-i(\omega t - sKa)] \tag{4.20}$$

$$v_s = v \exp[-i(\omega t - sKa)] \tag{4.21}$$

とおいて，運動方程式に代入すると，次の結果が得られる．

$$-\omega^2 M u = C_1(v - u) + C_2 [v \exp(-iKa) - u] \tag{4.22}$$

$$-\omega^2 M v = C_1(u - v) + C_2 [u \exp(iKa) - v] \tag{4.23}$$

この連立方程式が，$u = v = 0$ 以外の解をもつためには，次式が成立すればよい．

$$\begin{vmatrix} C_1 + C_2 - \omega^2 M & -C_1 - C_2 \exp(-iKa) \\ -C_1 - C_2 \exp(iKa) & C_1 + C_2 - \omega^2 M \end{vmatrix} = 0 \tag{4.24}$$

これを解くと，次のようになる．

$$M\omega^2 = (C_1 + C_2) \pm \left[(C_1 + C_2)^2 - 2C_1C_2(1 - \cos Ka)\right]^{\frac{1}{2}} \tag{4.25}$$

$K = 0$ のとき $\cos Ka = 1$ であり，次の結果が得られる．

$$\omega = \sqrt{\frac{2(C_1 + C_2)}{M}}, \quad 0 \tag{4.26}$$

一方，$K = \pi/a$ のとき $\cos Ka = -1$ であり，次の結果が得られる．

$$\omega = \sqrt{\frac{2C_1}{M}}, \quad \sqrt{\frac{2C_2}{M}} \tag{4.27}$$

◆ **フォノン** 格子振動を量子化したものが，**フォノン** (phonon) である．角周波数 ω のフォノンが n 個存在するとき，フォノンのエネルギー E は，付録 B.3 に示すように，

$$E = \left(n + \frac{1}{2}\right)\hbar\omega \tag{4.28}$$

である．ここで，$\hbar = h/(2\pi)$ はディラック定数，h はプランク定数，$\hbar\omega/2$ は**零点エネルギー** (zero point energy) である．

これから，フォノン数 n と格子振動における変位 u との関係を導いてみよう．格子振動における変位 u として，次のような定在波を考える．

$$u = u_0 \cos Kx \cos \omega t \tag{4.29}$$

媒質の密度を ρ とすると，格子振動の運動エネルギー密度 e_k は，

$$e_k = \frac{1}{2}\rho\left(\frac{\partial u}{\partial t}\right)^2 \tag{4.30}$$

で与えられる．体積 V の結晶について，運動エネルギーの時間平均 $\langle E_k \rangle$ を求めると，次のようになる．

$$\langle E_k \rangle = \frac{1}{8}\rho V \omega^2 u_0{}^2 \tag{4.31}$$

ここで，格子振動のエネルギー E のうち，半分は運動エネルギーで，残りの半分はポテンシャルエネルギーであることを用いると，

$$\langle E_k \rangle = \frac{1}{2}E \tag{4.32}$$

となる．したがって，式 (4.28)，(4.31)，(4.32) から，

$$u_0{}^2 = 4\left(n + \frac{1}{2}\right)\frac{\hbar}{\rho V \omega} \tag{4.33}$$

が得られる．この式が，格子振動における変位の振幅 u_0 とフォノン数 n との関係を表している．

◆ **結晶運動量** 波数ベクトル $\boldsymbol{K}$ をもつフォノンは，光子，中性子，電子などと相互作用するとき，運動量 $\hbar \boldsymbol{K}$ をもっているかのようにふるまう．しかし，物理的運動量は運ばない．そこで，このような運動量は，**結晶運動量** (crystal momentum) とよばれている．

次に，光子，中性子，電子などが結晶に入射し，非弾性散乱を受ける場合を考えてみよう．非弾性散乱の前後で光子，中性子，電子などの波数ベクトルが，$\boldsymbol{k}$ から $\boldsymbol{k}'$ に変わったとする．このとき，運動量保存則から，次式が成り立つ．

$$\boldsymbol{k} + \boldsymbol{G} = \boldsymbol{k}' \pm \boldsymbol{K} \tag{4.34}$$

ここで，$\boldsymbol{G}$ は逆格子ベクトルであり，フォノンの波数ベクトル $\boldsymbol{K}$ が第1ブリルアン・ゾーン内に入るように選ぶ．この式において，＋がフォノンの生成を，－がフォノンの吸収を表している．

◆ **フォノンの状態数** 量子力学では，波動関数 ψ によって粒子の存在確率が決まり，エネルギー固有値 E によって粒子のエネルギーが決まる．そして，(ψ, E) の組合わせとして，**状態** (state) を定義する．ただし，波動関数 ψ をシュレーディンガー方程式に代入すれば，エネルギー固有値 E を求めることができるので，波動関数 ψ が状態を表すと考えることができる．つまり，波動関数が異なれば，異なる状態を表している．波動関数が異なっていてもエネルギー固有値が等しい複数の状態が存在するときがあり，このような場合，これらの状態は**縮退** (degenerate) しているという．

これから，状態数 W を求めてみよう．波動関数 ψ は，波数ベクトル $\boldsymbol{K}$ の関数であり，また振幅が異なる波動関数も同一の状態を表していると考える．このため，波数ベクトル $\boldsymbol{K}$ の個数が，状態数となる．

格子振動の場合は，もともと波動であり，格子振動の波数ベクトル $\boldsymbol{K}$ の個数が1モードあたりの状態数 W となる．ここで，1モードあたりとただし書きをつけたのは，次の理由による．

波数ベクトル $\boldsymbol{K}$ が決まれば，格子振動の進行方向が決まる．そして，格子振動の振動方向には，進行方向と同じ場合（縦モード）と，進行方向に垂直な場合（横モード）とがある．縦モードは，振動方向が進行方向と同じなので，1個の座標で表すことができる．このため，縦モードは1個と考える．横モードに対しては，2個の座標を決め

ればすべての振動方向を決定できる．このため，横モードは 2 個あると考える．つまり，1 個の波数ベクトル K で表される格子振動には，3 個のモード（縦モード 1 個，横モード 2 個）が存在する．したがって，格子振動および格子振動を量子化したフォノンの状態数 W は，波数ベクトル K の個数の 3 倍になる．

◆ **境界条件**　これから，3 次元格子における格子振動に対して，図 4.11 のような二つの境界条件を考え，1 モードあたりの状態数 W を求めることにしよう．図 4.11(a) は，1 辺の長さ L の立方体の中に閉じ込められた格子振動に対する境界条件（束縛条件）を表している．一方，図 4.11(b) は，立方体間を伝搬する格子振動に対する境界条件（周期的境界条件）を表しており，仮想的な空間として 1 辺の長さ L の立方体を考えている．

まず，図 4.11(a) の束縛条件のもとで，1 モードあたりの状態数 W を求める．立方体の中に格子振動が閉じ込められているから，立方体の外では格子振動 $\phi(x,y,z)=0$ である．立方体の外側から徐々に立方体に近づいて，立方体の境界に達したとすると，立方体の境界でも格子振動は存在しないから，境界条件として次式が成り立つ．

$\phi(0,y,z)=\phi(L,y,z)=0$　　$\phi(x,0,z)=\phi(x,L,z)=0$　　$\phi(x,y,0)=\phi(x,y,L)=0$

（a）束縛条件

$\phi(0,y,z)=\phi(L,y,z)$　　$\phi(x,0,z)=\phi(x,L,z)$　　$\phi(x,y,0)=\phi(x,y,L)$

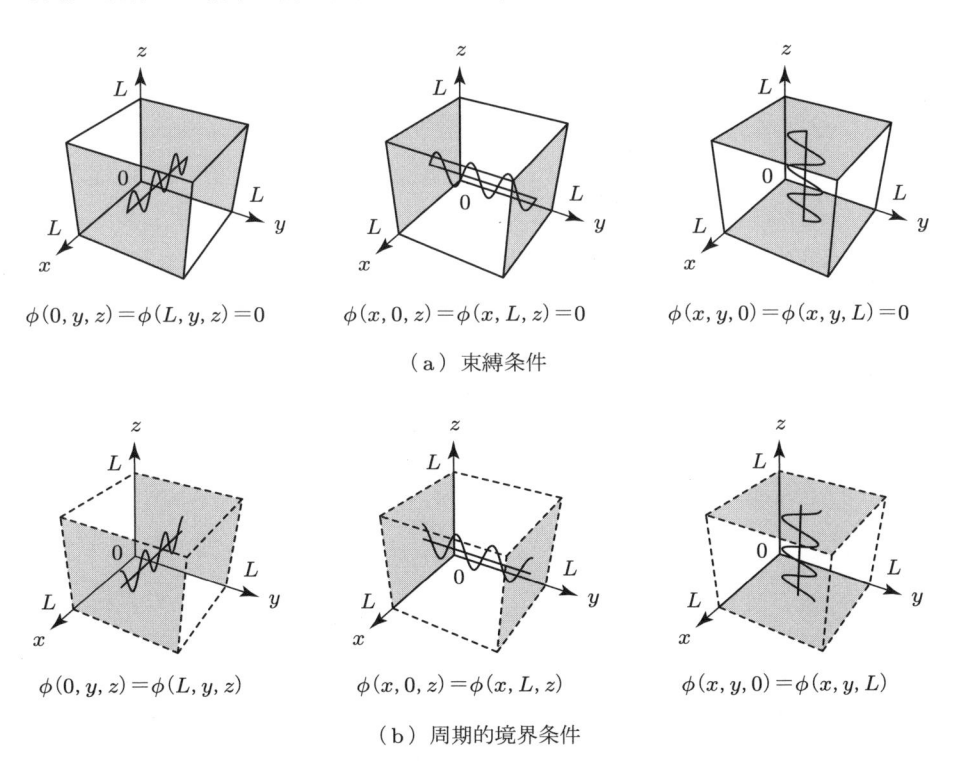

（b）周期的境界条件

図 4.11　3 次元格子における格子振動に対する境界条件

$$\begin{aligned}
\phi(0,y,z) &= \phi(L,y,z) = 0 \\
\phi(x,0,z) &= \phi(x,L,z) = 0 \\
\phi(x,y,0) &= \phi(x,y,L) = 0
\end{aligned} \qquad (4.35)$$

このため，立方体の中の格子振動は，次のような**定在波** (standing wave) として表すことができる．

$$\phi(x,y,z) = \phi_0 \sin(K_x x) \sin(K_y y) \sin(K_z z) \exp(-i\omega t) \qquad (4.36)$$

$$K_x = n_x \frac{\pi}{L}, \quad K_y = n_y \frac{\pi}{L}, \quad K_z = n_z \frac{\pi}{L} \qquad (4.37)$$

$$n_x, n_y, n_z = 1, 2, 3, \ldots \qquad (4.38)$$

ここで，

$$n_x \neq 0, \quad n_y \neq 0, \quad n_z \neq 0 \qquad (4.39)$$

であることに注意してほしい．この理由は，n_x，n_y，n_z のどれか一つでも 0 になると，立方体内のどこでも $\phi(x,y,z)=0$ となり，立方体内に定在波が存在しなくなるからである．また，n_x，n_y，n_z の値が正負どちらであっても，定在波の節の位置は変わらないので同じ定在波を表す．ここでは，n_x，n_y，n_z として，正の値だけを選ぶことにした．もちろん，n_x，n_y，n_z として，負の値だけを選んでもよい．

さて，1 モードあたりの状態数 W とは，定在波 $\phi(x,y,z)$ の個数であり，言い換えれば (n_x, n_y, n_z) の組合せの個数である．この (n_x, n_y, n_z) の組合せを考える場合，波数 K，角周波数 ω，エネルギー E から求める方法があるが，対象ごとにもっとも求めやすいものを利用すればよい．ここでは，波数 K_x，K_y，K_z を用いることにしよう．定在波 $\phi(x,y,z)$ のとりうる波数の上限を K とすると，束縛条件のもとで波数の組合せ (K_x, K_y, K_z) がとりうる点は，図 4.12(a) のように，半径 K の 8 分の 1 球の中に存在する．波数の上限 K が $K \gg \pi/L$ であれば，半径 K の 8 分の 1 球の中に存在する点の個数，すなわち 1 モードあたりの状態数 W は，次のように表される．

$$W = V_{\mathrm{KR}} \div V_{\mathrm{LR}} = \frac{1}{8} \cdot \frac{4\pi}{3} K^3 \div \left(\frac{\pi}{L}\right)^3 = \frac{K^3}{6\pi^2} L^3 \qquad (4.40)$$

$$V_{\mathrm{KR}} = \frac{1}{8} \cdot \frac{4\pi}{3} K^3, \quad V_{\mathrm{LR}} = \left(\frac{\pi}{L}\right)^3 \qquad (4.41)$$

ここで，V_{KR} は半径 K の 8 分の 1 球の体積，V_{LR} は点 (K_x, K_y, K_z) がつくる最小の立方体の体積である．

次に，図 4.11(b) の周期的境界条件のもとで，1 モードあたりの状態数 W を求める．仮想的な立方体の境界で，格子振動の値が等しいとすると，境界条件として次式

$$V_{KR} = \frac{1}{8} \cdot \frac{4\pi}{3} K^3$$

$$V_{LR} = \left(\frac{\pi}{L}\right)^3$$

$$V_{KP} = \frac{4\pi}{3} K^3$$

$$V_{LP} = \left(\frac{2\pi}{L}\right)^3 = 8\left(\frac{\pi}{L}\right)^3$$

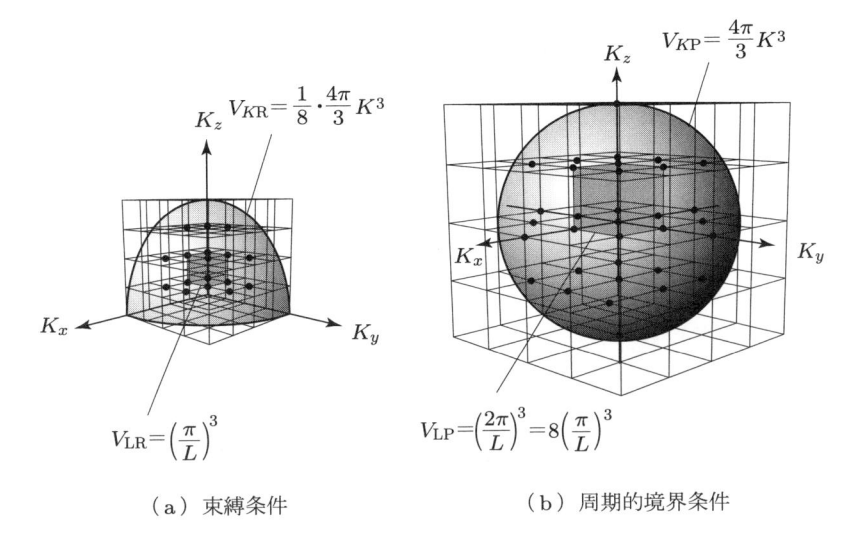

（a）束縛条件　　　　　　　（b）周期的境界条件

図 **4.12**　3次元格子における格子振動に対する1モードあたりの状態

が成り立つ．

$$\begin{aligned}\phi(0,y,z) &= \phi(L,y,z) \\ \phi(x,0,z) &= \phi(x,L,z) \\ \phi(x,y,0) &= \phi(x,y,L)\end{aligned} \tag{4.42}$$

式 (4.42) と式 (4.35) を比較すると，束縛条件と周期的境界条件では，境界において格子振動の値が必ず 0 になるかどうかの違いがあることがわかる．

式 (4.42) から，周期的境界条件のもとでの格子振動は，次のような**進行波** (traveling wave) として表すことができる．

$$\phi(x,y,z) = \phi_0 \exp(iK_x x) \exp(iK_y y) \exp(iK_z z) \exp(-i\omega t) \tag{4.43}$$

$$K_x = n_x \frac{2\pi}{L}, \quad K_y = n_y \frac{2\pi}{L}, \quad K_z = n_z \frac{2\pi}{L} \tag{4.44}$$

$$n_x, n_y, n_z = 0, \pm 1, \pm 2, \pm 3, \ldots \tag{4.45}$$

進行波 $\phi(x,y,z)$ のとりうる波数の上限を K とすると，周期的境界条件のもとで波数の組合せ (K_x, K_y, K_z) がとりうる点は，図 4.12(b) のように，半径 K の球の中に存在する．波数の上限 K が $K \gg 2\pi/L$ であれば，半径 K の球の中に存在する点の個数，すなわち 1 モードあたりの状態数 W は，次のように表される．

$$W = V_{\text{KP}} \div V_{\text{LP}} = \frac{4\pi}{3}K^3 \div \left(\frac{2\pi}{L}\right)^3 = \frac{K^3}{6\pi^2}L^3 \tag{4.46}$$

$$V_{\text{KP}} = \frac{4\pi}{3}K^3, \quad V_{\text{LP}} = \left(\frac{2\pi}{L}\right)^3 \tag{4.47}$$

ここで，V_{KP} は半径 K の球の体積，V_{LP} は点 (K_x, K_y, K_z) がつくる最小の立方体の体積である．

式 (4.40)，(4.46) から，束縛条件，周期的境界条件にかかわらず，1 モードあたりの状態数 W が等しいことがわかる．

―――― Point ――――
格子振動の境界条件
　束縛条件 ―――― 境界で格子振動 0
　周期的境界条件 ―― 境界で格子振動の値が同じ

◆ **フォノンの状態密度**　波数 K，角周波数 ω，エネルギー E を用いて，1 モードあたりの状態数 W の微小変化 $\mathrm{d}W$ から，次式によって 1 モードあたりの**状態密度** (density of states) $D(K)$, $D(\omega)$, $D(E)$ を定義する．

$$\mathrm{d}W = D(K)\,\mathrm{d}K = D(\omega)\,\mathrm{d}\omega = D(E)\,\mathrm{d}E \tag{4.48}$$

この式から，$D(K)$ は単位波数あたりの 1 モードあたりの状態数，$D(\omega)$ は単位角周波数あたりの 1 モードあたりの状態数，$D(E)$ は単位エネルギーあたりの 1 モードあたりの状態数であるといえる．また，次のように解釈することもできる．

$D(K)\,\mathrm{d}K$: $K \sim K + \mathrm{d}K$ の範囲の 1 モードあたりの状態数
$D(\omega)\,\mathrm{d}\omega$: $\omega \sim \omega + \mathrm{d}\omega$ の範囲の 1 モードあたりの状態数
$D(E)\,\mathrm{d}E$: $E \sim E + \mathrm{d}E$ の範囲の 1 モードあたりの状態数

式 (4.40)，(4.46)，(4.48) から，3 次元格子における格子振動に対して，1 モードあたりの状態密度 $D(K)$ は，

$$D(K) = \frac{\mathrm{d}W}{\mathrm{d}K} = \frac{K^2}{2\pi^2}L^3 \tag{4.49}$$

と表される．式 (4.49) から，単位体積あたりの状態密度 $D_{\text{V}}(K)$ は，

$$D_{\text{V}}(K) = \frac{D(K)}{L^3} = \frac{K^2}{2\pi^2} \tag{4.50}$$

となる．なお，式 (4.49)，式 (4.50) から角周波数による状態密度 $D(\omega)$ を求めるには，分散関係を考慮して式 (4.48) の関係を利用する．

―― Point ――
状態密度 $D(K)$, $D(\omega)$, $D(E)$ の間には,次の関係が成り立つ.
$$D(K)\,\mathrm{d}K = D(\omega)\,\mathrm{d}\omega = D(E)\,\mathrm{d}E$$

▶ **例題 4.3** 1 辺の長さ L の 2 次元正方格子における格子振動の 1 モードあたりの状態密度 $D(K)$ を求めよ.

解 まず,束縛条件のもとで,1 モードあたりの状態数 W を求める.正方形の中に格子振動が閉じ込められているから,正方形の外では格子振動 $\phi(x,y)=0$ である.正方形の境界でも格子振動は存在しないから,境界条件として次式が成り立つ.

$$\phi(0,y) = \phi(L,y) = 0, \quad \phi(x,0) = \phi(x,L) = 0 \tag{4.51}$$

このため,正方形の中の格子振動は,次のような定在波として表すことができる.

$$\phi(x,y) = \phi_0 \sin(K_x x) \sin(K_y y) \exp(-\mathrm{i}\omega t) \tag{4.52}$$

$$K_x = n_x \frac{\pi}{L}, \quad K_y = n_y \frac{\pi}{L} \tag{4.53}$$

$$n_x, n_y = 1, 2, 3, \ldots \tag{4.54}$$

定在波 $\phi(x,y)$ のとりうる波数の上限を K とするとき,束縛条件のもとで波数の組合せ (K_x, K_y) がとりうる点は,図 4.13(a) のように,半径 K の 4 分の 1 円の中に存在

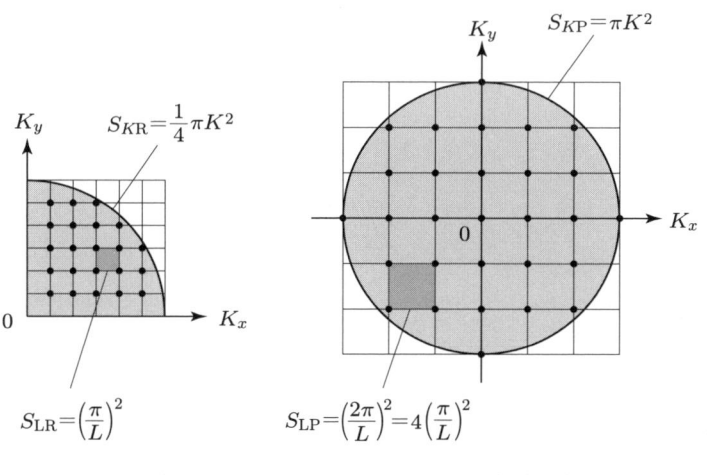

(a) 束縛条件 (b) 周期的境界条件

図 4.13 2 次元格子における格子振動に対する 1 モードあたりの状態

する．波数の上限 K が $K \gg \pi/L$ であれば，半径 K の 4 分の 1 円の中に存在する点の個数，すなわち 1 モードあたりの状態数 W は，次のように表される．

$$W = S_{K\mathrm{R}} \div S_{\mathrm{LR}} = \frac{1}{4} \cdot \pi K^2 \div \left(\frac{\pi}{L}\right)^2 = \frac{K^2}{4\pi} L^2 \tag{4.55}$$

$$S_{K\mathrm{R}} = \frac{1}{4}\pi K^2, \quad S_{\mathrm{LR}} = \left(\frac{\pi}{L}\right)^2 \tag{4.56}$$

ここで，$S_{K\mathrm{R}}$ は半径 K の 4 分の 1 円の面積，S_{LR} は点 (K_x, K_y) がつくる最小の正方形の面積である．

次に，周期的境界条件のもとで，1 モードあたりの状態数 W を求める．仮想的な正方形の境界で，格子振動の値が等しいとすると，境界条件として次式が成り立つ．

$$\phi(0, y) = \phi(L, y), \quad \phi(x, 0) = \phi(x, L) \tag{4.57}$$

式 (4.57) から，周期的境界条件のもとでの格子振動は，次のような進行波として表すことができる．

$$\phi(x, y) = \phi_0 \exp(\mathrm{i}K_x x) \exp(\mathrm{i}K_y y) \exp(-\mathrm{i}\omega t) \tag{4.58}$$

$$K_x = n_x \frac{2\pi}{L}, \quad K_y = n_y \frac{2\pi}{L} \tag{4.59}$$

$$n_x, n_y = 0, \pm 1, \pm 2, \pm 3, \ldots \tag{4.60}$$

進行波 $\phi(x, y)$ のとりうる波数の上限を K とするとき，周期的境界条件のもとで波数の組合せ (K_x, K_y) がとりうる点は，図 4.13(b) のように，半径 K の円の中に存在する．波数の上限 K が $K \gg 2\pi/L$ であれば，半径 K の円の中に存在する点の個数，すなわち 1 モードあたりの状態数 W は，次のように表される．

$$W = S_{KP} \div S_{\mathrm{LP}} = \pi K^2 \div \left(\frac{2\pi}{L}\right)^2 = \frac{K^2}{4\pi} L^2 \tag{4.61}$$

$$S_{KP} = \pi K^2, \quad S_{\mathrm{LP}} = \left(\frac{2\pi}{L}\right)^2 \tag{4.62}$$

ここで，S_{KP} は半径 K の円の面積，S_{LP} は点 (K_x, K_y) がつくる最小の正方形の面積である．

式 (4.55)，(4.61) から，束縛条件，周期的境界条件にかかわらず，1 モードあたりの状態数 W が等しく，式 (4.48) を用いると，1 モードあたりの状態密度 $D(K)$ は，

$$D(K) = \frac{\mathrm{d}W}{\mathrm{d}K} = \frac{K}{2\pi} L^2 \tag{4.63}$$

と表される．式 (4.63) から，単位面積あたりの状態密度 $D_\mathrm{S}(K)$ は，次のようになる．

$$D_{\mathrm{S}}(K) = \frac{D(K)}{L^2} = \frac{K}{2\pi} \tag{4.64}$$

▶ **例題 4.4** 分散関係が次式で与えられるとき，3 次元格子の状態密度 $D(\omega)$ を求めよ．

$$\omega = AK^2 \quad (A: 定数, K \geq 0) \tag{4.65}$$

解 式 (4.65) から，両辺の微小変化を考えると

$$d\omega = 2AK\,dK = 2\sqrt{A\omega}\,dK \tag{4.66}$$

となる．式 (4.65), (4.66), (4.49) を式 (4.48) に代入すると，次のようになる．

$$D(\omega)\,d\omega = D(\omega) \times 2\sqrt{A\omega}\,dK = \frac{\omega}{2\pi^2 A} L^3\,dK \tag{4.67}$$

したがって，状態密度 $D(\omega)$ は次のようになる．

$$D(\omega) = \frac{L^3}{4\pi^2}\sqrt{\frac{\omega}{A^3}} \tag{4.68}$$

◆ **フォノンによる比熱** 一つの状態を占有する平均フォノン数 $\langle n \rangle$ は，次式のプランク分布関数（付録 A.2 参照）

$$\langle n \rangle = \frac{1}{\exp\left(\frac{\hbar\omega}{k_{\mathrm{B}}T}\right) - 1} \tag{4.69}$$

で与えられる．ここで，$\hbar = h/(2\pi)$ はディラック定数，h はプランク定数，ω は格子振動の角周波数，k_{B} はボルツマン定数，T は絶対温度である．

角周波数 $\omega \sim \omega + d\omega$ の範囲に存在する状態数は $D(\omega)\,d\omega$ だから，角周波数 $\omega \sim \omega + d\omega$ の範囲に存在するフォノン数は，$\langle n \rangle D(\omega)\,d\omega$ となる．この考え方は，たとえ話でいうと，教室内での学生数を，座席数と，一つの座席に座る学生の平均人数（一人の学生が一つの座席に座る確率）との積で与えることに相当する．この場合，状態数と座席数が対応し，フォノンと学生が対応する．この様子を図 4.14 に示す．この例では，図 4.14(a) のように，座席数を 10，一つの座席に座る学生の平均人数，すなわち一人の学生が一つの座席に座る確率を 0.7 としている．このとき，図 4.14(b) のように，学生数は 7 となる．

フォノンのエネルギー U_{p} は，状態密度 $D_m(\omega)$ とプランク分布関数 $\langle n \rangle$ を用いて

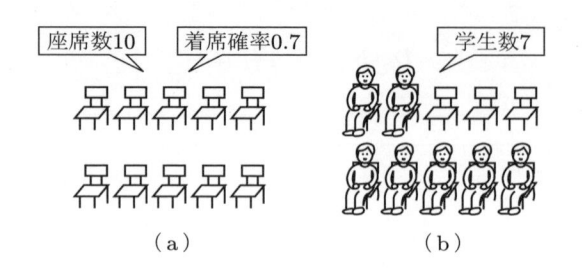

図 4.14 フォノン数を計算するときの考え方：状態を座席に，フォノンを学生にたとえた例

$$U_\mathrm{p} = \sum_m \int D_m(\omega)\Big(\langle n \rangle + \frac{1}{2}\Big)\hbar\omega\,\mathrm{d}\omega$$

$$= \sum_m \int D_m(\omega)\left[\frac{1}{\exp\!\left(\dfrac{\hbar\omega}{k_\mathrm{B}T}\right)-1} + \frac{1}{2}\right]\hbar\omega\,\mathrm{d}\omega \tag{4.70}$$

と表すことができる．ここで，添え字の m はモードを示している．

体積一定の場合，フォノンによる比熱，すなわち**定積比熱** (specific heat at constant volume) C_p は，

$$C_\mathrm{p} \equiv \left(\frac{\partial U_\mathrm{p}}{\partial T}\right)_V \tag{4.71}$$

で定義される．

◆ **デバイ・モデル** フォノンの極低温における比熱を計算しよう．一般には分散関係は複雑であるが，デバイ (Debye) は，各モードにおいて音速 v が一定であるとし，分散関係を

$$\omega = vK \tag{4.72}$$

と表した．このような近似を**デバイ近似** (Debye approximation) といい，デバイ近似を用いた物理モデルは，**デバイ・モデル** (Debye model) とよばれている．

式 (4.72)，(4.49) を式 (4.48) に代入すると，3次元格子に対する状態密度 $D(\omega)$ は，次式のように表される．

$$D(\omega) = \frac{\omega^2}{2\pi^2 v^3}L^3 \tag{4.73}$$

振動子の個数 N は，1 モードあたりの状態数 W と等しく，ω の上限を ω_D とすると，

$$N = W = \int_0^{\omega_\mathrm{D}} D(\omega)\,\mathrm{d}\omega = \frac{\omega_\mathrm{D}^3}{6\pi^2 v^3}L^3 \tag{4.74}$$

と表される．これから，

$$\omega_{\mathrm{D}} = v\left(\frac{6\pi^2 N}{L^3}\right)^{\frac{1}{3}} \tag{4.75}$$

であり，

$$\theta \equiv \frac{\hbar\omega_{\mathrm{D}}}{k_{\mathrm{B}}} = \frac{\hbar v}{k_{\mathrm{B}}}\left(\frac{6\pi^2 N}{L^3}\right)^{\frac{1}{3}} \tag{4.76}$$

によって，**デバイ温度** (Debye temperature) θ が定義される．

◆ **デバイ・モデルにおけるフォノンのエネルギー**　デバイ・モデルでは，3次元格子におけるフォノンのエネルギー U_{p} は，式 (4.70)，(4.73) から

$$U_{\mathrm{p}} = 3\int_0^{\omega_{\mathrm{D}}} \frac{\omega^2}{2\pi^2 v^3} L^3 \left[\frac{1}{\exp\left(\frac{\hbar\omega}{k_{\mathrm{B}}T}\right)-1} + \frac{1}{2}\right]\hbar\omega\,\mathrm{d}\omega \tag{4.77}$$

となる．ただし，モード数を3（縦モード1，横モード2）とした．ここで，積分を容易にするために，

$$x = \frac{\hbar\omega}{k_{\mathrm{B}}T} \tag{4.78}$$

とおくと，次のようになる．

$$\mathrm{d}x = \frac{\hbar}{k_{\mathrm{B}}T}\mathrm{d}\omega \tag{4.79}$$

$$\omega = 0 \text{ のとき } x = 0,\quad \omega = \omega_{\mathrm{D}} \text{ のとき } x = \frac{\hbar\omega_{\mathrm{D}}}{k_{\mathrm{B}}T} = \frac{\theta}{T} \tag{4.80}$$

ただし，式 (4.76) を用いた．式 (4.75)，(4.78)〜(4.80) を式 (4.77) に代入すると，

$$\begin{aligned}
U_{\mathrm{p}} &= \frac{3L^3 k_{\mathrm{B}}{}^4 T^4}{2\pi^2 \hbar^3 v^3}\int_0^{\frac{\theta}{T}} \frac{x^3}{\mathrm{e}^x - 1}\,\mathrm{d}x + \frac{3\hbar L^3}{16\pi^2 v^3}\omega_{\mathrm{D}}{}^4 \\
&= 9Nk_{\mathrm{B}}\theta\left(\frac{T}{\theta}\right)^4 \int_0^{\frac{\theta}{T}} \frac{x^3}{\mathrm{e}^x - 1}\,\mathrm{d}x + \frac{9}{8}Nk_{\mathrm{B}}\theta
\end{aligned} \tag{4.81}$$

となる．ここで，積分の上限に絶対温度 T が含まれていることに注意してほしい．

図 4.15 にデバイ・モデルにおける3次元格子に対するフォノンのエネルギー U_{p} を T/θ の関数として示す．図 4.15 からわかるように，U_{p} は T/θ に対する単調増加関数であり，T/θ が大きくなるにつれて，だんだん T/θ に比例するようになる．

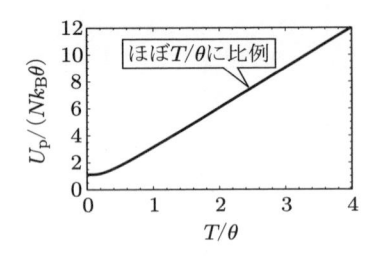

図 4.15 デバイ・モデルにおける 3 次元格子に対するフォノンのエネルギー

◆ **デバイ・モデルにおけるフォノンの定積比熱** デバイ・モデルにおける 3 次元格子に対するフォノンの定積比熱 C_p は,式 (4.77) を式 (4.71) に代入して,次のように求められる.

$$\begin{aligned} C_\mathrm{p} &= \frac{3L^3\hbar^2}{2\pi^2 v^3 k_\mathrm{B} T^2} \int_0^{\omega_\mathrm{D}} \frac{\omega^4 \exp\left(\frac{\hbar\omega}{k_\mathrm{B} T}\right)}{\left[\exp\left(\frac{\hbar\omega}{k_\mathrm{B} T}\right) - 1\right]^2} \mathrm{d}\omega \\ &= 9Nk_\mathrm{B} \left(\frac{T}{\theta}\right)^3 \int_0^{\frac{\theta}{T}} \frac{x^4 \mathrm{e}^x}{(\mathrm{e}^x - 1)^2} \mathrm{d}x \end{aligned} \qquad (4.82)$$

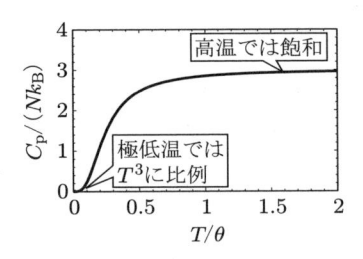

図 4.16 にデバイ・モデルにおける 3 次元格子に対するフォノンの比熱 C_p を T/θ の関数として示す.図 4.16 からわかるように,C_p は T/θ の増加につれて飽和する.

図 4.16 デバイ・モデルにおける 3 次元格子に対するフォノンの比熱

◆ **極低温の場合** ここで,極低温 ($T \ll \theta$) の場合について考えよう.このとき,積分の下限と上限は,それぞれ

$$\omega = 0 \text{ のとき } x = 0, \quad \omega = \omega_\mathrm{D} \text{ のとき } x = \frac{\hbar\omega_\mathrm{D}}{k_\mathrm{B} T} = \frac{\theta}{T} \simeq \infty \qquad (4.83)$$

となる.したがって,極低温では

$$U_{\mathrm{p}} = \frac{3L^3 k_{\mathrm{B}}{}^4 T^4}{2\pi^2 \hbar^3 v^3} \int_0^\infty \frac{x^3}{\mathrm{e}^x - 1} \,\mathrm{d}x + \frac{3\hbar L^3}{16\pi^2 v^3}\omega_{\mathrm{D}}{}^4$$

$$= \frac{\pi^2 L^3 k_{\mathrm{B}}{}^4}{10\hbar^3 v^3} T^4 + \frac{3\hbar L^3}{16\pi^2 v^3}\omega_{\mathrm{D}}{}^4 \tag{4.84}$$

となる．ただし，ここで

$$\int_0^\infty \frac{x^3}{\mathrm{e}^x - 1}\,\mathrm{d}x = \frac{\pi^4}{15} \tag{4.85}$$

を用いた．式 (4.84) を式 (4.71) に代入すると，フォノンによる定積比熱 C_{p} は次式のようになり，極低温では絶対温度 T の 3 乗に比例する．この計算結果は，実験結果とよく一致する．

$$C_{\mathrm{p}} = \frac{2\pi^2 k_{\mathrm{B}}{}^4 L^3}{5\hbar^3 v^3} T^3 \tag{4.86}$$

◆ **アインシュタイン・モデル**　アインシュタイン (Einstein) は，格子振動の角周波数 ω が一定であるとし，3 次元格子に対する状態密度 $D(\omega)$ をデルタ関数を用いて，

$$D(\omega) = 3N\delta(\omega - \omega_0) \tag{4.87}$$

と表した．ここで，N は振動子の個数，ω_0 が格子振動の角周波数である．このような物理モデルを**アインシュタイン・モデル** (Einstein model) という．

アインシュタイン・モデルでは，3 次元格子におけるフォノンのエネルギー U_{p} は，式 (4.70)，(4.87) から次のようになる．

$$U_{\mathrm{p}} = 3N \int_0^\infty \delta(\omega - \omega_0) \left[\frac{1}{\exp\left(\frac{\hbar\omega}{k_{\mathrm{B}}T}\right) - 1} + \frac{1}{2}\right] \hbar\omega \,\mathrm{d}\omega$$

$$= 3N \left[\frac{1}{\exp\left(\frac{\hbar\omega_0}{k_{\mathrm{B}}T}\right) - 1} + \frac{1}{2}\right] \hbar\omega_0 \tag{4.88}$$

◆ **アインシュタイン・モデルにおけるフォノンのエネルギー**　図 4.17 にアインシュタイン・モデルにおける 3 次元格子に対するフォノンのエネルギー U_{p} を T/θ_{E} の関数として示す．比較のために，デバイ・モデルに対する結果を破線で示した．ただし，

$$\theta_{\mathrm{E}} = \frac{\hbar\omega_0}{k_{\mathrm{B}}} = \theta \tag{4.89}$$

とした．

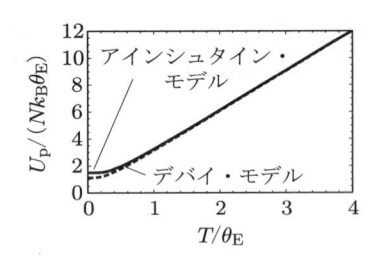

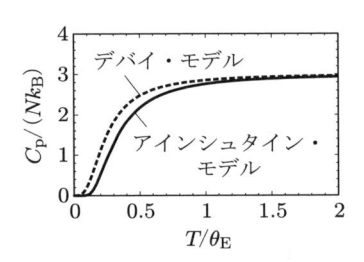

図 4.17 アインシュタイン・モデルにおける 3 次元格子に対するフォノンのエネルギー（実線：アインシュタイン・モデル，破線：デバイ・モデル）

◆ **アインシュタイン・モデルにおけるフォノンの定積比熱** 式 (4.88) を式 (4.71) に代入すると，フォノンによる 3 次元格子に対する定積比熱 C_p は次式のようになる．

$$C_p = 3N\frac{\hbar^2 \omega_0^2}{k_B T^2} \frac{\exp\left(\frac{\hbar\omega_0}{k_B T}\right)}{\left[\exp\left(\frac{\hbar\omega_0}{k_B T}\right) - 1\right]^2} \tag{4.90}$$

図 4.18 にアインシュタイン・モデルにおける 3 次元格子に対するフォノンの比熱 C_p を T/θ_E の関数として示す．比較のために，$\theta_E = \theta$ のときのデバイ・モデルに対する結果を破線で示した．ここで説明したアインシュタイン・モデルは，フォノンの光学モードを表す近似として，よく用いられている．

図 4.18 アインシュタイン・モデルにおける 3 次元格子に対するフォノンの比熱（実線：アインシュタイン・モデル，破線：デバイ・モデル）

── Point ──
フォノンによる比熱に対する物理モデル
デバイ・モデル ─────── $\omega = vK$
アインシュタイン・モデル ── $D(\omega) \propto \delta(\omega - \omega_0)$

4.2 自由電子気体による比熱

第3章で説明したように，金属結晶内で自由に動き回る自由電子は，あたかも気体のようにふるまう．そこで，このような電子の集まりは，自由電子気体とよばれている．金属のように，結晶中に自由電子気体が存在する場合，極低温における結晶の比熱は，格子振動による寄与と自由電子気体による寄与とで決まる．これから，比熱に対する自由電子気体による寄与について説明することにしよう．

電子は，量子力学において状態を指定する**スピン** (spin) 量子数の値として 1/2 をもつ**フェルミ粒子** (Fermi particle) である．したがって，電子はフェルミ統計にしたがって分布する．**フェルミ-ディラック分布関数** $f(E)$ (付録 A.3 参照) は，エネルギー E をもつフェルミ粒子の平均個数を示しており，

$$f(E) = \frac{1}{\exp\left(\dfrac{E - E_\mathrm{F}}{k_\mathrm{B} T}\right) + 1} \tag{4.91}$$

で与えられる．ここで，E_F は**フェルミ準位** (Fermi level)，k_B はボルツマン定数，T は絶対温度である．フェルミ準位は化学ポテンシャル（付録 A 参照）ともよばれ，伝導電子の流れを支配している因子である．たとえば，同一温度のフェルミ準位の異なる 2 種類の物質の接合を形成すると，フェルミ準位の大きい物質からフェルミ準位の小さい物質に伝導電子が拡散する．そして，2 種類の物質のフェルミ準位が一致するまで拡散が継続し，フェルミ準位が一致した段階で拡散が停止し，熱平衡状態かつ拡散平衡状態となる．

図 4.19 にフェルミ-ディラック分布関数をエネルギー E の関数として示す．パラメータは，絶対温度 T であり，破線が絶対零度 $(T = 0\,\mathrm{K})$ に，実線が $k_\mathrm{B} T/E_\mathrm{F} = 0.25$ $(T \neq 0\,\mathrm{K})$ に対応している．温度が上昇すると，フェルミ準位よりも大きいエネルギー $E > E_\mathrm{F}$ に対する $f(E)$ が増加し，フェルミ準位よりも小さいエネルギー $E < E_\mathrm{F}$ に

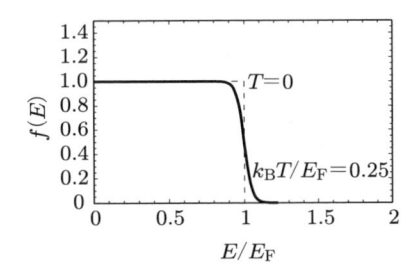

図 4.19 フェルミ-ディラック分布関数

対する $f(E)$ が減少する．また，式 (4.91) から，

$$f(E_\mathrm{F}) = \frac{1}{2} \tag{4.92}$$

が成り立つことがわかる．

◆ **自由電子の状態数**　結晶内を自由に運動している電子，すなわち自由電子に対する波動関数 $\psi(\boldsymbol{r},t)$ は，

$$\psi(\boldsymbol{r},t) = \psi_0 \exp(\mathrm{i}\boldsymbol{k}\cdot\boldsymbol{r})\exp\left(-\mathrm{i}\frac{E}{\hbar}t\right) \tag{4.93}$$

のように，進行波の形で表すことができる．

定常状態におけるシュレーディンガー方程式に対する波動関数 $\psi(\boldsymbol{r})$ は，式 (4.93) において時間に依存する因子を省略して，次のようになる．

$$\psi(\boldsymbol{r}) = \psi_0 \exp(\mathrm{i}\boldsymbol{k}\cdot\boldsymbol{r}) \tag{4.94}$$

量子力学では，体積 $V \sim V+\mathrm{d}V$ の中に自由電子を見出す確率は $\psi^*(\boldsymbol{r})\psi(\boldsymbol{r})\,\mathrm{d}V$ に比例する．いま，

$$\int_0^\infty \psi^*(\boldsymbol{r})\psi(\boldsymbol{r})\,\mathrm{d}V = 1 \tag{4.95}$$

となるように係数 ψ_0 を選ぶ（このような操作を規格化という）と，自由電子の運動量の期待値 $\langle \boldsymbol{p}\rangle$ は，

$$\langle \boldsymbol{p}\rangle = \int_0^\infty \psi^*(\boldsymbol{r})\left(-\mathrm{i}\hbar\frac{\partial}{\partial \boldsymbol{r}}\right)\psi(\boldsymbol{r})\,\mathrm{d}V = \hbar \boldsymbol{k} \tag{4.96}$$

となる．したがって，自由電子 1 個のエネルギー E は，ポテンシャルエネルギーを無視すると

$$E = \frac{\langle \boldsymbol{p}\rangle^2}{2m} = \frac{\hbar^2 k^2}{2m} \tag{4.97}$$

となる．ここで $k=|\boldsymbol{k}|$ は電子の波動関数における波数ベクトルの大きさ，m は電子の質量である．

ここで，自由電子のエネルギーが E 以下となる状態数 W_e を考える．これは，エネルギー E 以下をもつ自由電子の個数 N_e と等しい．波動関数 $\psi(\boldsymbol{r})$ における波数ベクトル $\boldsymbol{k}$ の決め方は，格子振動の場合と同様である．ただし，電子には上向きスピン，下向きスピンという 2 個の状態が存在するので，$W_\mathrm{e}=N_\mathrm{e}$ は，格子振動に対する 1 モードあたりの状態数 W の 2 倍になる．したがって，式 (4.46) から，次の関係が得られる．

$$W_\mathrm{e} = N_\mathrm{e} = 2W = \frac{K^3}{3\pi^2}L^3 \tag{4.98}$$

式 (4.97) を式 (4.98) に代入すると，自由電子の状態数 W_e，すなわち自由電子の個数 N_e は，次のようになる．

$$W_\mathrm{e} = N_\mathrm{e} = \frac{L^3}{3\pi^2}\left(\frac{2mE}{\hbar^2}\right)^{\frac{3}{2}} \tag{4.99}$$

―― Point ――
自由電子の状態数 W_e は，
格子振動に対する 1 モードあたりの状態数 W の 2 倍 ($W_\mathrm{e} = 2W$) になる．

◆ **自由電子気体の状態密度**　式 (4.99) から，3 次元自由電子気体の状態密度 $D_\mathrm{e}(E)$ は，次のようになる．

$$D_\mathrm{e}(E) = \frac{\mathrm{d}W_\mathrm{e}}{\mathrm{d}E} = \frac{L^3}{2\pi^2}\left(\frac{2m}{\hbar^2}\right)^{\frac{3}{2}}E^{\frac{1}{2}} = \frac{3}{2}\frac{N_\mathrm{e}}{E} \tag{4.100}$$

自由電子の個数 N_e は，状態密度 $D_\mathrm{e}(E)$ とフェルミ-ディラック分布関数 $f(E)$ を用いて，

$$N_\mathrm{e} = \int_0^\infty D_\mathrm{e}(E)f(E)\,\mathrm{d}E \tag{4.101}$$

と表すこともできる．また，絶対零度 ($T = 0\,\mathrm{K}$) では，自由電子のエネルギーの上限はフェルミ準位 E_F であり，$f(E) = 1$ だから，自由電子の個数 N_e は，次のように書くこともできる．

$$N_\mathrm{e} = \int_0^{E_\mathrm{F}} D_\mathrm{e}(E)\,\mathrm{d}E = \frac{L^3}{3\pi^2}\left(\frac{2mE_\mathrm{F}}{\hbar^2}\right)^{\frac{3}{2}} \tag{4.102}$$

なお，フェルミ準位 E_F は温度の関数であり，絶対零度におけるフェルミ準位を特別に**フェルミ・エネルギー** (Fermi energy) とよんで区別している．

◆ **自由電子気体のエネルギー**　自由電子気体のエネルギー U_e は，状態密度 $D_\mathrm{e}(E)$ とフェルミ-ディラック分布関数 $f(E)$ を用いて，

$$\begin{aligned}U_\mathrm{e} &= \int_0^{E_\mathrm{max}} D_\mathrm{e}(E)f(E)E\,\mathrm{d}E \\ &= \frac{L^3}{2\pi^2}\left(\frac{2m}{\hbar^2}\right)^{\frac{3}{2}}\int_0^{E_\mathrm{max}}\frac{E^{\frac{3}{2}}}{\exp\left(\dfrac{E-E_\mathrm{F}}{k_\mathrm{B}T}\right)+1}\,\mathrm{d}E\end{aligned} \tag{4.103}$$

と表される．ここで，式 (4.91), (4.100) を用いた．また，E_max は自由電子気体のエネルギーの上限である．

ここで，自由電子気体のエネルギーの上限 E_max が，フェルミ準位 E_F に比べて十分大きい場合，すなわち $E_\mathrm{max} \gg E_\mathrm{F}$ の場合について考えよう．積分範囲 $E_\mathrm{max} \gg E_\mathrm{F}$ の領域では，フェルミ-ディラック分布関数 $f(E) \ll 1$ だから，積分の上限を無限大としてもよい近似となる．したがって，自由電子気体のエネルギー U_e は，次のように表すことができる．

$$U_\mathrm{e} \simeq \frac{L^3}{2\pi^2}\left(\frac{2m}{\hbar^2}\right)^{\frac{3}{2}} \int_0^\infty \frac{E^{\frac{3}{2}}}{\exp\left(\frac{E-E_\mathrm{F}}{k_\mathrm{B}T}\right)+1}\,dE \tag{4.104}$$

式 (4.104) を図示すると，図 4.20 のようになり，$U_\mathrm{e}/(N_\mathrm{e}E_\mathrm{F})$ は $(k_\mathrm{B}T/E_\mathrm{F})$ に対して単調に増加する．

3 次元自由電子気体による定積比熱 C_e は，式 (4.104), (4.71) から

$$C_\mathrm{e} = \left(\frac{\partial U_\mathrm{e}}{\partial T}\right)_V \simeq \frac{L^3}{2\pi^2}\left(\frac{2m}{\hbar^2}\right)^{\frac{3}{2}} \int_0^\infty E^{\frac{3}{2}}\frac{\partial}{\partial T}\left[\exp\left(\frac{E-E_\mathrm{F}}{k_\mathrm{B}T}\right)+1\right]^{-1} dE \tag{4.105}$$

となる．式 (4.105) を図示すると，図 4.21 のようになり，$C_\mathrm{e}/(Nk_\mathrm{B})$ は $(k_\mathrm{B}T/E_\mathrm{F})$ に対して単調に増加する．

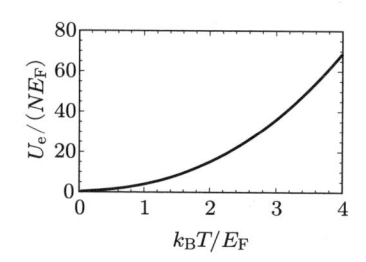

図 4.20 3 次元自由電子気体のエネルギー

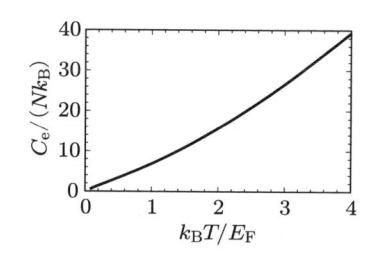

図 4.21 3 次元自由電子気体の比熱

◆ **自由電子気体の極低温における比熱**　これから，極低温 $(T \simeq 0\,\mathrm{K})$ における比熱について考えよう．式 (4.103), (4.71) から，自由電子気体による比熱 C_e を次のように書き換えることができる．

$$C_\mathrm{e} = \int_0^{E_\mathrm{max}} D_\mathrm{e}(E) E \frac{\partial f(E)}{\partial T}\,dE$$

$$= k_B \int_0^{E_{\max}} D_e(E) \frac{E - E_F}{k_B} \frac{\partial f(E)}{\partial T} dE$$
$$+ E_F \int_0^{E_{\max}} D_e(E) \frac{\partial f(E)}{\partial T} dE \qquad (4.106)$$

ここで，式 (4.106) における被積分関数の一部

$$\frac{E - E_F}{k_B} \frac{\partial f(E)}{\partial T}, \quad \frac{\partial f(E)}{\partial T}$$

に着目してみよう．これらを $(E - E_F)/(k_B T)$ の関数として示すと，図 4.22 のようになる．

図 4.22 を見ると，これらの関数は $E - E_F$ 付近だけで値をもち，それ以外の領域つまり $|E - E_F|$ が大きい領域ではほぼ 0 になることがわかる．したがって，式 (4.106) は，次のように書き換えられる．

$$C_e = k_B D_e(E_F) \int_0^{E_{\max}} \frac{E - E_F}{k_B} \frac{\partial f(E)}{\partial T} dE$$
$$+ E_F D_e(E_F) \int_0^{E_{\max}} \frac{\partial f(E)}{\partial T} dE \qquad (4.107)$$

ここで，積分を容易にするために，

$$x = \frac{E - E_F}{k_B T} \qquad (4.108)$$

とおくと，

$$dx = \frac{1}{k_B T} dE \qquad (4.109)$$

(a) $\dfrac{E - E_F}{k_B} \dfrac{\partial f(E)}{\partial T}$ (b) $T \dfrac{\partial f(E)}{\partial T}$

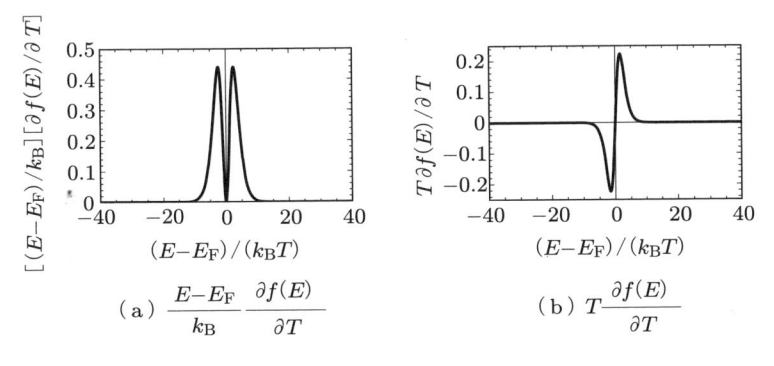

図 **4.22** 式 (4.106) における被積分関数の一部

$E = 0$ のとき
$$x = -\frac{E_\mathrm{F}}{k_\mathrm{B}T} \to -\infty \tag{4.110}$$

$E = E_\mathrm{max}$ のとき
$$x = \frac{E_\mathrm{max} - E_\mathrm{F}}{k_\mathrm{B}T} \to \infty \tag{4.111}$$

となる.したがって,極低温では

$$\begin{aligned}C_\mathrm{e} &\simeq k_\mathrm{B}{}^2 D_\mathrm{e}(E_\mathrm{F}) T \int_{-\infty}^{\infty} \frac{x^2 \mathrm{e}^x}{(\mathrm{e}^x + 1)^2} \, \mathrm{d}x \\ &= \frac{1}{3}\pi^2 k_\mathrm{B}{}^2 D_\mathrm{e}(E_\mathrm{F}) T = \frac{1}{2}\pi^2 N_\mathrm{e} k_\mathrm{B} \frac{T}{T_\mathrm{F}} \propto T\end{aligned} \tag{4.112}$$

となって,絶対温度 T に比例することがわかる.ただし,ここで

$$\int_{-\infty}^{\infty} \frac{x^2 \mathrm{e}^x}{(\mathrm{e}^x + 1)^2} \, \mathrm{d}x = \frac{\pi^2}{3} \tag{4.113}$$

と式 (4.100) を用いた.また,$T_\mathrm{F} = E_\mathrm{F}/k_\mathrm{B}$ は,**フェルミ温度** (Fermi temperature) とよばれるパラメータである.

金属のように,フォノンによる寄与(T^3 に比例)と自由電子気体による寄与(T に比例)がある場合,極低温における定積比熱 C は,

$$C = \alpha T^3 + \beta T \tag{4.114}$$

と表すことができ,実験結果とよく一致する.なお,ここで α,β は温度に依存しない係数である.

演習問題

【4.1 2原子鎖格子】 図 4.23 のような 1 次元の 2 原子鎖格子を考える.いま,隣接原子間の相互作用定数が,交互に $C_1 \, (>0)$ と $C_2 \, (>0)$ を繰り返しているとする.また,原子の質量はそれぞれ M_1,M_2 であり,隣接原子間距離の平衡値は $a/2$ である.このとき,分散関係を求めよ.

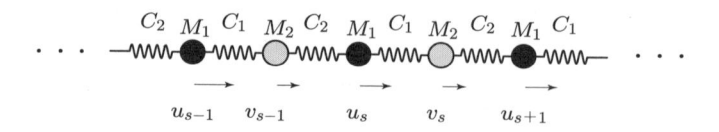

図 4.23 1 次元の 2 原子鎖格子(原子の質量は異なる)

【4.2 1次元格子の状態密度】 1 辺の長さ L の 1 次元格子における格子振動に対して,1 モードあたりの状態密度 $D(K)$ を求めよ.

【**4.3 状態密度**】 3次元の K 空間を考える．そして，$K=0$ の近傍で，光学フォノンの分枝が，
$$\omega(K) = \omega_0 - AK^2$$
の形で表されると仮定する．このとき，状態密度について説明せよ．

【**4.4 1次元音響フォノン**】 デバイ近似のもとで，極低温における1次元音響フォノンのエネルギーを求めよ．また，このエネルギーから，極低温における1次元音響フォノンの定積比熱 $C_V^{(1D)}$ を求めよ．ただし，零点エネルギーは省略せよ．

【**4.5 2次元格子音響フォノン**】 デバイ近似のもとで，極低温における2次元音響フォノンのエネルギーを求めよ．また，このエネルギーから，極低温における2次元音響フォノンの定積比熱 $C_V^{(2D)}$ を求めよ．ただし，零点エネルギーは省略せよ．

【**4.6 フォノンのソフトモード**】 同じ質量をもつ正負のイオンが，交互に直線状に並んでいる．この1次元格子において，p 番目のイオンの電荷を $e_p = e(-1)^p$ とする．相互作用ポテンシャルは，(1) 隣接イオン間のみにはたらく短距離相互作用 (相互作用定数 $C_{1R} = \gamma$) と，(2) すべてのイオン間にはたらくクーロン相互作用という二つの寄与の和で表される．

(a) クーロン相互作用の寄与による原子間相互作用定数 C_{pC} を求めよ．
(b) 分散関係を求めよ．

【**4.7 自由電子気体の運動エネルギー**】 N 個の自由電子から構成される，3次元の自由電子気体を考える．絶対零度 $(T=0\,\mathrm{K})$ における運動エネルギーを求めよ．

【**4.8 金属中のイオンの振動**】 質量 M，電荷 e の点状イオンが，一様な自由電子気体の中に存在し，平衡状態では，このイオンが規則的に配列された格子点に存在すると仮定する．そして，イオンまたは自由電子気体の濃度を $3/(4\pi R^3)$ として，R を定義する．

(a) 一つのイオンが振動するとき，この振動の角周波数 ω を求めよ．
(b) ナトリウム (濃度 $n = 2.652 \times 10^{22}\,\mathrm{cm}^{-3}$，密度 $\rho = 1.013\,\mathrm{g\,cm}^{-3}$) に対して，振動角周波数を求めよ．

第5章
エネルギーバンド

● ● ● この章の目的 ● ● ●

結晶中では，電子が占有するエネルギー状態は，ほぼ連続となり，エネルギーバンドを形成する．そして，結晶の周期性によって，エネルギーバンド間にエネルギーギャップが形成される．この章では，これらのエネルギーバンドとエネルギーギャップについて説明する．

● キーワード ●
パウリの排他律，エネルギーバンド，禁制帯，エネルギーギャップ，バンドギャップ，充満帯，価電子帯，伝導帯，ほとんど自由な電子モデル，周期性，クローニッヒ-ペニーモデル，有効質量

▶ 5.1 エネルギーバンドとエネルギーギャップ

　結晶中では，原子間の距離が数オングストローム（Å）程度と近いため，原子の電子分布が，隣接する原子の電子分布と重なる．電子はフェルミ粒子であり，2個の電子が同じ状態を占有することはできない．この原理を**パウリの排他律** (Pauli exclusion principle) という．

　電子が占有可能な状態をつくるために，電子のエネルギー準位は分裂し，新たなエネルギー準位が形成される．このエネルギー準位の間隔は 10^{-18} eV 程度ときわめて小さいため，ほぼ連続とみなされる．このように，ほぼ連続したエネルギー準位の一群を**エネルギーバンド** (energy band) という．

　電子が詰まっているエネルギーバンドを**充満帯** (filled band) という．共有結合結晶では，充満帯を占有している電子は結合に寄与しており，**価電子** (valence electron) とよばれている．そこで，共有結合結晶では，充満帯のことを**価電子帯** (valence band) ともいう．

　一方，充満帯よりも電子のエネルギーが高く，電気伝導に寄与するエネルギーバンドを**伝導帯** (conduction band) という．ただし，伝導帯を占有している電子が電気伝導に寄与するためには，伝導帯がすべて占有されていないこと，つまり伝導帯に空席

があることが必要である．

結晶の周期性によって，電子が占有することのできないエネルギー領域が，エネルギーバンド間に形成される．この領域を**禁制帯** (forbidden band)，**エネルギーギャップ** (energy gap)，または**バンドギャップ** (band gap) という．禁制帯の大きさは，電子ボルト (eV) あるいはそれ以上のオーダーである．

--- Point ---
1. 隣接原子間の電子分布が重なると，エネルギー準位が分裂する．
2. 結晶では，エネルギー準位の間隔が小さく，エネルギーバンドが形成される．
3. 結晶の周期性によって，エネルギーバンド間にエネルギーギャップが生じる．

図 5.1 に絶縁体，半導体，半金属，金属のエネルギーバンドを示す．この図において，長方形がエネルギーバンドを表し，網掛け部が電子が占有している領域を示す．また，電子のエネルギーは，上方ほど高い．

図 5.1(a) のように，伝導帯が完全に空の場合，あるいは伝導帯に電子が充満している場合，電子は動くことができず，この固体は**絶縁体** (insulator) になる．図 5.1(b) のように，伝導帯がわずかに電子で占有されているか，またはわずかに空の部分をもっていれば，この固体は**半導体** (semiconductor) となる．このとき，電気伝導に寄与する電子，すなわち伝導電子の濃度は，原子濃度のせいぜい 10^{-2} 以下である．図 5.1(c) のように，わずかに電子で占有されている伝導帯とわずかに空の部分がある伝導帯が重なっている場合，**半金属** (semimetal) になる．図 5.1(d) のように，伝導帯が部分的に（10%から90%程度）電子で占有されている場合，この固体は**金属** (metal) になる．

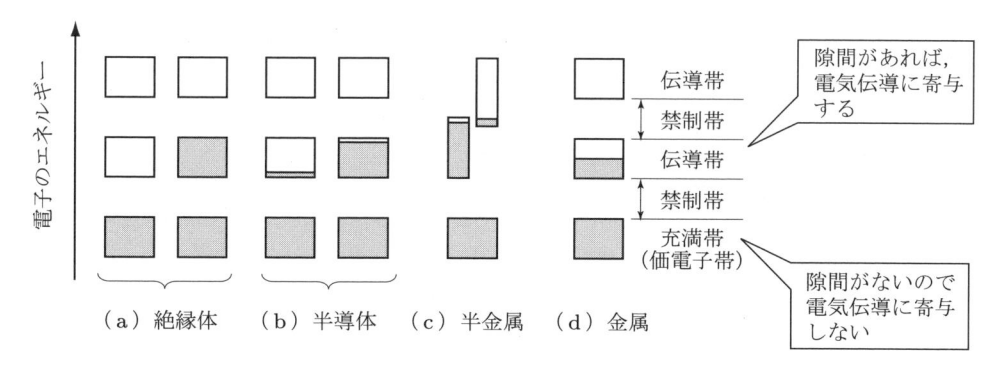

図 5.1 エネルギーバンドと電気伝導との関係

> **Point**
> 電気伝導が生じるためには，伝導帯を占有する電子が存在し，しかも電子が伝導帯に充満していないことが必要である．

5.2 ほとんど自由な電子モデル

結晶のバンド構造は，ほとんど自由な電子モデル (nearly free electron model) を用いて，定性的に説明することができる．このモデルでは，伝導電子は結晶中を自由に動き回ろうとするが，イオン殻の周期的ポテンシャル (periodic potential) によって，伝導電子が摂動 (perturbation) を受けていると考える．

◆ ほとんど自由な電子に対するシュレーディンガー方程式　ポテンシャルの影響をまったく受けずに自由に運動している電子，すなわち自由電子に対するハミルトニアンを非摂動ハミルトニアン $\mathcal{H}_0$ とし，摂動ハミルトニアン $\mathcal{H}'$ を周期的ポテンシャル $U(\boldsymbol{r})$ とすると，ほとんど自由な電子に対するシュレーディンガー方程式は，次のように表される．

$$\left(\mathcal{H}_0 + \mathcal{H}'\right)\psi(\boldsymbol{k},\boldsymbol{r}) = E(\boldsymbol{k})\psi(\boldsymbol{k},\boldsymbol{r}) \tag{5.1}$$

$$\mathcal{H}_0 = -\frac{\hbar^2}{2m_0}\nabla^2, \quad \mathcal{H}' = U(\boldsymbol{r}) \tag{5.2}$$

ここで，$\psi(\boldsymbol{k},\boldsymbol{r})$ は波動関数，$E(\boldsymbol{k})$ はエネルギー固有値，$\hbar = h/(2\pi)$ はディラック定数，h はプランク定数，m_0 は真空中の電子の質量である．

自由電子に対して，波動関数を $\psi_0(\boldsymbol{k},\boldsymbol{r})$，エネルギー固有値を $E_0(\boldsymbol{k})$ とすると，非摂動ハミルトニアン $\mathcal{H}_0$ を用いて，自由電子に対するシュレーディンガー方程式は，

$$\mathcal{H}_0\psi_0(\boldsymbol{k},\boldsymbol{r}) = E_0(\boldsymbol{k})\psi_0(\boldsymbol{k},\boldsymbol{r}) \tag{5.3}$$

$$\psi_0(\boldsymbol{k},\boldsymbol{r}) = \frac{1}{\sqrt{V}}\exp(\mathrm{i}\boldsymbol{k}\cdot\boldsymbol{r}), \quad E_0(\boldsymbol{k}) = \frac{\hbar^2}{2m_0}k^2 \tag{5.4}$$

と書くことができる．ここで，V は結晶の体積である．

これから，定常状態における摂動論（付録 B.5 参照）を用いて，ほとんど自由な電子モデルについて解析してみよう．まず，解析を容易にするために，摂動ハミルトニアン $\mathcal{H}'$，つまり周期的ポテンシャル $U(\boldsymbol{r})$ を次のようにフーリエ級数展開する．

$$\mathcal{H}' = U(\boldsymbol{r}) = \sum_{\boldsymbol{K}} U_{\boldsymbol{K}}\exp(\mathrm{i}\boldsymbol{K}\cdot\boldsymbol{r}) \tag{5.5}$$

ここで，U_K はフーリエ係数である．周期的ポテンシャルが実数であることに着目すると，次の関係が成り立つ．

$$U^*(\boldsymbol{r}) = \sum_K U_K^* \exp(-i\boldsymbol{K}\cdot\boldsymbol{r}) = U(\boldsymbol{r}) \tag{5.6}$$

また，周期的ポテンシャル $U(\boldsymbol{r})$ を次のようにフーリエ級数展開することもできる．

$$U(\boldsymbol{r}) = \sum_K U_{-K} \exp(-i\boldsymbol{K}\cdot\boldsymbol{r}) \tag{5.7}$$

ここで，式 (5.6), (5.7) を比較すると，次の関係が導かれる．

$$U_K^* = U_{-K} \tag{5.8}$$

―― Point ――
周期関数の解析をするときは，周期関数をフーリエ級数展開してみよう．

◆ **縮退がない場合の摂動論** まず，縮退がない場合の摂動論を考えよう．摂動を扱うために，行列要素 $\langle \boldsymbol{k}'|\mathcal{H}'|\boldsymbol{k}\rangle$ を計算すると，次のようになる．

$$\begin{aligned}
\langle \boldsymbol{k}'|\mathcal{H}'|\boldsymbol{k}\rangle &\equiv \int_0^V \psi_0^*(\boldsymbol{k}',\boldsymbol{r}) \sum_K U_K \exp(i\boldsymbol{K}\cdot\boldsymbol{r}) \psi_0(\boldsymbol{k},\boldsymbol{r})\,dV \\
&= \frac{1}{V} \sum_K \int_0^V U_K \exp\left[i\left(\boldsymbol{k}+\boldsymbol{K}-\boldsymbol{k}'\right)\cdot\boldsymbol{r}\right] dV \\
&= \begin{cases} 0 & (\boldsymbol{k}+\boldsymbol{K} \neq \boldsymbol{k}') \\ U_K = U_{\boldsymbol{k}'-\boldsymbol{k}} & (\boldsymbol{k}+\boldsymbol{K} = \boldsymbol{k}') \end{cases}
\end{aligned} \tag{5.9}$$

したがって，$\boldsymbol{K} \neq 0$ のとき，$\boldsymbol{k}' = \boldsymbol{k}$ に対して，

$$\langle \boldsymbol{k}|\mathcal{H}'|\boldsymbol{k}\rangle = 0 \tag{5.10}$$

が導かれる．つまり，1 次の摂動エネルギーは 0 になる．

1 次の摂動までの範囲で，波動関数 $\psi(\boldsymbol{k},\boldsymbol{r})$ は，次のように表される．

$$\begin{aligned}
\psi(\boldsymbol{k},\boldsymbol{r}) &= \psi_0(\boldsymbol{k},\boldsymbol{r}) + \sum_{\boldsymbol{k}'(\neq \boldsymbol{k})} \frac{\langle \boldsymbol{k}'|\mathcal{H}'|\boldsymbol{k}\rangle}{E_0(\boldsymbol{k}) - E_0(\boldsymbol{k}')} \psi_0(\boldsymbol{k}',\boldsymbol{r}) \\
&= \psi_0(\boldsymbol{k},\boldsymbol{r}) + \sum_{\boldsymbol{K}(\neq 0)} \frac{\langle \boldsymbol{k}+\boldsymbol{K}|\mathcal{H}'|\boldsymbol{k}\rangle}{E_0(\boldsymbol{k}) - E_0(\boldsymbol{k}+\boldsymbol{K})} \psi_0(\boldsymbol{k}+\boldsymbol{K},\boldsymbol{r})
\end{aligned}$$

$$= \frac{1}{\sqrt{V}}\left[1 + \sum_{\bm{K}(\neq 0)} \frac{U_{\bm{K}}}{E_0(\bm{k}) - E_0(\bm{k}+\bm{K})} \exp(\mathrm{i}\bm{K}\cdot\bm{r})\right] \exp(\mathrm{i}\bm{k}\cdot\bm{r}) \tag{5.11}$$

ここで，式 (5.4), (5.9) を用いた．

2次の摂動までの範囲では，エネルギー固有値 $E(\bm{k})$ は次のようになる．

$$\begin{aligned} E(\bm{k}) &= E_0(\bm{k}) + \sum_{\bm{k}'(\neq \bm{k})} \frac{\langle \bm{k}'|\mathcal{H}'|\bm{k}\rangle\langle \bm{k}|\mathcal{H}'|\bm{k}'\rangle}{E_0(\bm{k}) - E_0(\bm{k}')} \\ &= E_0(\bm{k}) + \sum_{\bm{K}(\neq 0)} \frac{|U_{\bm{K}}|^2}{E_0(\bm{k}) - E_0(\bm{k}+\bm{K})} \end{aligned} \tag{5.12}$$

ただし，ここで式 (5.8) を用いた．

◆ **縮退がある場合の摂動論** 次に，縮退がある場合，つまり $E_0(\bm{k}) = E_0(\bm{k}+\bm{K})$ の場合について考えよう．このときは，波動関数 $\psi(\bm{k},\bm{r})$ を $\psi_0(\bm{k},\bm{r})$ の線形結合として，次のように表す．

$$\psi(\bm{k},\bm{r}) = \sum_{\bm{k}'} a_{\bm{k}'} \psi_0(\bm{k}',\bm{r}) \equiv \sum_{\bm{K}'} A_{\bm{K}'} \exp[\mathrm{i}(\bm{k}+\bm{K}')\cdot\bm{r}] \tag{5.13}$$

ただし，$\bm{k}' = \bm{k} + \bm{K}'$ とおいた．また，$a_{\bm{k}'}$ と $A_{\bm{K}'}$ は線形結合をつくるための係数である．式 (5.13), (5.5) を式 (5.1) に代入すると，次のようになる．

$$\sum_{\bm{K}'}\left[\frac{\hbar^2}{2m_0}(\bm{k}+\bm{K}')^2 - E(\bm{k}) + \sum_{\bm{K}''} U_{\bm{K}''}\exp(\mathrm{i}\bm{K}''\cdot\bm{r})\right] \\ \cdot A_{\bm{K}'}\exp[\mathrm{i}(\bm{k}+\bm{K}')\cdot\bm{r}] = 0 \tag{5.14}$$

式 (5.14) に左から $\exp[-\mathrm{i}(\bm{k}+\bm{K}')\cdot\bm{r}]/V$ を乗じてから全体積にわたって積分すると，次式が得られる．

$$[E_0(\bm{k}+\bm{K}') - E(\bm{k})]A_{\bm{K}'} + \sum_{\bm{K}''} U_{\bm{K}'-\bm{K}''}A_{\bm{K}''} = 0 \tag{5.15}$$

いま，$\bm{K}' = \bm{K}''$ のときフーリエ係数が 0，つまり $U_0 = 0$ とし，A_0 と $A_{\bm{K}}$ が支配的な場合を考える．このとき，式 (5.15) から次式が導かれる．

$$[E_0(\bm{k}) - E(\bm{k})]A_0 + U_{-\bm{K}}A_{\bm{K}} = 0 \tag{5.16}$$

$$U_{\bm{K}}A_0 + [E_0(\bm{k}+\bm{K}) - E(\bm{k})]A_{\bm{K}} = 0 \tag{5.17}$$

5.2 ほとんど自由な電子モデル

▶ **例題 5.1** 式 (5.14) から式 (5.15) を導出せよ.

解 式 (5.14) に左から $\exp[-\mathrm{i}(\bm{k}+\bm{K}')\cdot\bm{r}]/V$ を乗ずると,次のようになる.

$$\frac{\exp[-\mathrm{i}(\bm{k}+\bm{K}')\cdot\bm{r}]}{V}\sum_{\bm{K}'}\left[\frac{\hbar^2}{2m_0}(\bm{k}+\bm{K}')^2 - E(\bm{k})\right]A_{\bm{K}'}\exp[\mathrm{i}(\bm{k}+\bm{K}')\cdot\bm{r}]$$
$$+\frac{\exp[-\mathrm{i}(\bm{k}+\bm{K}')\cdot\bm{r}]}{V}\sum_{\bm{K}'}\sum_{\bm{K}''}\left[U_{\bm{K}''}\exp(\mathrm{i}\bm{K}''\cdot\bm{r})\right]A_{\bm{K}'}\exp\left[\mathrm{i}(\bm{k}+\bm{K}')\cdot\bm{r}\right]=0$$
(5.18)

ここで,計算をわかりやすくするために $\sum$ の指標 $\bm{K}'$ を $\bm{K}$ と書き換えると,次式が得られる.

$$\frac{1}{V}\sum_{\bm{K}}\left[\frac{\hbar^2}{2m_0}(\bm{k}+\bm{K})^2 - E(\bm{k})\right]A_{\bm{K}}\exp[\mathrm{i}(\bm{K}-\bm{K}')\cdot\bm{r}]$$
$$+\frac{1}{V}\sum_{\bm{K}}\sum_{\bm{K}''}U_{\bm{K}''}A_{\bm{K}}\exp\left[\mathrm{i}(\bm{K}''+\bm{K}-\bm{K}')\cdot\bm{r}\right]=0 \quad (5.19)$$

式 (5.19) を全体積にわたって積分するとき,左辺第 1 項が 0 以外の値となるのは $\bm{K}=\bm{K}'$ のときである.また,左辺第 2 項が 0 以外の値となるのは $\bm{K}''=\bm{K}'-\bm{K}$ のときである.したがって,式 (5.19) を全体積にわたって積分すると,次式が得られる.

$$\left[\frac{\hbar^2}{2m_0}(\bm{k}+\bm{K}')^2 - E(\bm{k})\right]A_{\bm{K}'} + \sum_{\bm{K}}U_{\bm{K}'-\bm{K}}A_{\bm{K}} = 0 \quad (5.20)$$

ここで,式 (5.4) から,次式が成り立つ.

$$E_0(\bm{k}+\bm{K}') = \frac{\hbar^2}{2m_0}(\bm{k}+\bm{K}')^2 \quad (5.21)$$

式 (5.20) において,$\sum$ の指標 $\bm{K}$ を $\bm{K}''$ と書き換えると,式 (5.15) が得られる.

▶ **例題 5.2** 式 (5.16), (5.17) を導出せよ.

解 i) $\bm{K}'=0$ のとき,式 (5.15) は次のようになる.

$$\left[E_0(\bm{k}) - E(\bm{k})\right]A_0 + U_0 A_0 + U_{-\bm{K}}A_{\bm{K}} = 0 \quad (5.22)$$

ここで,$U_0=0$ を利用すると,式 (5.16) が得られる.

ii) $\bm{K}'=\bm{K}$ のとき,式 (5.15) は次のようになる.

$$\left[E_0(\bm{k}+\bm{K}) - E(\bm{k})\right]A_{\bm{K}} + U_{\bm{K}}A_0 + U_0 A_{\bm{K}} = 0 \quad (5.23)$$

ここで,$U_0=0$ を利用すると,式 (5.17) が得られる.

◆ **ほとんど自由な電子のエネルギーバンド**　連立方程式 (5.16), (5.17) が $A_0 = A_K = 0$ 以外の解をもつためには,次の行列式が成り立てばよい.

$$\begin{vmatrix} E_0(\boldsymbol{k}) - E(\boldsymbol{k}) & U_{-\boldsymbol{K}} \\ U_{\boldsymbol{K}} & E_0(\boldsymbol{k}+\boldsymbol{K}) - E(\boldsymbol{k}) \end{vmatrix} = 0 \tag{5.24}$$

この行列式を解くと,エネルギー固有値 $E(\boldsymbol{k})$ は,次のように求められる.

$$E(\boldsymbol{k}) = \frac{1}{2}\bigl[E_0(\boldsymbol{k}) + E_0(\boldsymbol{k}+\boldsymbol{K})\bigr] \pm \frac{1}{2}\sqrt{\bigl[E_0(\boldsymbol{k}+\boldsymbol{K}) - E_0(\boldsymbol{k})\bigr]^2 + 4|U_{\boldsymbol{K}}|^2} \tag{5.25}$$

ここで,式 (5.8) から,

$$U_{-\boldsymbol{K}} U_{\boldsymbol{K}} = U_{\boldsymbol{K}}^* U_{\boldsymbol{K}} = |U_{\boldsymbol{K}}|^2 \tag{5.26}$$

となることを利用した.式 (5.25) から,二つのエネルギー固有値が存在することがわかる.

ここで,$E_0(\boldsymbol{k}+\boldsymbol{K}) = E_0(\boldsymbol{k})$ すなわち,$\boldsymbol{k} = -\boldsymbol{K}/2$ の場合を考えよう.このとき,式 (5.25) から,

$$E(-\boldsymbol{K}/2) = E_0(-\boldsymbol{K}/2) \pm |U_{\boldsymbol{K}}| \tag{5.27}$$

となる.この結果から,ほとんど自由な電子モデルでは,$\boldsymbol{k} = -\boldsymbol{K}/2$ においてエネルギーギャップ $2|U_{\boldsymbol{K}}|$ が存在することがわかる.

図 5.2(a) に自由電子モデルに対するエネルギーバンドを,図 (b) にほとんど自由な電子モデルに対するエネルギーバンドを示す.ただし,$\boldsymbol{k}$ と $\boldsymbol{K}$ は平行であると仮定し,$K = 2\pi/a$, $a = 5\,\text{Å}$, $m_0 = 9.109 \times 10^{-31}\,\text{kg}$, $U_K = 0.5\,\text{eV}$ とした.また,図 (b) のほとんど自由な電子モデルに対するエネルギーバンドは,A_0, A_K, A_{2K} が支配的な場合の計算結果である.図 (a) の自由電子モデルではエネルギーギャップが存在しないが,図 (b) のほとんど自由な電子モデルでは $k = \pm K/2$ においてエネルギー

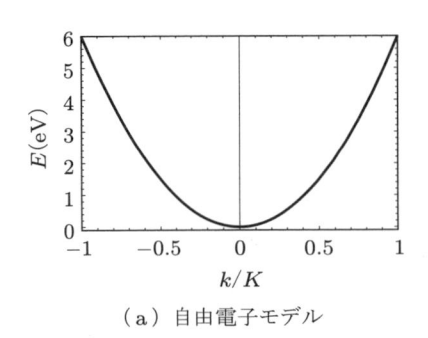

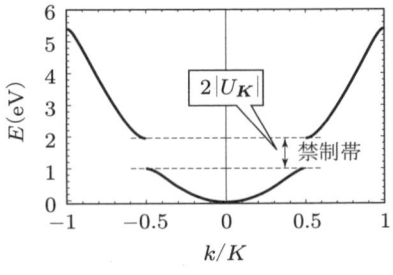

(a) 自由電子モデル　　　　(b) ほとんど自由な電子モデル

図 **5.2**　自由電子モデルとほとんど自由な電子モデルに対するエネルギーバンド

ギャップ $2|U_K|$ が存在することに注意してほしい．また，K の向きに応じて K は 2 通りの値をとるので，2 箇所でエネルギーギャップが生じる．

$E_0(k+K) = E_0(k)$ すなわち $k = -K/2$ の場合，U_K が実数ならば，波動関数 $\psi(k,r)$ は次式で与えられる．

$$\psi(k,r) = \sqrt{\frac{2}{V}} \cos\left(\frac{K\cdot r}{2}\right) \tag{5.28}$$

$$\psi(k,r) = \sqrt{\frac{2}{V}} \sin\left(\frac{K\cdot r}{2}\right) \tag{5.29}$$

▶ **例題 5.3** 式 (5.28), (5.29) を導出せよ．

解 (i) $E(-K/2) = E_0(-K/2) + |U_K|$ のとき，式 (5.16), (5.17) から，次の連立方程式が得られる．

$$-|U_K|A_0 + U_{-K}A_K = 0 \tag{5.30}$$
$$U_K A_0 - |U_K|A_K = 0 \tag{5.31}$$

したがって，次の結果が導かれる．

$$A_0 = \begin{cases} A_K & (U_K > 0) \\ -A_K & (U_K < 0) \end{cases} \tag{5.32}$$

式 (5.13) において，規格化によって波動関数の係数を決定すると，波動関数 $\psi(k,r)$ は，次のように求められる．

$$\psi(k,r) = \begin{cases} \sqrt{\dfrac{2}{V}} \cos\left(\dfrac{K\cdot r}{2}\right) & (U_K > 0) \\ \sqrt{\dfrac{2}{V}} \sin\left(\dfrac{K\cdot r}{2}\right) & (U_K < 0) \end{cases} \tag{5.33}$$

(ii) $E(-K/2) = E_0(-K/2) - |U_K|$ のとき，式 (5.16), 式 (5.17) から，次の連立方程式が得られる．

$$|U_K|A_0 + U_{-K}A_K = 0 \tag{5.34}$$
$$U_K A_0 + |U_K|A_K = 0 \tag{5.35}$$

したがって，次の結果が導かれる．

$$A_0 = \begin{cases} -A_K & (U_K > 0) \\ A_K & (U_K < 0) \end{cases} \tag{5.36}$$

式 (5.13) において，規格化によって波動関数の係数を決定すると，波動関数 $\psi(\boldsymbol{k},\boldsymbol{r})$ は，次のように求められる．

$$\psi(\boldsymbol{k},\boldsymbol{r}) = \begin{cases} \sqrt{\dfrac{2}{V}} \sin\left(\dfrac{\boldsymbol{K}\cdot\boldsymbol{r}}{2}\right) & (U_K > 0) \\ \sqrt{\dfrac{2}{V}} \cos\left(\dfrac{\boldsymbol{K}\cdot\boldsymbol{r}}{2}\right) & (U_K < 0) \end{cases} \quad (5.37)$$

式 (5.28)，(5.29) から，$\boldsymbol{k} = -\boldsymbol{K}/2$ において，ほとんど自由な電子モデルに対する電子の存在確率 $|\psi(\boldsymbol{k},\boldsymbol{r})|^2$ を示すと，図 5.3 のようになる．原子位置に伝導電子が多く存在する場合と，原子間に伝導電子が多く存在する場合の 2 通りあることが，この図からわかる．

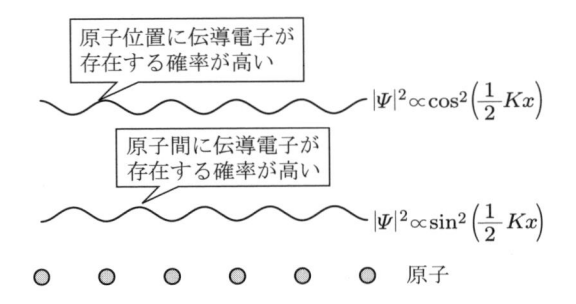

図 5.3　ほとんど自由な電子モデルに対する伝導電子の存在確率

5.3　周期的ポテンシャル中の電子

◆ **ブロッホの定理**　結晶では，原子が周期的に並んでいる．このため，次のようなブロッホ関数 (Bloch function) によって，波動関数を表すことができる．

$$\psi_{\boldsymbol{k}}(\boldsymbol{r}) = u_{\boldsymbol{k}}(\boldsymbol{r})\exp(\mathrm{i}\,\boldsymbol{k}\cdot\boldsymbol{r}) \quad (5.38)$$

$$u_{\boldsymbol{k}}(\boldsymbol{r}) = u_{\boldsymbol{k}}(\boldsymbol{r}+\boldsymbol{T}) \quad (5.39)$$

ただし，$\boldsymbol{T}$ は結晶の周期を表すベクトル，すなわち並進ベクトルであり，

$$\exp(\mathrm{i}\,\boldsymbol{k}\cdot\boldsymbol{T}) = 1 \quad (5.40)$$

を満足する．

式 (5.38), (5.39) を合わせて，**ブロッホの定理** (Bloch theorem) という．式 (5.38), (5.39) をシュレーディンガー方程式に代入すると，$\bm{k}\cdot\bm{p}$ に比例する項が現れる．この項を摂動として考えて解析する方法を $\bm{k}\cdot\bm{p}$ 摂動といい，演習問題でとりあげたので挑戦してほしい．

◆ **クローニッヒ-ペニーのモデル** 図 5.4 のような箱形周期的ポテンシャル $U(\bm{r})$ をもつ，クローニッヒ-ペニーのモデル (Kronig-Penney model) を考えよう．

ポテンシャル井戸 (potential well) の中では，波動関数は進行波と後退波の重ね合わせによって表される．一方，エネルギー障壁 (energy barrier) の中では，波動関数は減衰指数関数と増加指数関数の重ね合わせによって表される．したがって，電子の質量を m とすると，波動関数 ψ とエネルギー固有値 E は，

$$\psi = A\mathrm{e}^{\mathrm{i}Kx} + B\mathrm{e}^{-\mathrm{i}Kx}, \quad E = \frac{\hbar^2 K^2}{2m_0} \quad (0 < x < a) \tag{5.41}$$

$$\psi = C\mathrm{e}^{Qx} + D\mathrm{e}^{-Qx}, \quad U_0 - E = \frac{\hbar^2 Q^2}{2m_0} \quad (-b < x < 0) \tag{5.42}$$

と表される．また，これらの波動関数の間には，

$$\psi(a < x < a+b) = \psi(-b < x < 0)\,\mathrm{e}^{\mathrm{i}k(a+b)} \tag{5.43}$$

という関係がある．

ポテンシャルの境界で，ψ と $\mathrm{d}\psi/\mathrm{d}x$ がそれぞれ連続であるとすると，
$x = 0$ で

$$A + B = C + D \tag{5.44}$$

$$\mathrm{i}K(A - B) = Q(C - D) \tag{5.45}$$

$x = a$ で

$$A\mathrm{e}^{\mathrm{i}Ka} + B\mathrm{e}^{-\mathrm{i}Ka} = \left(C\mathrm{e}^{-Qb} + D\mathrm{e}^{Qb}\right)\mathrm{e}^{\mathrm{i}k(a+b)} \tag{5.46}$$

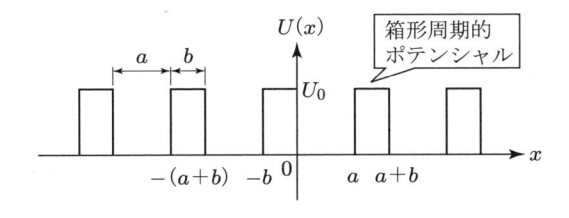

図 **5.4** クローニッヒ-ペニーのモデル

$$\mathrm{i}K\left(A\mathrm{e}^{\mathrm{i}Ka} - B\mathrm{e}^{-\mathrm{i}Ka}\right) = Q\left(C\mathrm{e}^{-Qb} - D\mathrm{e}^{Qb}\right)\mathrm{e}^{\mathrm{i}k(a+b)} \quad (5.47)$$

となる．これらの方程式が，$A = B = C = D = 0$ 以外の解をもつためには，A, B, C, D の係数からつくられる行列式が，次のように 0 となることが必要である．

$$\begin{vmatrix} 1 & 1 & -1 & -1 \\ \mathrm{i}K & -\mathrm{i}K & -Q & Q \\ \mathrm{e}^{\mathrm{i}Ka} & \mathrm{e}^{-\mathrm{i}Ka} & -\mathrm{e}^{-Qb}\mathrm{e}^{\mathrm{i}k(a+b)} & -\mathrm{e}^{Qb}\mathrm{e}^{\mathrm{i}k(a+b)} \\ \mathrm{i}K\mathrm{e}^{\mathrm{i}Ka} & -\mathrm{i}K\mathrm{e}^{-\mathrm{i}Ka} & -Q\mathrm{e}^{-Qb}\mathrm{e}^{\mathrm{i}k(a+b)} & Q\mathrm{e}^{Qb}\mathrm{e}^{\mathrm{i}k(a+b)} \end{vmatrix} = 0 \quad (5.48)$$

式 (5.48) から，次式が得られる．

$$\frac{Q^2 - K^2}{2QK}\sinh Qb \sin Ka + \cosh Qb \cos Ka = \cos k(a+b) \quad (5.49)$$

周期的なデルタ関数（$b \to 0$, $U_0 \to \infty$）の場合，$Q \gg K$, $Qb \ll 1$ だから，$P = Q^2 ab/2$ とおくと，次のようになる．

$$\frac{P}{Ka}\sin Ka + \cos Ka = \cos ka \quad (5.50)$$

▶ **例題 5.4** 式 (5.50) が成り立つ条件を図示せよ．

解 式 (5.50) において $P = 3\pi/2$ とおいたときの結果を図 5.5 に示す．この図は，式 (5.50) の左辺を $F(Ka)$ として図示したものである．式 (5.50) の右辺が余弦関数であることから，式 (5.50) の左辺の値が -1 以上 1 以下（図 5.5 の網掛け部）が，式 (5.50) が成り立つ領域である．

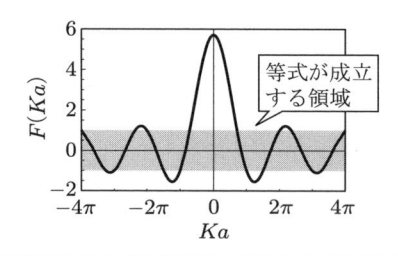

図 5.5 クローニッヒ-ペニーのモデルにおいて式 (5.50) が成り立つ領域

◆ **一般的な周期的ポテンシャル** 周期的ポテンシャルについて，もう少し一般的に考えてみよう．結晶の周期性に着目して，周期的ポテンシャル $U(\boldsymbol{r})$ と波動関数 $\psi(\boldsymbol{r})$ を次のようにフーリエ級数展開する．

$$U(\boldsymbol{r}) = \sum_{G} U_{\boldsymbol{G}} \exp(\mathrm{i}\,\boldsymbol{G} \cdot \boldsymbol{r}) \quad (5.51)$$

$$\psi(\boldsymbol{r}) = \sum_{\boldsymbol{k}} C_{\boldsymbol{k}} \exp(\mathrm{i}\,\boldsymbol{k}\cdot\boldsymbol{r}) \tag{5.52}$$

ここで，$U_{\boldsymbol{G}}$ と $C_{\boldsymbol{k}}$ はフーリエ係数，$\boldsymbol{G}$ は逆格子ベクトルである．

式 (5.51), (5.52) をシュレーディンガー方程式に代入すると，

$$(\lambda_{\boldsymbol{k}} - E)\,C_{\boldsymbol{k}} + \sum_{\boldsymbol{G}} U_{\boldsymbol{G}} C_{\boldsymbol{k}-\boldsymbol{G}} = 0 \tag{5.53}$$

$$\lambda_{\boldsymbol{k}} = \frac{\hbar^2 \boldsymbol{k}^2}{2m_0} \tag{5.54}$$

が得られる．ただし，E はエネルギー固有値である．この方程式は，基本方程式 (central equation) とよばれ，波動関数のフーリエ係数 $C_{\boldsymbol{k}}$ と逆格子ベクトル $\boldsymbol{G}$ との関係を示している．

さて，第 1 ブリルアン・ゾーンの境界では，

$$k^2 = \left(\frac{1}{2}\boldsymbol{G}\right)^2, \quad (\boldsymbol{k}-\boldsymbol{G})^2 = \left(\frac{1}{2}\boldsymbol{G}\right)^2 \tag{5.55}$$

である．いま，$C_{\boldsymbol{G}/2}$ と $C_{-\boldsymbol{G}/2}$ だけを考え，

$$U(\boldsymbol{r}) = 2U\cos\boldsymbol{G}\cdot\boldsymbol{r} \tag{5.56}$$

とすると

$$(\lambda - E)C_{\boldsymbol{G}/2} + UC_{-\boldsymbol{G}/2} = 0 \tag{5.57}$$

$$UC_{\boldsymbol{G}/2} + (\lambda - E)C_{-\boldsymbol{G}/2} = 0 \tag{5.58}$$

となる．ただし，ここで

$$\lambda \equiv \frac{\hbar^2}{2m_0}\left(\frac{1}{2}\boldsymbol{G}\right)^2 \tag{5.59}$$

である．この連立方程式が，$C_{\boldsymbol{G}/2} = C_{-\boldsymbol{G}/2} = 0$ 以外の解をもつためには，

$$\begin{vmatrix} \lambda - E & U \\ U & \lambda - E \end{vmatrix} = 0 \tag{5.60}$$

を満たす必要がある．したがって，

$$E = \lambda \pm U = \frac{\hbar^2}{2m_0}\left(\frac{1}{2}\boldsymbol{G}\right)^2 \pm U \tag{5.61}$$

となる．この結果から，ポテンシャルエネルギーが $U(\boldsymbol{r}) = 2U\cos\boldsymbol{G}\cdot\boldsymbol{r}$ の場合，第 1 ブリルアン・ゾーンの境界でエネルギーギャップが $2U$ となることがわかる．

5.4 有効質量

逆有効質量テンソルは，次式で定義される．

$$\left(\frac{1}{m}\right)_{ij} \equiv \frac{1}{\hbar^2}\frac{\partial^2 E(\bm{k})}{\partial k_i \partial k_j} \tag{5.62}$$

式 (5.62) を用いると，結晶中の伝導電子のエネルギー $E(\bm{k})$ は，

$$E(\bm{k}) = \frac{\hbar^2}{2}\sum_{i,j}\left(\frac{1}{m}\right)_{ij} k_i k_j \tag{5.63}$$

のように簡略化される．この式は，結晶の周期性の効果（結晶のポテンシャルの周期性）を有効質量として質量の中に取り込んだ表現になっている．有効質量を用いると，結晶中の伝導電子のエネルギーを式 (5.4) の自由電子モデルのエネルギーと同様な形式で表すことができ，解析に便利である．また，有効質量は，サイクロトロン共鳴（第6章参照）によって，実験的に決定することができる．

有効質量が波数ベクトルの方向に依存しなければ，有効質量 m^* は，

$$\frac{1}{m^*} = \frac{1}{\hbar^2}\frac{\mathrm{d}^2 E(\bm{k})}{\mathrm{d}k^2} \tag{5.64}$$

で与えられる．このとき，結晶中の伝導電子のエネルギー $E(\bm{k})$ は，

$$E(\bm{k}) = \frac{\hbar^2}{2m^*}\bm{k}^2 \tag{5.65}$$

のように表される．ここで，有効質量の意義について考えてみよう．たとえば，量子効果が顕著となるような微小サイズのポテンシャル井戸をもつ量子井戸構造では，伝導電子は，結晶の周期ポテンシャルと量子井戸ポテンシャルの両方の影響を受ける．この場合，有効質量を用いて方程式を作れば，周期ポテンシャルの影響は，すでに有効質量の中に取り込まれている．したがって，量子井戸ポテンシャルの影響のみを考慮すればよく，解析が簡単になる．このような解析法を**有効質量近似** (effective-mass approximation) とよんでいる．

―― Point ――

自由電子のエネルギー ―― $E(\bm{k}) = \dfrac{\hbar^2}{2m_0}\bm{k}^2$

結晶中の伝導電子のエネルギー ―― $E(\bm{k}) = \dfrac{\hbar^2}{2m^*}\bm{k}^2$

m^*：有効質量（サイクロトロン共鳴によって決定）

演習問題

【5.1 縮退がある場合のほとんど自由な電子モデル】 式 (5.15) において，$K' = K''$ のときフーリエ係数が 0，つまり $U_0 = 0$ とし，A_0, A_K, A_{2K} が支配的な場合を考える．このとき，A_0, A_K, A_{2K} の関係を表す式を求めよ．

【5.2 箱形ポテンシャル井戸】 深さ U_0，幅 a の 1 次元単一井戸形ポテンシャル内に存在する電子を考える．$|U_0| = 2\hbar^2/(m_0 a^2)$ のとき，電子の束縛エネルギーを U_0 を用いて表せ．

【5.3 周期的ポテンシャル】 1 次元周期的ポテンシャル $U(x) = 2U\cos Kx$ に対して，式 (5.15) を用いて，第 1 ブリルアン・ゾーンの境界 ($k = -K/2$) におけるエネルギー固有値を求めよ．

【5.4 クローニッヒ-ペニーのモデル】

(a) 式 (5.50) において，$P \ll 1$ とする．この時，$k=0$ に対して最もエネルギーの低いエネルギーバンドのエネルギーを求めよ．

(b) 演習問題 5.4(a) において，$k = \pi/a$ におけるエネルギーギャップを求めよ．

【5.5 $\boldsymbol{k}\cdot\boldsymbol{p}$ 摂動】 立方結晶の n 番目のエネルギーバンドにおいて，$\boldsymbol{k} = 0$ で縮退していない軌道 $\psi_n(\boldsymbol{k}, \boldsymbol{r})$ を考える．2 次の摂動論を用いて，(a) エネルギー固有値 $E(\boldsymbol{k})$ と (b) 有効質量 m^* を求めよ．

【5.6 正方格子】 次のような結晶ポテンシャルをもつ，2 次元の正方格子を考える．

$$U(x, y) = -4U\cos\left(\frac{2\pi x}{a}\right)\cos\left(\frac{2\pi y}{a}\right)$$

ブリルアン・ゾーンの角の点 $(\pi/a, \pi/a)$ におけるエネルギーギャップを求めよ．

【5.7 状態密度有効質量】 波数ベクトル $\boldsymbol{k}$ の方向によって有効質量が異なっている場合，x, y, z 方向の有効質量をそれぞれ m_1^*, m_2^*, m_3^* として，次のようにエネルギー $E(\boldsymbol{k})$ を表すことができる．

$$E(\boldsymbol{k}) = E_0 + \frac{\hbar^2}{2m_1^*}k_x^2 + \frac{\hbar^2}{2m_2^*}k_y^2 + \frac{\hbar^2}{2m_3^*}k_z^2 \tag{5.66}$$

$$k^2 = k_x^2 + k_y^2 + k_z^2 \tag{5.67}$$

ただし，式 (5.67) からわかるように，

$$dE = \frac{\hbar^2}{m^*}k\,dk \tag{5.68}$$

のように表すことはできない．このため，波数 k を用いて状態密度を表すときに不便である．この不便さを解決するために，

$$k_x' = \left(\frac{m_{\text{de}}}{m_1^*}\right)^{\frac{1}{2}}k_x, \quad k_y' = \left(\frac{m_{\text{de}}}{m_2^*}\right)^{\frac{1}{2}}k_y, \quad k_z' = \left(\frac{m_{\text{de}}}{m_3^*}\right)^{\frac{1}{2}}k_z \tag{5.69}$$

とおく．このとき，エネルギーはどのように表されるか．

第6章 金属

●●● この章の目的 ●●●

金属中では，伝導電子が電気伝導に寄与する．この章では，金属に電界や磁界を印加したときの伝導電子のふるまいについて説明する．

● キーワード ●

オームの法則，ドリフト速度，移動度，平均衝突時間，ホール効果，サイクロトロン共鳴，静電しゃへい

6.1 電気伝導

◆ **オームの法則** 電界 E と磁界（磁束密度 B）が存在する空間では，有効質量 m^*，電荷 $-e$ の伝導電子の運動方程式は，

$$m^* \frac{\mathrm{d}\bm{v}}{\mathrm{d}t} = -e(\bm{E} + \bm{v} \times \bm{B}) - \frac{m^*\bm{v}}{\tau} \tag{6.1}$$

となる．ここで，τ は平均衝突時間であり，$-m^*\bm{v}/\tau$ は原子やイオンなどとの衝突による単位時間あたりの運動量の損失を表している．

磁束密度 $\bm{B} = 0$ の場合について，定常状態（$\mathrm{d}/\mathrm{d}t = 0$）を考える．このとき，伝導電子の速度 $\bm{v}$ は，

$$\bm{v} = -\frac{e\tau}{m^*}\bm{E} \equiv -\mu_{\mathrm{ce}}\bm{E} \tag{6.2}$$

となる．ここで，μ_{ce} は伝導電子の**移動度** (mobility) である．式 (6.2) は，伝導電子の速度 $\bm{v}$ が電界 $\bm{E}$ に比例することを示しており，このように電界 $\bm{E}$ に比例する速度を**ドリフト速度** (drift velocity) という．

式 (6.2) から，伝導電子濃度を n として，電流密度 $\bm{j}$ は，次式で与えられる．

$$\bm{j} = n(-e)\bm{v} = ne\mu_{\mathrm{ce}}\bm{E} = \frac{ne^2\tau}{m^*}\bm{E} \equiv \sigma\bm{E} \tag{6.3}$$

これが，電磁気学における**オームの法則** (Ohm's law) であり，電流密度 $\bm{j}$ が電界 $\bm{E}$ に比例することを示している．式 (6.3) から，**電気伝導率** (electric conductivity) σ

と抵抗率 (resistivity) ρ は，次式のように表される．

$$\sigma = \frac{ne^2\tau}{m^*}, \quad \rho = \frac{1}{\sigma} = \frac{m^*}{ne^2\tau} \tag{6.4}$$

Point

金属中での伝導電子の運動方程式を立てるときは，
単位時間あたりの運動量の損失 $-m^*\boldsymbol{v}/\tau$ を考慮する．

▶ **例題 6.1** 図 6.1 のような，長さ L，断面積 S の物体の中を，断面に対して垂直に流れる電流 I を考え，電流密度を $\boldsymbol{j}$ とする．ただし，この物体の電気伝導率 σ は，空間的に一様であると仮定する．このとき，この物体に印加された電圧 V と物体に流れる電流 I の関係を求めよ．

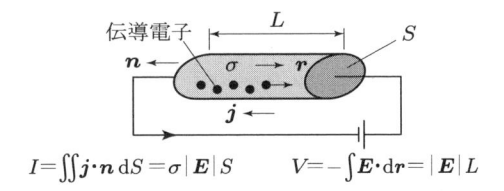

図 **6.1** オームの法則

解 物体に印加される電圧 V は，物体中の電界 $\boldsymbol{E}$ を用いて，次のように表される．

$$V = -\int \boldsymbol{E} \cdot d\boldsymbol{r} = |\boldsymbol{E}|L \tag{6.5}$$

ここで，$\boldsymbol{r}$ は，電流 I が流れる方向に反平行（向きが反対で，平行）な物体内の位置ベクトルである．一方，断面の法線ベクトルを $\boldsymbol{n}$ とおくと，物体に流れる電流 I は，次のように表される．

$$I = \iint \boldsymbol{j} \cdot \boldsymbol{n}\, dS = \sigma \iint \boldsymbol{E} \cdot \boldsymbol{n}\, dS = \sigma|\boldsymbol{E}|S \tag{6.6}$$

式 (6.5), (6.6) から電界 $\boldsymbol{E}$ を消去すると，次の関係式が得られる．

$$V = \frac{1}{\sigma}\frac{L}{S}I = \rho\frac{L}{S}I \equiv RI \tag{6.7}$$

$$R \equiv \frac{1}{\sigma}\frac{L}{S} = \rho\frac{L}{S} \tag{6.8}$$

この式 (6.7) が高校までに学んだオームの法則である．また，式 (6.8) の R は，**電気抵抗** (electrical resistance) である．高校までに学んだオームの法則を導出するには，(1) 断面に対して電流 I が垂直に流れる，(2) 電気伝導率 σ が空間的に一様であるという二つの前提があることに注意してほしい．

◆ **ホール効果**　図 6.2 のように，磁束密度 $\boldsymbol{B}$ $(\neq 0)$ が z 軸の正の方向を向いている場合，金属中の伝導電子に対する運動方程式 (6.1) を x 軸，y 軸，z 軸方向の各成分に分けて示すと，次式のようになる．

$$m^* \left(\frac{\mathrm{d}}{\mathrm{d}t} + \frac{1}{\tau} \right) v_x = -e \left(E_x + B v_y \right)$$
$$m^* \left(\frac{\mathrm{d}}{\mathrm{d}t} + \frac{1}{\tau} \right) v_y = -e \left(E_y - B v_x \right) \quad (6.9)$$
$$m^* \left(\frac{\mathrm{d}}{\mathrm{d}t} + \frac{1}{\tau} \right) v_z = -e E_z$$

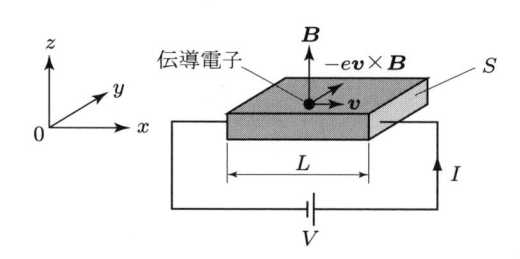

図 **6.2**　ホール効果

定常状態 $(\mathrm{d}/\mathrm{d}t = 0)$ では，式 (6.9) は次のようになる．

$$v_x = -\frac{e}{m^*} \tau E_x - \omega_\mathrm{c} \tau v_y \quad (6.10)$$

$$v_y = -\frac{e}{m^*} \tau E_y + \omega_\mathrm{c} \tau v_x \quad (6.11)$$

$$v_z = -\frac{e}{m^*} \tau E_z \quad (6.12)$$

ただし，ω_c は次式によって定義される**サイクロトロン角周波数** (cyclotron angular frequency) である．

$$\omega_\mathrm{c} \equiv \frac{eB}{m^*} \quad (6.13)$$

ここで，x 軸方向の電界 E_x と z 軸方向の磁界（磁束密度 B）を試料に印加し，x 軸方向だけに電流が流れ，y 軸方向に電流が流れない場合を考えよう．このとき，y 軸方向の電流密度 $j_y = 0$ だから，$v_y = 0$ が導かれる．したがって，式 (6.10)，(6.11)，(6.13) から

$$E_y = -\omega_\mathrm{c} \tau E_x = -\frac{eB\tau}{m^*} E_x \quad (6.14)$$

が導かれる．式 (6.14) から，電界 E_y が発生していることがわかる．つまり，電流の流れる方向（x 方向）と磁界の方向（z 方向）に垂直な方向（y 方向）に電界（起電力）が発生する．この効果を**ホール効果** (Hall effect) という．

このとき，x 軸方向の電流密度

$$j_x = n(-e)v_x = \frac{ne^2\tau}{m^*} E_x \tag{6.15}$$

を用いて，**ホール係数** (Hall coefficient) R_H が，次のように定義される．

$$R_\mathrm{H} \equiv \frac{E_y}{j_x B} = -\frac{1}{ne} \tag{6.16}$$

式 (6.16) からわかるように，ホール係数 R_H を測定すれば，伝導電子濃度 n を決定することができる．

◆ **サイクロトロン共鳴**　　伝導電子の有効質量 m^* は，サイクロトロン共鳴の実験によって決定することができる．**サイクロトロン共鳴** (cyclotron resonance) とは，結晶に磁界（磁束密度 $\boldsymbol{B}$, $|\boldsymbol{B}| = B$）を印加した状態で，結晶に電磁波を照射したとき，特定の周波数の電磁波が吸収される現象である．

伝導電子は，磁界中ではローレンツ力を受け，図 6.3 に示すように，円運動をする．このような運動を**サイクロトロン運動** (cyclotron motion) という．この円運動の半径を r，伝導電子の速さを v，電気素量を $e = 1.602 \times 10^{-19}$ C とすると，遠心力 m^*v^2/r とローレンツ力による向心力 evB がつりあって，次式が成り立つ．

$$\frac{m^*v^2}{r} = evB \tag{6.17}$$

したがって，サイクロトロン角周波数 $\omega_\mathrm{c} = v/r$ は

$$\omega_\mathrm{c} = \frac{v}{r} = \frac{eB}{m^*} \tag{6.18}$$

となる．たとえば，磁束密度 $B = 1\,\mathrm{G} = 10^{-4}\,\mathrm{T}$，伝導電子の有効質量 $m^* = 0.1 m_0$（m_0 は真空中の電子の質量）のとき，$\omega_\mathrm{c} = 1.76 \times 10^8\,\mathrm{rad\,s^{-1}}$ となる．この場合，サイクロトロン周波数 $f_\mathrm{c} = \omega_\mathrm{c}/(2\pi)$ は，$2.80 \times 10^7\,\mathrm{Hz}$ である．

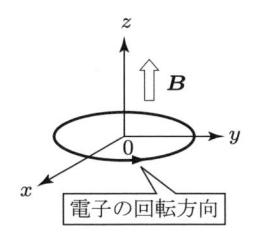

図 6.3　サイクロトロン運動

> **── Point ──**
> 金属中の伝導電子の物性値を得るための実験
> ホール効果 ────────── 濃度
> サイクロトロン共鳴 ────── 有効質量

6.2 自由電子気体の誘電関数

◆ **誘電関数** 第4章でも説明したように，金属中の伝導電子は，気体とみなすことができ，自由電子気体とよばれる．金属の比誘電率 (specific dielectric constant) ε は，自由電子気体の**誘電関数** (dielectric function) $\varepsilon(\omega, \mathbf{K})$ によって与えられる．この自由電子気体の誘電関数 $\varepsilon(\omega, \mathbf{K})$ は，金属に入射する電界の角周波数 ω と，金属中における電荷の周期性を表す波数ベクトル $\mathbf{K}$ に依存していることに注意してほしい．

◆ **電界，分極，電束密度** 金属の比誘電率 (specific dielectric constant) ε は，電界 $\mathbf{E}$ と分極（単位体積あたりの双極子モーメント）$\mathbf{P}$ を用いて，次式で定義される．

$$\mathbf{D} = \varepsilon_0 \mathbf{E} + \mathbf{P} = \varepsilon \varepsilon_0 \mathbf{E} \tag{6.19}$$

ここで，ε_0 は真空の誘電率である．

電束密度 $\mathbf{D}$ は，真電荷密度 ρ_{ext} だけに依存している．一方，電界 $\mathbf{E}$ は，真電荷密度 ρ_{ext} と誘導電荷密度 ρ_{ind} の和，すなわち全電荷密度 $\rho = \rho_{\text{ext}} + \rho_{\text{ind}}$ に依存している．これらの関係は，次式のように表される．

$$\text{div}\,\mathbf{D} = \text{div}\,\varepsilon\varepsilon_0 \mathbf{E} = \rho_{\text{ext}} \tag{6.20}$$

$$\text{div}\,\mathbf{E} = \frac{\rho}{\varepsilon_0} = \frac{\rho_{\text{ext}} + \rho_{\text{ind}}}{\varepsilon_0} \tag{6.21}$$

◆ **自由電子に対する運動方程式と分極** 1次元における電界 E 中の自由電子（質量 m，電荷 $-e$）に対する運動方程式は，平均衝突時間を τ とすると，

$$m\frac{d^2 x}{dt^2} + \frac{m}{\tau}\frac{dx}{dt} = -eE \tag{6.22}$$

である．ここで，電界 E が角周波数 ω で振動している場合を考えよう．このとき，自由電子の位置 x も角周波数 ω で振動すると考えられる．そこで，

$$x = x_0 \exp(-i\omega t) \tag{6.23}$$
$$E = E_0 \exp(-i\omega t) \tag{6.24}$$

とおいて，運動方程式 (6.22) に代入すると

$$x = \frac{e}{m\omega^2} \frac{1 - \mathrm{i}\frac{1}{\omega\tau}}{1 + \left(\frac{1}{\omega\tau}\right)^2} E \tag{6.25}$$

が得られる．電子 1 個の双極子モーメントは，

$$-ex = -\frac{e^2}{m\omega^2} \frac{1 - \mathrm{i}\frac{1}{\omega\tau}}{1 + \left(\frac{1}{\omega\tau}\right)^2} E \tag{6.26}$$

である．したがって，単位体積あたりの双極子モーメントすなわち分極 P は，伝導電子の濃度を n として，次のようになる．

$$P = n(-e)x = -\frac{ne^2}{m\omega^2} \frac{1 - \mathrm{i}\frac{1}{\omega\tau}}{1 + \left(\frac{1}{\omega\tau}\right)^2} E \tag{6.27}$$

定義から，分極の向きが，正の電荷の移動した方向であることに注意してほしい．

◆ **自由電子気体の比誘電率** 角周波数 ω で振動している電界中に存在する自由電子気体の比誘電率は，角周波数 ω の関数となる．いま，波数ベクトルを $\boldsymbol{K} = 0$ とすると，自由電子気体の誘電関数 $\varepsilon(\omega, 0)$ は次式で与えられる．

$$\varepsilon(\omega, 0) \equiv \frac{D(\omega)}{\varepsilon_0 E(\omega)} = 1 + \frac{P(\omega)}{\varepsilon_0 E(\omega)}$$

$$= 1 - \frac{ne^2}{\varepsilon_0 m\omega^2} \frac{1 - \mathrm{i}\frac{1}{\omega\tau}}{1 + \left(\frac{1}{\omega\tau}\right)^2} = 1 - \frac{\omega_\mathrm{p}^2}{\omega^2} \frac{1 - \mathrm{i}\frac{1}{\omega\tau}}{1 + \left(\frac{1}{\omega\tau}\right)^2} \tag{6.28}$$

ここで，次式で定義されるプラズマ角周波数 ω_p を用いた．

$$\omega_\mathrm{p}^2 \equiv \frac{ne^2}{\varepsilon_0 m} \tag{6.29}$$

◆ **正のイオン殻によるバックグラウンド** 正のイオン殻によるバックグラウンドの比誘電率が $\varepsilon(\infty)$ の場合，誘電関数は，次のようになる．

$$\varepsilon(\omega, 0) = \varepsilon(\infty) \left[1 - \frac{\tilde{\omega}_\mathrm{p}^2}{\omega^2} \frac{1 - \mathrm{i}\frac{1}{\omega\tau}}{1 + \left(\frac{1}{\omega\tau}\right)^2} \right] \tag{6.30}$$

ただし，ここで，次のようにおいた．

$$\tilde{\omega}_\mathrm{p}^2 \equiv \frac{ne^2}{\varepsilon(\infty)\varepsilon_0 m} \tag{6.31}$$

第6章 金属

◆ **複素屈折率** 屈折率の実部を n_r，消衰係数 (extinction coefficient) を κ として，複素屈折率 $\tilde{n}$ を

$$\tilde{n} = n_r + i\kappa \tag{6.32}$$

と定義すると，誘電関数との間に次のような関係が成り立つ．

$$\varepsilon(\omega, 0) = \tilde{n}^2 \tag{6.33}$$

式 (6.30)〜(6.33) から，次の関係が導かれる．

$$n_r^2 - \kappa^2 = \mathrm{Re}\bigl[\varepsilon(\omega, 0)\bigr] = \varepsilon(\infty)\left[1 - \frac{\tilde{\omega}_p^2}{\omega^2}\frac{1}{1 + \left(\frac{1}{\omega\tau}\right)^2}\right] \tag{6.34}$$

$$2n_r\kappa = \mathrm{Im}\bigl[\varepsilon(\omega, 0)\bigr] = \varepsilon(\infty)\frac{\tilde{\omega}_p^2}{\omega^2}\frac{\frac{1}{\omega\tau}}{1 + \left(\frac{1}{\omega\tau}\right)^2} \tag{6.35}$$

金属に入射する電界 E が，複素屈折率 $\tilde{n}$ と真空中の光速 c を用いて，

$$E = E_0 \exp\bigl[-i(\omega t - kx)\bigr], \quad k = \tilde{n}\frac{\omega}{c} \tag{6.36}$$

と表されるとき，消衰係数 $\kappa > 0$ が金属中での電界 E の減衰を表す．そして，$n_r^2 - \kappa^2 = \mathrm{Re}[\varepsilon(\omega, 0)] < 0$，すなわち $\omega < \tilde{\omega}_p$ であれば，電界 E は金属中で速やかに減衰し，大部分の電界は反射される．

▶ **例題 6.2** アルミニウム (Al) に波長 $\lambda = 0.6\,\mu\mathrm{m}$ の赤色光を入射する．アルミニウム (Al) における伝導電子の濃度を $n = 1.81 \times 10^{23}\,\mathrm{cm^{-3}}$，有効質量を $m = 1.48 m_0$ (m_0 は真空中の電子の質量) とするとき，入射光の角周波数 ω とプラズマ角周波数 $\tilde{\omega}_p$ との関係を調べよ．ただし，$\varepsilon(\infty) = 1.46$ とする．

解 入射光の角周波数 ω は，真空中の光速 c を用いて，次のようになる．

$$\omega = 2\pi\frac{c}{\lambda} = 3.14 \times 10^{15}\,\mathrm{rad\,s^{-1}} \tag{6.37}$$

プラズマ角周波数 ω_p は，式 (6.31) から次のような値になる．

$$\tilde{\omega}_p = \sqrt{\frac{ne^2}{\varepsilon(\infty)\varepsilon_0 m}} = 1.63 \times 10^{16}\,\mathrm{rad\,s^{-1}} \tag{6.38}$$

式 (6.37), (6.38) から $\omega < \tilde{\omega}_p$ であり，波長 $\lambda = 0.6\,\mu\mathrm{m}$ の赤色光がアルミニウム (Al) の表面で大部分反射されることがわかる．

6.3 静電しゃへい

自由電子気体中に正電荷が存在するとき，正電荷によって生じる電界は，正電荷からの距離 r が大きくなるにつれて，$1/r$ よりも急速に小さくなる．このような現象を**静電しゃへい** (electrostatic screening) という．

◆ **ポアソン方程式** 電荷密度 $-n_0 e$ の一様な自由電子気体が，正の電荷密度 $n_0 e$ のバックグラウンドに重ね合わされている場合を考えよう．ここでは，正の電荷密度 $\rho^+(x)$ と負の電荷密度 $\rho^-(x)$ が，それぞれ次のような空間分布をしていると仮定する．

$$\rho^+(x) = n_0 e + \widetilde{\rho}_{\text{ext}}(K) \sin Kx \tag{6.39}$$

$$\rho^-(x) = -n_0 e + \widetilde{\rho}_{\text{ind}}(K) \sin Kx \tag{6.40}$$

静電ポテンシャル $\varphi(x)$ と全電荷密度 $\rho(x) = \rho_{\text{ext}}(x) + \rho_{\text{ind}}(x)$ を

$$\varphi(x) = \widetilde{\varphi}(K) \sin Kx \tag{6.41}$$

$$\rho(x) = \widetilde{\rho}(K) \sin Kx \tag{6.42}$$

とおき，**ポアソン方程式** (Poisson equation)

$$\nabla^2 \varphi(x) = -\frac{\rho(x)}{\varepsilon_0} \tag{6.43}$$

に代入すると，次のような関係が得られる．

$$K^2 \widetilde{\varphi}(K) = \frac{\widetilde{\rho}(K)}{\varepsilon_0} \tag{6.44}$$

電荷密度 ρ を決めるために，位置 x における自由電子濃度 $n(x)$ をまず決定しよう．自由電子濃度 $n(x)$ は，単位体積あたりの状態数に等しいから，1辺 L の仮想的な立方体に対する周期的境界条件を考えると，

$$n(x) = 2 \times \frac{4\pi}{3} K^3 \div \left(\frac{2\pi}{L}\right)^3 \div L^3 = \frac{K^3}{3\pi^2} \tag{6.45}$$

となる．したがって，位置 x における自由電子1個のエネルギー $E(n(x))$ は，次のように，自由電子濃度 $n(x)$ の関数として表すことができる．

$$E(n(x)) = \frac{\hbar^2}{2m_0} K^2 = \frac{\hbar^2}{2m_0} [3\pi^2 n(x)]^{\frac{2}{3}} \tag{6.46}$$

さて，フェルミ準位 E_{F} は，

$$E_{\text{F}} \simeq E(n(x)) - e\varphi(x) \simeq E(n_0) \tag{6.47}$$

で与えられる．ここで，位置 x における自由電子 1 個のエネルギー $E(n(x))$ を n_0 のまわりでテイラー展開すると，次のようになる．

$$\begin{aligned} E(n(x)) &= E(n_0) + [n(x) - n_0]\left[\frac{\partial E}{\partial n}\right]_{n=n_0} \\ &= E(n_0) + [n(x) - n_0]\frac{2}{3n_0}E(n_0) \end{aligned} \quad (6.48)$$

式 (6.47)，(6.48) から，位置 x における自由電子濃度 $n(x)$ に対して，

$$n(x) - n_0 = \frac{3}{2}n_0\frac{e\varphi(x)}{E(n_0)} \simeq \frac{3}{2}n_0\frac{e\varphi(x)}{E_{\mathrm{F}}} \quad (6.49)$$

が導かれる．式 (6.49) の左辺は，誘導によって位置 x に生じた自由電子濃度を示しているから，誘導電荷密度 $\rho_{\mathrm{ind}}(x)$ は，次式で与えられる

$$\rho_{\mathrm{ind}}(x) = -e[n(x) - n_0] = -\frac{3n_0 e^2}{2E_{\mathrm{F}}}\varphi(x) \quad (6.50)$$

したがって，誘導電荷密度 $\rho_{\mathrm{ind}}(x)$ のフーリエ成分 $\widetilde{\rho}_{\mathrm{ind}}(K)$ は，

$$\widetilde{\rho}_{\mathrm{ind}}(K) = -\frac{3n_0 e^2}{2E_{\mathrm{F}}}\widetilde{\varphi}(K) = -\frac{3n_0 e^2}{2\varepsilon_0 E_{\mathrm{F}} K^2}\widetilde{\rho}(K) \quad (6.51)$$

となる．ここで，式 (6.44) を用いた．

以上から，誘電関数 $\varepsilon(\omega, K)$ に対して，次の関係が導かれる．

$$\varepsilon(0, K) = \frac{\widetilde{\rho}_{\mathrm{ext}}(K)}{\widetilde{\rho}(K)} = 1 - \frac{\widetilde{\rho}_{\mathrm{ind}}(K)}{\widetilde{\rho}(K)} = 1 + \frac{k_{\mathrm{s}}^2}{K^2} \quad (6.52)$$

ただし，ここで次のようにおいた．

$$k_{\mathrm{s}}^2 = \frac{3n_0 e^2}{2\varepsilon_0 E_{\mathrm{F}}} \quad (6.53)$$

◆ **しゃへいされたクーロン・ポテンシャル**　次に，点電荷 q が，自由電子気体の中に存在している場合を考える．しゃへいされていないクーロン・ポテンシャル (unscreened coulomb potential) に対するポアソン方程式は，

$$\nabla^2 \varphi_0(r) = -\frac{q}{\varepsilon_0}\delta(r) \quad (6.54)$$

である．ここで，φ_0 は $q/(4\pi\varepsilon_0 r)$ であるが，

$$\varphi_0(\boldsymbol{r}) = (2\pi)^{-3}\int d\boldsymbol{K}\,\widetilde{\varphi}_0(\boldsymbol{K})\exp(\mathrm{i}\,\boldsymbol{K}\cdot\boldsymbol{r}) \quad (6.55)$$

$$\delta(\boldsymbol{r}) = (2\pi)^{-3}\int d\boldsymbol{K}\,\exp(\mathrm{i}\,\boldsymbol{K}\cdot\boldsymbol{r}) \quad (6.56)$$

とおいて，ポアソン方程式に代入すると

$$K^2 \widetilde{\varphi}_0(K) = \frac{q}{\varepsilon_0} \tag{6.57}$$

となる．また，

$$\varepsilon(0, K) = \frac{\widetilde{\rho}_{\text{ext}}(K)}{\widetilde{\rho}(K)} = \frac{\widetilde{\varphi}_0(K)}{\widetilde{\varphi}(K)} \tag{6.58}$$

を用いると，

$$\widetilde{\varphi}(K) = \frac{q}{\varepsilon_0 \left(K^2 + k_s^2\right)} \tag{6.59}$$

が得られる．したがって，しゃへいされたクーロン・ポテンシャル (screened coulomb potential) は，次のように表される．

$$\varphi(r) = \frac{q}{4\pi\varepsilon_0 r} \exp(-k_s r) \tag{6.60}$$

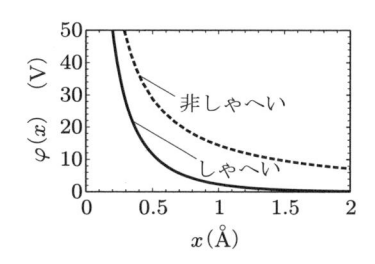

― Point ―
クーロン・ポテンシャル ――――――― $\frac{q}{4\pi\varepsilon_0 r}$

しゃへいされたクーロン・ポテンシャル ―― $\frac{q}{4\pi\varepsilon_0 r} \exp(-k_s r)$

▶例題 **6.3** クーロン・ポテンシャルとしゃへいされたクーロン・ポテンシャルを図示せよ．

解 図 6.4 にクーロン・ポテンシャル $\frac{q}{4\pi\varepsilon_0 r}$ を破線（図中には，「非しゃへい」と表示）で，しゃへいされたクーロン・ポテンシャル $\frac{q}{4\pi\varepsilon_0 r} \exp(-k_s r)$ を実線（図中には，「しゃへい」と表示）で示す．ただし，$k_s = 1.82 \times 10^{10} \, \text{m}^{-1}$ とした．この図から，距離 x が大きくなるにつれて，しゃへいされたクーロン・ポテンシャルのほうが，クーロン・ポテンシャルよりも急速に減衰することがわかる．

図 6.4 クーロン・ポテンシャルとしゃへいされたクーロン・ポテンシャル

演習問題

【6.1 電気伝導率】 伝導電子のドリフト速度を v とするとき，運動方程式

$$m^* \frac{dv}{dt} + \frac{m^* v}{\tau} = -eE \tag{6.61}$$

を用いて，角周波数 ω における電気伝導率 $\sigma(\omega)$ を求めよ．

【6.2 電気伝導率に対する磁界の影響】 静磁界（磁束密度 $B\hat{z}$）中に置かれている金属を考える．そして，この金属中の伝導電子の濃度を n，伝導電子1個の電荷を $-e$ とする．このとき，xy 面内における電流密度成分 j_x, j_y は，電界成分 E_x, E_y を用いてどのように表されるか．ただし，角周波数 ω に対して，$\omega \gg \omega_c$, $\omega \gg 1/\tau$ と仮定する．

【6.3 定常状態における電流密度】 式 (6.9) のドリフト速度理論に対して，定常状態の電流密度を示せ．また，$\omega_c \tau \gg 1$ のような高磁界のもとではどうなるか．

【6.4 プラズマ周波数と電気伝導率】 ある伝導体において，プラズマ角周波数を $\omega_p = 1.80 \times 10^{15}\,\mathrm{s}^{-1}$，電子の緩和時間を $\tau = 2.83 \times 10^{-15}\,\mathrm{s}$ とする．

(a) 電気伝導率を計算せよ．ただし，$\varepsilon(\infty) = 1$ とし，単位として $\Omega\,\mathrm{cm}^{-1}$ を用いること．
(b) 伝導電子の濃度が $4.7 \times 10^{21}\,\mathrm{cm}^{-3}$ であるとき，伝導電子の有効質量 m^* を求めよ．

【6.5 伝導率有効質量】 波数ベクトル $\boldsymbol{k}$ の方向によって有効質量が異なる場合，x, y, z 方向の有効質量をそれぞれ m_1^*, m_2^*, m_3^* とすると，結晶中の電流密度成分 j_x, j_y, j_z は，次のように表される．

$$j_x = n_c e \mu_1 E_x = \frac{n e^2 \tau}{m_1^*} E_x \tag{6.62}$$

$$j_y = n_c e \mu_2 E_y = \frac{n e^2 \tau}{m_2^*} E_y \tag{6.63}$$

$$j_z = n_c e \mu_3 E_z = \frac{n e^2 \tau}{m_3^*} E_z \tag{6.64}$$

ここで，n_c はキャリア濃度，e は電気素量，μ_1, μ_2, μ_3 は，それぞれ x, y, z 方向の移動度，τ は緩和時間である．結晶の対称性を考えると，結晶内での x, y, z 座標の選び方は任意である．では，実際の電流密度成分は，どのように表されるか．

第7章
半導体

● ● ● この章の目的 ● ● ●

半導体では，伝導電子と正孔が電気伝導に寄与する．この章では，伝導電子や正孔と半導体における不純物の関係，半導体に電界や磁界を印加したときの伝導電子と正孔のふるまいについて説明する．

● キーワード ●

真性半導体，伝導電子，正孔，有効質量，有効状態密度，真性キャリア濃度，真性フェルミ準位，不純物半導体，n型，p型，ドナー，アクセプター，ホール効果，非平衡半導体，直接遷移，間接遷移，重い正孔，軽い正孔

▶ 7.1 真性半導体

◆ **熱励起による伝導電子と正孔の生成**　一般に，室温での抵抗率が $10^{-2} \sim 10^9\,\Omega\,\mathrm{cm}$ の範囲にある固体を**半導体** (semiconductor) という．半導体としては，シリコン (Si)，ゲルマニウム (Ge) などの**単元素半導体** (element semiconductor) や，ヒ化ガリウム (GaAs)，リン化インジウム (InP)，窒化ガリウム (GaN) などの**化合物半導体** (compound semiconductor) がよく知られている．シリコン (Si) やゲルマニウム (Ge) はダイヤモンド構造をとり，ヒ化ガリウム (GaAs) やリン化インジウム (InP) は閃亜鉛鉱構造をとる．これらの構造を図 7.1 に示す．

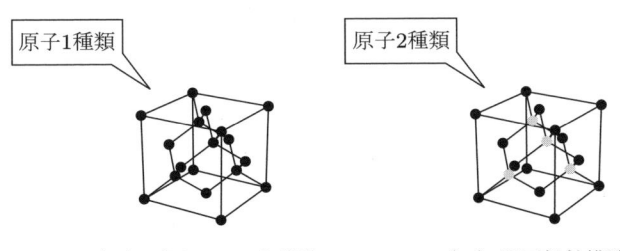

(a) ダイヤモンド構造　　(b) 閃亜鉛鉱構造

図 **7.1**　半導体の結晶構造

さて，不純物を含まない純粋な半導体を**真性半導体** (intrinsic semiconductor) という．図 7.2 に示すように，価電子帯に存在する電子が，熱エネルギーを受け取って，伝導帯に励起され，価電子帯には電子の抜け殻である**正孔** (hole) が生成される．伝導帯に励起された電子つまり**伝導電子** (conduction electron) と，価電子帯における正孔は，どちらも電気伝導に寄与する．したがって，温度が上がると，熱励起が活発になって，伝導電子と正孔の数が増えるので，真性半導体の抵抗は小さくなる．

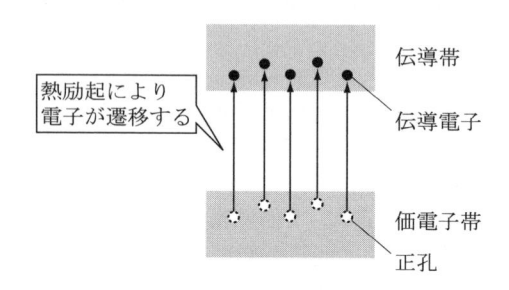

図 7.2 熱励起による価電子帯から伝導帯への電子の遷移

真性半導体では，熱励起によって伝導電子と正孔が生成するので，伝導電子の濃度 (concentration) n と正孔の濃度 p は等しい．つまり，

$$n = p \tag{7.1}$$

が成り立つ．

◆ **伝導電子の濃度**　伝導電子と正孔は，電荷の運び手となるので，**キャリア** (carrier) とよばれている．そして，電子は，量子力学において状態を指定する**スピン** (spin) 量子数の値として 1/2 をもつ**フェルミ粒子** (Fermi particle) なので，フェルミ統計にしたがって分布する．そこで，伝導電子の濃度（単位体積あたりの個数）n は，次式で与えられる．

$$\begin{aligned} n &= \int_{E_c}^{E_0} g(E - E_c) f(E) \, dE \simeq \int_{E_c}^{\infty} g(E - E_c) f(E) \, dE \\ &= N_c \exp\left(-\frac{E_c - E_F}{k_B T}\right) \end{aligned} \tag{7.2}$$

ここで，E_c は伝導帯のエネルギーが最小となる点，すなわち伝導帯の底（伝導帯のバンド端）のエネルギー，$g(E - E_c) = D_e(E - E_c)/L^3$ は伝導帯における単位体積あたりの状態密度，$f(E)$ はフェルミ–ディラック分布関数，E_0 は半導体の真空準位，k_B はボルツマン定数，T は絶対温度である．また，N_c は伝導帯における**有効状態密**

度 (effective density of states) とよばれ，伝導電子の有効質量 m_n とプランク定数 h を用いて，次のように定義される．

$$N_{\mathrm{c}} \equiv 2\left(\frac{2\pi m_n k_{\mathrm{B}} T}{h^2}\right)^{\frac{3}{2}} M_{\mathrm{c}} \tag{7.3}$$

ここで，M_{c} は，伝導帯のバンド端の数である．

◆ **伝導電子の状態密度有効質量** 一般に，伝導電子の有効質量 m_n は，波数ベクトルの方向によって異なる．波数ベクトルの主軸に沿った有効質量をそれぞれ $m_1{}^*$，$m_2{}^*$，$m_3{}^*$ と表すと，伝導電子の有効質量 m_n は，

$$m_n = m_{\mathrm{de}} \equiv \left(m_1{}^* m_2{}^* m_3{}^*\right)^{\frac{1}{3}} \tag{7.4}$$

と表される．式 (7.4) で定義した m_{de} を伝導帯の**状態密度有効質量** (density-of-state effective mass) という．たとえば，シリコン (Si) やゲルマニウム (Ge) では，**横有効質量** (transverse effective mass) m_{t} と**縦有効質量** (longitudinal effective mass) m_{l} を用いて

$$m_1{}^* = m_2{}^* = m_{\mathrm{t}}, \quad m_3{}^* = m_{\mathrm{l}} \tag{7.5}$$

と表され，この結果

$$m_n = m_{\mathrm{de}} = \left(m_{\mathrm{t}}{}^2 m_{\mathrm{l}}\right)^{\frac{1}{3}} \tag{7.6}$$

となる．なお，状態密度有効質量については，演習問題 5.7 を参照してほしい．

◆ **正孔の濃度** 一方，正孔の濃度 p は，

$$p = \int_{-\infty}^{E_{\mathrm{v}}} g(E_{\mathrm{v}} - E)\left[1 - f(E)\right] \mathrm{d}E \simeq N_{\mathrm{v}} \exp\left(-\frac{E_{\mathrm{F}} - E_{\mathrm{v}}}{k_{\mathrm{B}} T}\right) \tag{7.7}$$

で与えられる．ここで，E_{v} は価電子帯のエネルギーが最大となる点，すなわち価電子帯の頂上（価電子帯のバンド端）のエネルギー，$g(E_{\mathrm{v}} - E)$ は価電子帯における単位体積あたりの状態密度，N_{v} は価電子帯における有効状態密度であり，正孔の有効質量 m_p を用いて，

$$N_{\mathrm{v}} \equiv 2\left(\frac{2\pi m_p k_{\mathrm{B}} T}{h^2}\right)^{\frac{3}{2}} \tag{7.8}$$

で定義される．正孔の有効質量 m_p は，**重い正孔** (heavy hole) の有効質量 m_{hh} と**軽い正孔** (light hole) の有効質量 m_{lh} を用いて，

$$m_p = m_{\mathrm{dh}} \equiv \left(m_{\mathrm{hh}}^{\frac{3}{2}} + m_{\mathrm{lh}}^{\frac{3}{2}}\right)^{\frac{2}{3}} \tag{7.9}$$

と表される．式 (7.9) で定義した m_{dh} を価電子帯の状態密度有効質量という．なお，重い正孔と軽い正孔については，7.5 節で説明する．

◆ **真性キャリア濃度**　真性半導体におけるキャリア濃度，すなわち**真性キャリア濃度** (intrinsic carrier concentration) を n_{i} とすると，

$$n_{\mathrm{i}} = n = p \tag{7.10}$$

である．したがって，エネルギーギャップ $E_{\mathrm{g}} = E_{\mathrm{c}} - E_{\mathrm{v}}$ を用いて，

$$n_{\mathrm{i}}^2 = np = N_{\mathrm{c}} N_{\mathrm{v}} \exp\left(-\frac{E_{\mathrm{c}} - E_{\mathrm{v}}}{k_{\mathrm{B}} T}\right) = N_{\mathrm{c}} N_{\mathrm{v}} \exp\left(-\frac{E_{\mathrm{g}}}{k_{\mathrm{B}} T}\right) \tag{7.11}$$

という関係が成り立つ．この結果，真性キャリア濃度 n_{i} は，

$$n_{\mathrm{i}} = \sqrt{N_{\mathrm{c}} N_{\mathrm{v}}} \exp\left(-\frac{E_{\mathrm{c}} - E_{\mathrm{v}}}{2 k_{\mathrm{B}} T}\right) = \sqrt{N_{\mathrm{c}} N_{\mathrm{v}}} \exp\left(-\frac{E_{\mathrm{g}}}{2 k_{\mathrm{B}} T}\right) \tag{7.12}$$

と表される．なお，熱平衡状態では，真性半導体だけでなく，7.2 節で説明する不純物半導体（外因性半導体）でも，式 (7.11)，(7.12) が成り立つ．

◆ **真性フェルミ準位**　さて，真性半導体におけるフェルミ準位，すなわち**真性フェルミ準位** (intrinsic Fermi level) を E_{i} とすると，式 (7.2), (7.7), (7.10) から，真性キャリア濃度 n_{i} は，

$$n_{\mathrm{i}} = N_{\mathrm{c}} \exp\left(-\frac{E_{\mathrm{c}} - E_{\mathrm{i}}}{k_{\mathrm{B}} T}\right) = N_{\mathrm{v}} \exp\left(-\frac{E_{\mathrm{i}} - E_{\mathrm{v}}}{k_{\mathrm{B}} T}\right) \tag{7.13}$$

と表される．したがって，有効状態密度 N_{c} と N_{v} は，真性キャリア濃度 n_{i} と真性フェルミ準位 E_{i} を用いて，

$$N_{\mathrm{c}} = n_{\mathrm{i}} \exp\left(\frac{E_{\mathrm{c}} - E_{\mathrm{i}}}{k_{\mathrm{B}} T}\right) \tag{7.14}$$

$$N_{\mathrm{v}} = n_{\mathrm{i}} \exp\left(\frac{E_{\mathrm{i}} - E_{\mathrm{v}}}{k_{\mathrm{B}} T}\right) \tag{7.15}$$

と書き換えることができる．

7.1 真性半導体

> **Point**
> - 伝導電子の濃度を求めるには，次の三つのステップを用いる．
>   1. 電子が占有可能な状態数 $g(E)\,dE$ を考える．
>   2. 一つの状態を占有する電子の平均個数 $f(E)$ を考える．
>   3. 積 $g(E)f(E)\,dE$ をエネルギー E について積分する．
> - 熱平衡状態では，$np = n_i^2$ が成り立つ．

▶ 例題 7.1

(a) 伝導帯の底のエネルギー E_c，価電子帯の頂上のエネルギー E_v，絶対温度 T，有効状態密度 N_c, N_v を用いて，真性フェルミ準位 E_i を示せ．

(b) 伝導帯の底のエネルギー E_c，価電子帯の頂上のエネルギー E_v，絶対温度 T，状態密度有効質量 m_{de}, m_{dh} を用いて，真性フェルミ準位 E_i を示せ．

(c) 真性キャリア濃度 n_i，フェルミ準位 E_F，真性フェルミ準位 E_i，絶対温度 T を用いて，伝導電子濃度 n と正孔濃度 p を示せ．

解 (a) 真性フェルミ準位 E_i とは，真性半導体におけるフェルミ準位 E_F のことである．真性半導体では，伝導電子濃度 n と正孔濃度 p が等しいので，式 (7.2) と (7.7) から

$$N_c \exp\left(-\frac{E_c - E_i}{k_B T}\right) = N_v \exp\left(-\frac{E_i - E_v}{k_B T}\right) \tag{7.16}$$

が成り立つ．ただし，式 (7.2), (7.7) において，$E_F = E_i$ とおいた．式 (7.16) から，真性フェルミ準位 E_i は，次のように求められる．

$$E_i = \frac{1}{2}(E_c + E_v) + \frac{1}{2}k_B T \ln\frac{N_v}{N_c} \tag{7.17}$$

なお，エネルギーギャップ $E_g = E_c - E_v$ を用いると，真性フェルミ準位 E_i は，

$$E_i = E_v + \frac{1}{2}E_g + \frac{1}{2}k_B T \ln\frac{N_v}{N_c} \tag{7.18}$$

と表される．この結果から，真性フェルミ準位 E_i は，エネルギーギャップの中央 $E_g/2$ からわずかにずれていることがわかる．

(b) 式 (7.17) に式 (7.3), (7.4), (7.8), (7.9) を代入すると，次式が得られる．

$$E_i = \frac{1}{2}(E_c + E_v) + \frac{1}{2}k_B T \ln\left[\left(\frac{m_{dh}}{m_{de}}\right)^{\frac{3}{2}} \frac{1}{M_c}\right] \tag{7.19}$$

ここで，エネルギーギャップ $E_g = E_c - E_v$ を用いると，真性フェルミ準位 E_i は，次のようになる．

$$E_\mathrm{i} = E_\mathrm{v} + \frac{1}{2}E_\mathrm{g} + \frac{1}{2}k_\mathrm{B}T \ln\left[\left(\frac{m_\mathrm{dh}}{m_\mathrm{de}}\right)^{\frac{3}{2}} \frac{1}{M_\mathrm{c}}\right] \quad (7.20)$$

(c) 真性半導体では，式 (7.2) において，$n = n_\mathrm{i}$, $E_\mathrm{F} = E_\mathrm{i}$ とおくことができる．すなわち，

$$n_\mathrm{i} = N_\mathrm{c} \exp\left(-\frac{E_\mathrm{c} - E_\mathrm{i}}{k_\mathrm{B}T}\right) \quad (7.21)$$

が成り立つ．式 (7.21) から，伝導帯における有効状態密度 N_c は，

$$N_\mathrm{c} = n_\mathrm{i} \exp\left(\frac{E_\mathrm{c} - E_\mathrm{i}}{k_\mathrm{B}T}\right) \quad (7.22)$$

と表される．式 (7.22) を式 (7.2) に代入すると，電子濃度 n は，次のように表される．

$$n = n_\mathrm{i} \exp\left(-\frac{E_\mathrm{i} - E_\mathrm{F}}{k_\mathrm{B}T}\right) \quad (7.23)$$

同様にして，真性半導体では，式 (7.7) において，$p = n_\mathrm{i}$, $E_\mathrm{F} = E_\mathrm{i}$ とおくことができる．すなわち，

$$n_\mathrm{i} = N_\mathrm{v} \exp\left(-\frac{E_\mathrm{i} - E_\mathrm{v}}{k_\mathrm{B}T}\right) \quad (7.24)$$

が成り立つ．式 (7.24) から，価電子帯における有効状態密度 N_v は，

$$N_\mathrm{v} = n_\mathrm{i} \exp\left(\frac{E_\mathrm{i} - E_\mathrm{v}}{k_\mathrm{B}T}\right) \quad (7.25)$$

と表される．式 (7.25) を式 (7.7) に代入すると，正孔濃度 p は，次のように表される．

$$p = n_\mathrm{i} \exp\left(\frac{E_\mathrm{i} - E_\mathrm{F}}{k_\mathrm{B}T}\right) \quad (7.26)$$

▶7.2 不純物半導体

不純物を含んだ半導体を**不純物半導体**あるいは**外因性半導体** (extrinsic semiconductor) という．デバイスに用いる半導体では，電気伝導を制御するために，意図的に不純物が添加されていることが多い．このような目的で不純物を添加することを，**ドーピング** (doping) とよんでいる．そして，伝導帯に伝導電子を与える不純物を**ドナー** (donor)，価電子帯から電子を受け取る不純物を**アクセプター** (acceptor) という．また，伝導電子濃度 n が正孔濃度 p よりも大きい，すなわち $n > p$ である半導体を n 型半導体とよんでいる．一方，伝導電子濃度 n が正孔濃度 p よりも小さい，すなわ

ち $n < p$ である半導体を p 型半導体という．

◆ **半導体におけるホール効果** 電気素量 e を用いると，キャリアの電荷 q は，伝導電子に対して $-e$，正孔に対して e である．磁束密度 $\boldsymbol{B}\,(\neq 0)$ が z 軸の正の方向を向いている場合，半導体中のキャリアに対する運動方程式を x 軸，y 軸，z 軸方向の各成分に分けて示すと，次式のようになる．

$$
\begin{aligned}
m^* \left(\frac{\mathrm{d}}{\mathrm{d}t} + \frac{1}{\tau} \right) v_x &= q\left(E_x + B v_y\right) \\
m^* \left(\frac{\mathrm{d}}{\mathrm{d}t} + \frac{1}{\tau} \right) v_y &= q\left(E_y - B v_x\right) \\
m^* \left(\frac{\mathrm{d}}{\mathrm{d}t} + \frac{1}{\tau} \right) v_z &= q E_z
\end{aligned} \tag{7.27}
$$

定常状態 $(\mathrm{d}/\mathrm{d}t = 0)$ では，式 (7.27) は次のようになる．

$$v_x = \frac{q}{m^*}\tau E_x + \omega_\mathrm{c}\tau v_y \tag{7.28}$$

$$v_y = \frac{q}{m^*}\tau E_y - \omega_\mathrm{c}\tau v_x \tag{7.29}$$

$$v_z = \frac{q}{m^*}\tau E_z \tag{7.30}$$

ただし，ω_c は次式によって定義されるサイクロトロン角周波数である．

$$\omega_\mathrm{c} \equiv \frac{qB}{m^*} \tag{7.31}$$

ここで，x 軸方向の電界 E_x と z 軸方向の磁界（磁束密度 B）を試料に印加し，x 軸方向だけに電流が流れ，y 軸方向に電流が流れない場合を考えよう．このとき，y 軸方向の電流密度 $j_y = 0$ だから，$v_y = 0$ となる．したがって，式 (7.28), (7.29), (7.31) から

$$E_y = \omega_\mathrm{c} \tau E_x = \frac{qB\tau}{m^*} E_x \tag{7.32}$$

が導かれる．キャリア濃度を n_c とすると，x 軸方向の電流密度

$$j_x = n_\mathrm{c} q v_x = \frac{n_\mathrm{c} q^2 \tau}{m^*} E_x \tag{7.33}$$

を用いて，ホール係数 R_H が次のように定義される．

$$R_\mathrm{H} \equiv \frac{E_y}{j_x B} = \frac{1}{n_\mathrm{c} q} \tag{7.34}$$

式 (7.34) からわかるように，ホール係数 R_H の値から，キャリア濃度 n_c だけでなく，キャリアが伝導電子 ($R_\mathrm{H} = -1/(n_\mathrm{c}e) < 0$) か正孔 ($R_\mathrm{H} = 1/(n_\mathrm{c}e) > 0$) かの判別をすることもできる．

◆ **ドナー**　シリコン (Si) のような IV 族元素に，リン (P) のような V 族元素をドーピングした場合を考える．V 族元素では，最外殻電子が 5 個存在し，IV 族元素と結合すると，最外殻電子が 1 個余る．V 族元素が熱などのエネルギーを受け取って，この余った電子を伝導帯に放出すると，伝導帯における伝導電子濃度 n が大きくなる．つまり，V 族元素は，IV 族元素中でドナーとして機能することができる．このような場合の V 族元素のエネルギー準位を**ドナー準位** (donor level) という．図 7.3 のように，ドナー準位のエネルギー E_d は，伝導帯の底のエネルギー E_c よりも小さい．そして，ドナーからできるだけ効率よく伝導電子を供給できるように，ドナーのイオン化エネルギー $\Delta E_\mathrm{d} = E_\mathrm{c} - E_\mathrm{d}$ が数十 meV 以下になるような材料を V 族元素として選ぶことが多い．

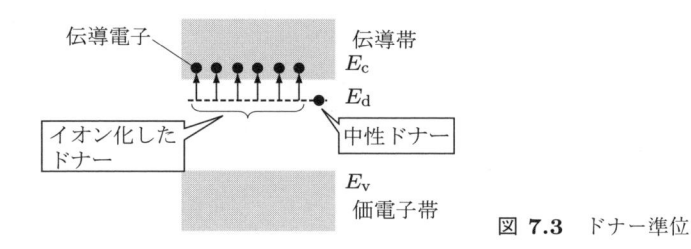

図 7.3　ドナー準位

最外殻電子が 1 個余っているとき，ドナーは電気的に中性である．そして，1 個余った最外殻電子のスピンの上向き，下向きに対応して，このような状態は 2 個存在する．ドナーが余った電子を伝導帯に放出すると，ドナーは負の電荷を失うので，ドナー自身は正のイオンになる．このような状態は，ただ 1 個である．図 7.4 に中性ドナーと

（a）中性ドナー　　　（b）イオン化したドナー

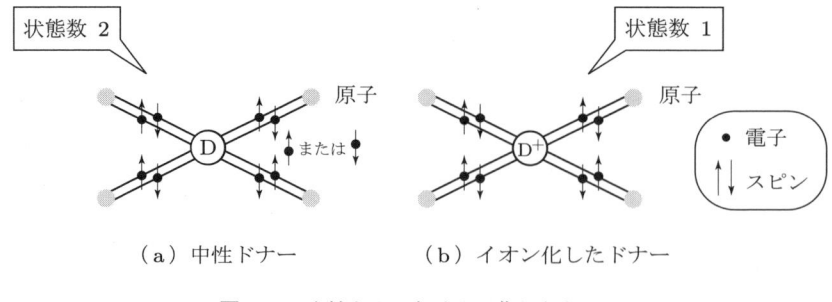

図 7.4　中性ドナーとイオン化したドナー

イオン化したドナーを模式的に示す．この図において，網掛けの大きな丸●が原子であり，矢印のついた小さな丸●が電子である．そして，矢印の向きによって，スピンの上向き，下向きを区別している．

---- Point ----
- ドナーは，熱エネルギーを受け取って，原子間結合に寄与しない余分な電子を伝導帯に放出する．
- 伝導帯に放出された電子は，伝導電子となり，電気伝導に寄与する．

▶ **例題 7.2** ドナーがイオン化している確率 $f(D^+)$ と，ドナーが電気的に中性である確率 $f(D)$ を求めよ．

解 付録 A.3.1 のギブス因子とギブス和の比から，$f(D^+)$ と $f(D)$ を求めることができる．ドナーがイオン化しているときは，電子はドナー準位を占めていない．このとき，ドナー準位を占める電子数 $N=0$，エネルギー $E=0$ である．このような状態はただ 1 個であり，ギブス因子は $\exp[(0 \times E_F - 0)/(k_B T)] = 1$ である．一方，ドナーが電気的に中性なときは，1 個の電子がドナー準位を占めている．このとき，ドナー準位を占める電子数 $N=1$，エネルギー $E=E_d$ だから，ギブス因子は $\exp[(1 \times E_F - E_d)/(k_B T)]$ となる．そして，ドナー準位を占める電子のスピンの上向き，下向きに対応して，このような状態は 2 個存在する．したがって，ギブス和 $\mathcal{Z}$ は，次のようになる．

$$\mathcal{Z} = 1 + \exp\left(\frac{E_F - E_d}{k_B T}\right) + \exp\left(\frac{E_F - E_d}{k_B T}\right) = 1 + 2\exp\left(\frac{E_F - E_d}{k_B T}\right) \quad (7.35)$$

この結果，ドナー準位が空，すなわちドナーがイオン化している確率 $f(D^+)$ は，次式で与えられる．

$$f(D^+) = \frac{1}{\mathcal{Z}} = \frac{1}{1 + 2\exp\left[(E_F - E_d)/(k_B T)\right]} \quad (7.36)$$

一方，ドナー準位が電子によって占有されている場合，すなわちドナーが中性である確率 $f(D)$ は，次のようになる．

$$f(D) = \frac{2\exp\left[(E_F - E_d)/(k_B T)\right]}{\mathcal{Z}} = \frac{1}{1 + \frac{1}{2}\exp\left[(E_d - E_F)/(k_B T)\right]} \quad (7.37)$$

◆ **アクセプター** シリコン (Si) のような IV 族元素に，ホウ素 (B) のような III 族元素をドーピングした場合を考える．III 族元素では，最外殻電子が 3 個存在し，IV 族元素と結合するとき，最外殻電子が 1 個不足する．このとき，III 族元素が，熱などのエネルギーによって励起された価電子帯の電子を受け取ると，価電子帯に正孔が生成

される．つまり，価電子帯における正孔濃度 p が大きくなる．つまり，III 族元素は，IV 族元素中でアクセプターとしてはたらくことができる．このような場合の III 族元素のエネルギー準位を**アクセプター準位** (acceptor level) という．図 7.5 のように，アクセプター準位のエネルギー E_a は，価電子帯の頂上のエネルギー E_v よりも大きい．そして，アクセプターができるだけ効率よく価電子帯から電子を受容できるように，アクセプターのイオン化エネルギー $\Delta E_a = E_a - E_v$ が数十 meV 以下になるような材料を III 族元素として選ぶことが多い．

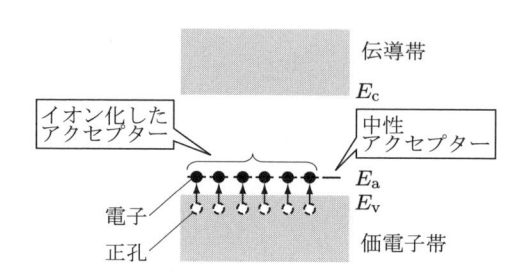

図 7.5 アクセプター準位

最外殻電子が 1 個不足しているとき，アクセプターは電気的に中性である．そして，結合に寄与していない IV 族原子の最外殻電子のスピンの上向き，下向きに対応して，このような状態は 2 個存在する．さらに，価電子帯が重い正孔帯と軽い正孔帯から構成されている場合，状態数は 4 個になる．アクセプターが電子を価電子帯から受け取ると，アクセプターは負の電荷を得るので，アクセプター自身は負のイオンになる．このような状態は，ただ 1 個である．図 7.6 に中性アクセプターとイオン化したアクセプターを模式的に示す．この図においても，網掛けの大きな丸●が原子であり，矢印のついた小さな丸 • が電子である．そして，矢印の向きによって，スピンの上向き，下向きを区別している．

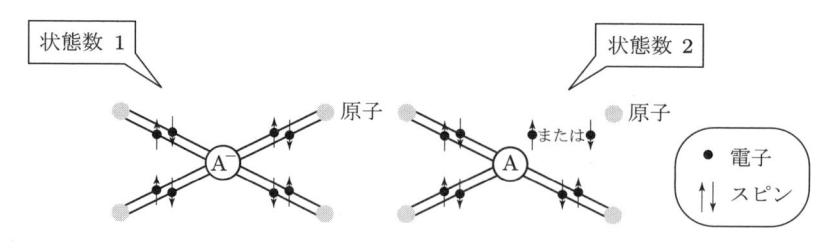

(a) イオン化したアクセプター　(b) 中性アクセプター

図 7.6 中性アクセプターとイオン化したアクセプター

Point
- アクセプターは，熱エネルギーによって価電子帯から励起された電子を受容する．
- 価電子帯には，電子の抜け殻である正孔が生じ，電気伝導に寄与する．

▶ **例題 7.3** アクセプターがイオン化している確率 $f(A^-)$ と，アクセプターが電気的に中性である確率 $f(A)$ を求めよ．

解 付録 A.3.1 のギブス因子とギブス和の比から，$f(A^-)$ と $f(A)$ を求めることができる．アクセプターがイオン化しているときは，電子はアクセプター準位を占めている．このとき，アクセプター準位を占める電子数 $N = 1$，エネルギー $E = E_a$ である．このようなとき，アクセプターは周囲の原子と正四面体結合をしており，結合に寄与していない最外殻電子をもっていない．したがって，このような状態はただ 1 個であり，ギブス因子は $\exp[(1 \times E_F - E_a)/(k_B T)]$ である．一方，アクセプターが電気的に中性なときは，電子はアクセプター準位を占めていない．このとき，アクセプター準位を占める電子数 $N = 0$，エネルギー $E = 0$ だから，ギブス因子は $\exp[(0 \times E_F - 0)/(k_B T)] = 1$ となる．そして，IV 族原子の最外殻電子のうち 1 個の電子が原子間の結合に寄与しておらず，この結合に寄与していない電子のスピンの上向き，下向きに対応して，このような状態は 2 個存在する．

したがって，ギブス和 $\mathcal{Z}$ は，次のようになる．

$$\mathcal{Z} = \exp\left(\frac{E_F - E_a}{k_B T}\right) + 1 + 1 = \exp\left(\frac{E_F - E_a}{k_B T}\right) + 2 \tag{7.38}$$

この結果，アクセプター準位が電子によって占有されている場合，すなわちアクセプターがイオン化している確率 $f(A^-)$ は，次式で与えられる．

$$f(A^-) = \frac{\exp\left[(E_F - E_a)/(k_B T)\right]}{\mathcal{Z}} = \frac{1}{1 + 2\exp\left[(E_a - E_F)/(k_B T)\right]} \tag{7.39}$$

一方，アクセプター準位が空，すなわちアクセプターが中性である確率 $f(A)$ は，次のようになる．

$$f(A) = \frac{2}{\mathcal{Z}} = \frac{1}{1 + \frac{1}{2}\exp\left[(E_F - E_a)/(k_B T)\right]} \tag{7.40}$$

▶ **例題 7.4** n 型半導体におけるフェルミ準位 E_F と電子濃度 n との関係を図示せよ．また，p 型半導体におけるフェルミ準位 E_F と正孔濃度 p との関係を図示せよ．

解 n 型半導体の場合，式 (7.2) から，次のようになる．

$$E_\mathrm{F} = E_\mathrm{c} - k_\mathrm{B} T \ln \frac{N_\mathrm{c}}{n} \tag{7.41}$$

一方，p 型半導体の場合，式 (7.7) から，次のように表される．

$$E_\mathrm{F} = E_\mathrm{v} + k_\mathrm{B} T \ln \frac{N_\mathrm{v}}{p} \tag{7.42}$$

シリコン (Si) の場合の計算結果を示すと，図 7.7 のようになる．なお，縦軸は，フェルミ準位 E_F と価電子帯の頂上のエネルギー E_v との差 $E_\mathrm{F} - E_\mathrm{v}$ とした．ここで，式 (7.3)，(7.6)，(7.8)，(7.9) と，演習問題 7.2 の表 7.2 の値を用いた．また，シリコン (Si) の場合，$(\pm k_0, 0, 0)$，$(0, \pm k_0, 0)$，$(0, 0, \pm k_0)$ において伝導帯のエネルギーが最小となるから，式 (7.3) において，$M_\mathrm{c} = 6$ である．なお，k_0 は伝導帯のエネルギーが最小となるときの波数ベクトルの大きさである．

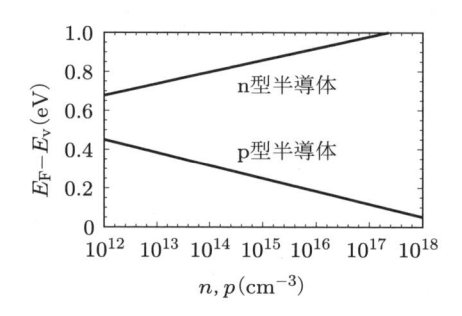

図 7.7 フェルミ準位 E_F と電子濃度 n，正孔濃度 p との関係

▶ **例題 7.5**　n 型半導体と p 型半導体において，フェルミ準位 E_F と絶対温度 T との関係を図示せよ．ただし，伝導電子濃度 n と正孔濃度 p との間には，

$$n = p + \Delta n \tag{7.43}$$

の関係があるとし，Δn をパラメータとせよ．

解　式 (7.11) に式 (7.43) を代入すると，

$$np = (p + \Delta n)p = n_\mathrm{i}^2 \tag{7.44}$$

となる．ここで，$p > 0$ であることに注意して，2 次方程式 (7.44) を解くと，

$$n = \frac{1}{2}\left[\Delta n + \sqrt{(\Delta n)^2 + 4n_\mathrm{i}^2}\right] \tag{7.45}$$

$$p = \frac{1}{2}\left[-\Delta n + \sqrt{(\Delta n)^2 + 4n_i{}^2}\right] \tag{7.46}$$

が得られる．n 型半導体では $\Delta n > 0$，p 型半導体では $\Delta n < 0$ であり，式 (7.41)，(7.42) に式 (7.45)，(7.46) を代入すると，図 7.8 のようになる．なお，縦軸は，フェルミ準位 E_F と価電子帯の頂上のエネルギー E_v との差 $E_F - E_v$ とした．

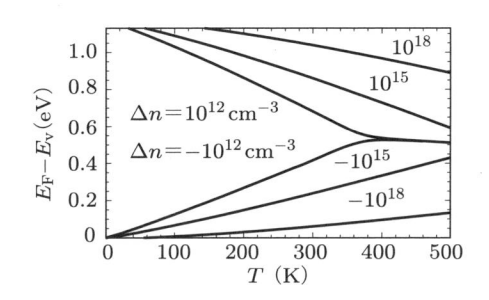

図 7.8 フェルミ準位 E_F と絶対温度 T との関係

7.3 半導体中の電気伝導

◆ **ドリフト電流** 半導体中のキャリアは，結晶を構成している原子や不純物に衝突しながら，半導体中を移動する．平均衝突時間を τ とすると，キャリアに対する運動方程式は，

$$m^* \frac{d\boldsymbol{v}}{dt} = q\boldsymbol{E} - \frac{m^*\boldsymbol{v}}{\tau} \tag{7.47}$$

と表すことができる．ここで，m^* はキャリアの有効質量，$\boldsymbol{v}$ はキャリアの速度，t は時間，q はキャリアの電荷，$\boldsymbol{E}$ は電界である．なお，波数ベクトルの主軸に沿った有効質量をそれぞれ $m_1{}^*$, $m_2{}^*$, $m_3{}^*$ と表すと，キャリアの有効質量 m^* は，

$$\frac{1}{m^*} = \frac{1}{m_c} \equiv \frac{1}{3}\left(\frac{1}{m_1{}^*} + \frac{1}{m_2{}^*} + \frac{1}{m_3{}^*}\right) \tag{7.48}$$

と表される．式 (7.48) で定義した m_c をキャリアの**伝導率有効質量** (conductivity effective mass) という．たとえば，ゲルマニウム (Ge) やシリコン (Si) では，伝導電子の伝導率有効質量 m_c は，式 (7.5) から

$$m_c = \frac{3m_t m_l}{m_t + 2m_l} \tag{7.49}$$

となる．なお，伝導率有効質量については，演習問題 6.5 を参照してほしい．

さて、定常状態 $(\mathrm{d}/\mathrm{d}t = 0)$ では、キャリアの速度 $\boldsymbol{v}$ は、

$$|\boldsymbol{v}| = \left|\frac{q\tau}{m^*}\right||\boldsymbol{E}| \equiv \mu|\boldsymbol{E}| \tag{7.50}$$

となり、ここで定義したキャリアの速度 $\boldsymbol{v}$ と電界 $\boldsymbol{E}$ との間の比例係数

$$\mu \equiv \left|\frac{q\tau}{m^*}\right| \tag{7.51}$$

をキャリアの移動度という。

キャリア濃度を n_c とすると、電界 $\boldsymbol{E}$ によって単位面積を流れる電流、すなわちドリフト電流密度 $\boldsymbol{j}_\mathrm{d}$ は、

$$\boldsymbol{j}_\mathrm{d} = n_\mathrm{c} q \boldsymbol{v} = n_\mathrm{c} q \mu \boldsymbol{E} = \frac{n_\mathrm{c} q^2 \tau}{m^*} \boldsymbol{E} \equiv \sigma \boldsymbol{E} \tag{7.52}$$

$$\sigma = \frac{n_\mathrm{c} q^2 \tau}{m^*} \tag{7.53}$$

と表される。ここで、σ は半導体の電気伝導率である。

伝導電子と正孔の 2 種類のキャリアが存在するときは、ドリフト電流密度の大きさ j_d は、

$$j_\mathrm{d} = e(n\mu_n + p\mu_p)E \tag{7.54}$$

と表される。ここで、n と p はそれぞれ伝導電子濃度と正孔濃度、μ_n と μ_p はそれぞれ伝導電子の移動度と正孔の移動度である。

▶ 例題 7.6　伝導電子濃度 n が $n = n_\mathrm{i}(\mu_p/\mu_n)^{\frac{1}{2}}$ を満たすとき、半導体の抵抗率 ρ が最大となることを示せ。ただし、μ_n, μ_p は、それぞれ伝導電子、正孔の移動度である。また、絶対温度 $T = 300\,\mathrm{K}$ におけるシリコン (Si) の抵抗率の最大値を求め、真性シリコン (Si) の値と比較せよ。ただし、絶対温度 $T = 300\,\mathrm{K}$ におけるシリコン (Si) の伝導電子と正孔の移動度は、それぞれ $\mu_n = 1500\,\mathrm{cm}^2\,\mathrm{V}^{-1}\,\mathrm{s}^{-1}$, $\mu_p = 450\,\mathrm{cm}^2\,\mathrm{V}^{-1}\,\mathrm{s}^{-1}$ とする。

解　伝導電子と正孔の 2 種類のキャリアが存在するときは、抵抗率 ρ は、式 (7.54) から次式で与えられる。

$$\rho = \frac{1}{\sigma} = \frac{1}{e(n\mu_n + p\mu_p)} \tag{7.55}$$

ここで、n は伝導電子濃度、p は正孔濃度である。次に式 (7.55) の右辺の分母、分子に n を乗じ、$np = n_\mathrm{i}^2$ を用いて式 (7.55) を書き換えると、

$$\rho = \frac{n}{e(n^2\mu_n + n_\mathrm{i}^2\mu_p)} \tag{7.56}$$

となる．図 7.9 に，絶対温度 $T = 300\,\mathrm{K}$ におけるシリコン (Si) の抵抗率 ρ を伝導電子濃度 n の関数として示す．

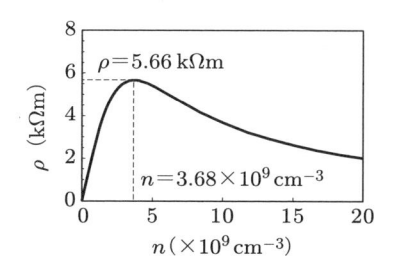

図 **7.9** 300 K におけるシリコン (Si) の抵抗率 ρ

抵抗率 ρ が，伝導電子濃度 n に対して最大値をとるのは，$\mathrm{d}\rho/\mathrm{d}n = 0$ すなわち

$$\frac{\mathrm{d}\rho}{\mathrm{d}n} = \frac{{n_\mathrm{i}}^2 \mu_p - n^2 \mu_n}{e(n^2 \mu_n + {n_\mathrm{i}}^2 \mu_p)^2} = 0 \tag{7.57}$$

を満たすときである．したがって，式 (7.57) から，次の条件で抵抗率 ρ が最大となる．

$$n = n_\mathrm{i}\sqrt{\frac{\mu_p}{\mu_n}} \tag{7.58}$$

絶対温度 $T = 300\,\mathrm{K}$ において，シリコン (Si) の伝導電子と正孔の移動度は，それぞれ $\mu_n = 1500\,\mathrm{cm^2\,V^{-1}\,s^{-1}}$，$\mu_p = 450\,\mathrm{cm^2\,V^{-1}\,s^{-1}}$ である．また，真性キャリア濃度は，演習問題 7.2 の解答中の表 7.2 から $n_\mathrm{i} = 6.71 \times 10^9\,\mathrm{cm^{-3}}$ である．これらの数値を式 (7.58) に代入すると，伝導電子濃度 n は

$$n = 6.71 \times 10^9\,\mathrm{cm^{-3}} \times \sqrt{\frac{450\,\mathrm{cm^2\,V^{-1}\,s^{-1}}}{1500\,\mathrm{cm^2\,V^{-1}\,s^{-1}}}} = 3.68 \times 10^9\,\mathrm{cm^{-3}} < n_\mathrm{i} \tag{7.59}$$

と求められる．このとき，抵抗率 ρ は，次のようになる．

$$\rho = \frac{n_\mathrm{i}(\mu_p/\mu_n)^{\frac{1}{2}}}{e({n_\mathrm{i}}^2 \mu_p + {n_\mathrm{i}}^2 \mu_p)} = \frac{1}{2en_\mathrm{i}(\mu_n \mu_p)^{\frac{1}{2}}} = 5.66 \times 10^5\,\Omega\,\mathrm{cm} = 5.66\,\mathrm{k\Omega\,m} \tag{7.60}$$

◆ **拡散電流**　キャリア濃度に勾配があると，**拡散** (diffusion) による電流が流れる．たとえば，x 方向に濃度勾配があれば，伝導電子（濃度 n）による拡散電流密度 j_n と正孔（濃度 p）による拡散電流密度 j_p は，

$$j_n = -e\left(-D_n \frac{\mathrm{d}n}{\mathrm{d}x}\right) = eD_n \frac{\mathrm{d}n}{\mathrm{d}x} \tag{7.61}$$

$$j_p = e\left(-D_p \frac{dp}{dx}\right) = -eD_p \frac{dp}{dx} \tag{7.62}$$

と表される．ここで，D_n と D_p は，それぞれ伝導電子と正孔の**拡散係数** (diffusion coefficient) であり，拡散係数 D_n, D_p と移動度 μ_n, μ_p との間には，つぎのような**アインシュタインの関係** (Einstein's relation) が成り立つ．

$$\frac{D_n}{\mu_n} = \frac{D_p}{\mu_p} = \frac{k_B T}{e} \tag{7.63}$$

Point

半導体中の電流
  ドリフト電流 ——— 電界に比例
  拡散電流 ——— キャリア濃度の勾配に比例

7.4 非平衡半導体

◆ **擬フェルミ準位**　　光励起や電流注入により，n と p が平衡状態の濃度に比べてきわめて大きくなると，一つのフェルミ準位でフェルミ-ディラック分布関数を記述できなくなる．そこで，伝導帯，価電子帯それぞれがフェルミ-ディラック分布をしていると仮定し，次のように表す．

$$f_c(E) = \frac{1}{1 + \exp\left(\frac{E - E_{Fc}}{k_B T}\right)} \tag{7.64}$$

$$f_v(E) = \frac{1}{1 + \exp\left(\frac{E - E_{Fv}}{k_B T}\right)} \tag{7.65}$$

ここで導入した E_{Fc} と E_{Fv} を**擬フェルミ準位** (quasi-Fermi levels) という．

◆ **ドリフト電流と拡散電流**　　伝導帯の擬フェルミ準位が，半導体結晶中で場所によらず一定の場合，伝導電子は熱平衡および拡散平衡状態にある．したがって，伝導電子電流は流れない．これに対して，擬フェルミ準位が勾配をもっていると，次のような伝導電子電流密度 j_n をもつ電流が流れる．

$$j_n = \mu_n n \operatorname{grad} E_{Fc} \tag{7.66}$$

ここで，μ_n は伝導電子の移動度である．

不純物半導体において，

$$n_\mathrm{i} \ll n \ll N_\mathrm{c} \tag{7.67}$$

ならば，式 (7.41) において，フェルミ準位 E_F を伝導帯における擬フェルミ準位 E_Fc でおきかえて，次のようになる．

$$E_\mathrm{Fc} = E_\mathrm{c} - k_\mathrm{B}T \ln \frac{N_\mathrm{c}}{n} \tag{7.68}$$

したがって，式 (7.66) は次のように書き換えられる．

$$\boldsymbol{j}_n = \mu_n n \,\mathrm{grad}\, E_\mathrm{c} + \mu_n k_\mathrm{B}T \,\mathrm{grad}\, n \tag{7.69}$$

伝導帯のバンド端 E_c の勾配は，静電ポテンシャルを φ とすると，$-e\varphi$ に等しいから，

$$\mathrm{grad}\, E_\mathrm{c} = -e\, \mathrm{grad}\, \varphi = e\boldsymbol{E} \tag{7.70}$$

と表される．ここで，$\boldsymbol{E}$ は電界である．また，式 (7.63) のアインシュタインの関係から，拡散係数 D_n は，

$$D_n = \frac{\mu_n k_\mathrm{B}T}{e} \tag{7.71}$$

である．以上から，式 (7.69) の伝導電子電流密度 $\boldsymbol{j}_n$ は，次のように表される．

$$\boldsymbol{j}_n = e\mu_n n\boldsymbol{E} + eD_n\, \mathrm{grad}\, n \tag{7.72}$$

式 (7.72) の第 1 項 $e\mu_n n\boldsymbol{E}$ がドリフト電流密度を，第 2 項 $eD_n\, \mathrm{grad}\, n$ が拡散電流密度を表している．このように，擬フェルミ準位の勾配によって，ドリフト電流密度と拡散電流密度を表すことができる．

正孔電流密度 $\boldsymbol{j}_p$ は，同様な計算をおこなって，次のように表される．

$$\boldsymbol{j}_p = \mu_p p\, \mathrm{grad}\, E_\mathrm{Fv} = e\mu_p p\boldsymbol{E} - eD_p\, \mathrm{grad}\, p \tag{7.73}$$

◆ **再結合中心を介した電子と正孔の再結合**　図 7.10 に示すように，再結合中心を介した伝導電子と正孔の再結合を考えよう．この再結合中心のエネルギー準位は，エネルギーギャップ内に存在し，そのエネルギーを E_t とする．

まず，伝導帯-再結合中心間の遷移について考えよう．伝導帯から再結合中心への伝導電子の遷移レート，すなわち再結合中心による伝導電子の捕獲レート R_ct が

$$R_\mathrm{ct} = \sigma_n v_\mathrm{th} n N_\mathrm{t} (1 - f_\mathrm{t}) \tag{7.74}$$

であると仮定する．ここで，σ_n は伝導電子と再結合中心との衝突断面積，v_th はキャリアの熱速度である．ここでは，伝導電子が，単位時間あたり長さ v_th，断面積 σ_n の

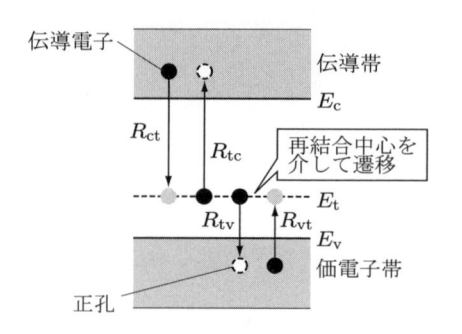

図 7.10 再結合中心を介した電子と正孔の再結合

空間に入ると再結合中心と衝突し，伝導電子が再結合中心に捕獲されると考えている．また，n は伝導電子濃度，N_t は再結合中心の濃度，f_t は再結合中心の一つの状態を占有している電子の平均個数である．つまり，再結合中心による伝導電子の捕獲レート R_ct は，伝導電子濃度 n と，電子によって占有されていない再結合中心の濃度 $N_\mathrm{t}(1-f_\mathrm{t})$ に比例し，その比例係数を $\sigma_n v_\mathrm{th}$ としている．

再結合中心から伝導帯への電子の遷移レート，すなわち再結合中心による伝導電子の放出レート R_tc を次のようにおく．

$$R_\mathrm{tc} = e_n N_\mathrm{t} f_\mathrm{t} \tag{7.75}$$

ここで，e_n は単位時間あたりに 1 個の再結合中心が電子を伝導帯に放出する確率である．

再結合準位のスピン多重度を無視し，f_t としてフェルミ-ディラック分布を考えると，次のようになる．

$$f_\mathrm{t} = \frac{1}{1 + \exp\left(\dfrac{E_\mathrm{t} - E_\mathrm{F}}{k_\mathrm{B} T}\right)} \tag{7.76}$$

これから，熱平衡状態における伝導帯-再結合中心間の遷移について考えよう．熱平衡状態では，二つの遷移レート R_ct と R_tc とがつりあっているから，

$$R_\mathrm{ct} = R_\mathrm{tc} \tag{7.77}$$

が成り立つ．また，式 (7.23) から，伝導電子濃度 n は，

$$n = n_\mathrm{i} \exp\left(-\frac{E_\mathrm{i} - E_\mathrm{F}}{k_\mathrm{B} T}\right) \tag{7.78}$$

と表される．ここで，n_i は真性キャリア濃度，E_i は真性フェルミ準位である．

式 (7.74)〜(7.78) から，単位時間あたりに 1 個の再結合中心が電子を伝導帯に放出する確率 e_n は，次のように表すことができる．

$$e_n = \sigma_n v_{\text{th}} n_{\text{i}} \exp\left(-\frac{E_{\text{i}} - E_{\text{t}}}{k_{\text{B}} T}\right) \tag{7.79}$$

次に，価電子帯−再結合中心間の遷移について考えよう．再結合中心から価電子帯への電子の遷移レート，すなわち再結合中心による正孔の捕獲レート R_{tv} が，

$$R_{\text{tv}} = \sigma_p v_{\text{th}} p N_{\text{t}} f_{\text{t}} \tag{7.80}$$

であると仮定する．ここで，σ_p は正孔と再結合中心との衝突断面積，v_{th} はキャリアの熱速度である．ここでも，正孔が，単位時間あたり長さ v_{th}，断面積 σ_p の空間に入ると再結合中心と衝突し，正孔が再結合中心に捕獲されると考えている．また，p は正孔濃度である．つまり，再結合中心による正孔の捕獲レート R_{tv} は，正孔濃度 n と，電子によって占有されている再結合中心の濃度 $N_{\text{t}} f_{\text{t}}$ に比例し，その比例係数を $\sigma_p v_{\text{th}}$ としている．

価電子帯から再結合中心への電子の遷移レート，すなわち再結合中心による正孔の放出レート R_{vt} を次のようにおく．

$$R_{\text{vt}} = e_p N_{\text{t}} (1 - f_{\text{t}}) \tag{7.81}$$

ただし，e_p は単位時間あたりに 1 個の再結合中心が正孔を価電子帯に放出する確率である．

ここで，熱平衡状態における価電子帯−再結合中心間の遷移について着目しよう．熱平衡状態では，二つの遷移レート R_{tv} と R_{vt} とがつりあっているから，

$$R_{\text{tv}} = R_{\text{vt}} \tag{7.82}$$

が成り立つ．また，式 (7.26) から，正孔濃度 p は，次式で与えられる．

$$p = n_{\text{i}} \exp\left(\frac{E_{\text{i}} - E_{\text{F}}}{k_{\text{B}} T}\right) \tag{7.83}$$

式 (7.76), (7.80)〜(7.83) から，単位時間あたりに 1 個の再結合中心が正孔を価電子帯に放出する確率 e_p は，次のように表すことができる．

$$e_p = \sigma_n v_{\text{th}} n_{\text{i}} \exp\left(\frac{E_{\text{i}} - E_{\text{t}}}{k_{\text{B}} T}\right) \tag{7.84}$$

これまでは熱平衡状態を扱ってきたが，半導体に光を照射したときや電流を注入したときのような，非平衡状態におけるキャリア濃度の変動レート dn/dt と dp/dt を求

めてみよう.非平衡状態では,伝導電子濃度 n と正孔濃度 p が熱平衡状態から大きくかけ離れ,もはや $np = n_\mathrm{i}^2$ は成り立たない.そこで,電子正孔対が発生するレートを G とすると,次のようになる.

$$\frac{dn}{dt} = G - R_\mathrm{ct} + R_\mathrm{tc} \tag{7.85}$$

$$\frac{dp}{dt} = G - R_\mathrm{tv} + R_\mathrm{vt} \tag{7.86}$$

定常状態 ($d/dt = 0$) では,式 (7.85),(7.86) から,発生レート G を消去して,

$$-R_\mathrm{ct} + R_\mathrm{tc} = -R_\mathrm{tv} + R_\mathrm{vt} \tag{7.87}$$

が成り立つ.

式 (7.74),(7.75),(7.79)～(7.81),(7.84) を式 (7.87) に代入して整理すると,再結合中心の一つの状態を占有している電子の平均個数 f_t は,次のように表される.

$$f_\mathrm{t} = \frac{\sigma_n n + \sigma_p n_\mathrm{i} \exp\left(\dfrac{E_\mathrm{i} - E_\mathrm{t}}{k_\mathrm{B}T}\right)}{\sigma_n \left[n + n_\mathrm{i} \exp\left(-\dfrac{E_\mathrm{i} - E_\mathrm{t}}{k_\mathrm{B}T}\right)\right] + \sigma_p \left[p + n_\mathrm{i} \exp\left(\dfrac{E_\mathrm{i} - E_\mathrm{t}}{k_\mathrm{B}T}\right)\right]} \tag{7.88}$$

式 (7.85),(7.86) から,キャリアの再結合レートを $-U$ とすると,

$$U = R_\mathrm{ct} - R_\mathrm{tc} = R_\mathrm{tv} - R_\mathrm{vt} \tag{7.89}$$

であり,式 (7.74),(7.75),(7.79)～(7.81),(7.84),(7.88) を式 (7.89) に代入すると,

$$U = \frac{\sigma_n \sigma_p v_\mathrm{th} N_\mathrm{t} \left(np - n_\mathrm{i}^2\right)}{\sigma_n \left[n + n_\mathrm{i} \exp\left(-\dfrac{E_\mathrm{i} - E_\mathrm{t}}{k_\mathrm{B}T}\right)\right] + \sigma_p \left[p + n_\mathrm{i} \exp\left(\dfrac{E_\mathrm{i} - E_\mathrm{t}}{k_\mathrm{B}T}\right)\right]} \tag{7.90}$$

が得られる.

熱平衡状態における伝導電子濃度と正孔濃度をそれぞれ n_0, p_0 とすると,$n_0 p_0 = n_\mathrm{i}^2$ である.また,$\sigma_n = \sigma_p = \sigma$ とすると,式 (7.90) は次式のようになる.

$$U = \frac{np - n_0 p_0}{n + p + 2n_\mathrm{i} \cosh\left(\dfrac{E_\mathrm{t} - E_\mathrm{i}}{k_\mathrm{B}T}\right)} \sigma v_\mathrm{th} N_\mathrm{t} \tag{7.91}$$

7.5 エネルギーバンドと有効質量

◆ **直接遷移と間接遷移**　伝導帯の底から価電子帯の頂上への電子の遷移を考えよう．伝導帯の底と価電子帯の頂上が，波数空間（k 空間）上で一致している半導体を**直接遷移** (direct transition) 型半導体という．一方，伝導帯の底と価電子帯の頂上とが，波数空間上で一致していない半導体を**間接遷移** (indirect transition) 型半導体という．図 7.11 に直接遷移と間接遷移の概略を示す．

遷移の際に運動量保存則が成り立つので，直接遷移ではフォノンが介在しないが，間接遷移ではフォノンが介在する．遷移確率が，直接遷移では光学遷移確率だけで決まるのに対して，間接遷移では光学遷移確率とフォノン遷移確率との積で与えられる．したがって，直接遷移のほうが，間接遷移よりも遷移確率が大きい．

遷移確率が大きいと，光利得が大きくなり発光効率が増すので，発光デバイスに対しては，直接遷移型半導体（GaAs, AlGaAs, InP, InGaAsP, InGaN 系などの化合物半導体）が適している．シリコン (Si) は，電子デバイスの材料としてよく用いられているが，間接遷移型半導体であり，発光効率が低いので，発光デバイスの材料としては用いられていない．

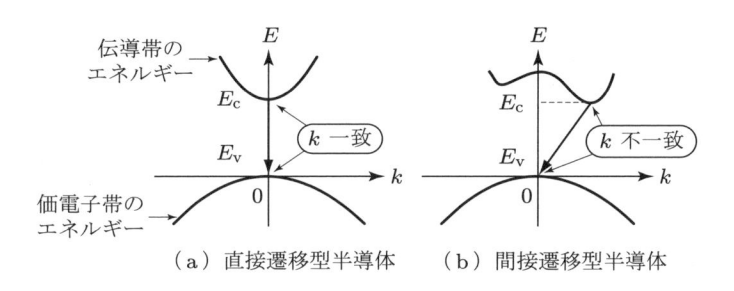

（a）直接遷移型半導体　　（b）間接遷移型半導体

図 7.11　直接遷移型半導体と間接遷移型半導体

Point
エネルギー保存則と運動量保存則を満たして，光学遷移が起こる．

さて，電子は，エネルギーギャップ内の値のエネルギーをもつことはできない．しかし，半導体に不純物を添加すれば，不純物原子のエネルギー準位（不純物準位）がエネルギーギャップ内に形成される．また，結晶内の欠陥によって，伝導電子や正孔をトラップする捕獲中心が形成され，捕獲中心のエネルギー準位（捕獲準位）がエネルギーギャップ内に生じることもある．電子と正孔が一対となって励起子が形成されると，励起子準位ができるが，この励起子準位もエネルギーギャップ内に形成される．

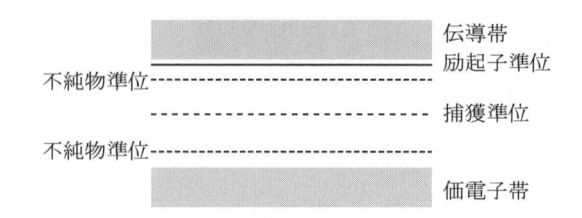

図 7.12 エネルギーギャップ内に形成される不純物準位，捕獲準位，励起子準位

これらのエネルギーギャップ内に形成される準位を図 7.12 に示す．

◆ **有効質量** 　エネルギーバンドは，シュレーディンガー方程式の解として求められる．そして，波動関数 $\exp(i\boldsymbol{k}\cdot\boldsymbol{r})$ の波数ベクトル $\boldsymbol{k}$ の成分の関数として，エネルギーバンドを図示することが多い．直接遷移型半導体の場合，バンド端付近のバンド図は，図 7.13 のようになる．価電子帯は，重い正孔 (heavy hole) 帯，軽い正孔 (light hole) 帯，スプリット-オフ (split-off) 帯の三つのバンドから構成される．

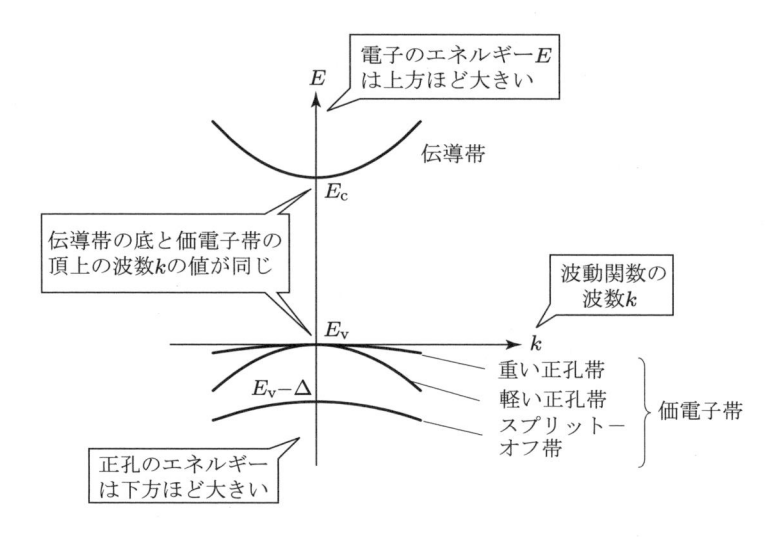

図 7.13 直接遷移型半導体のバンド端付近の概略

さて，量子力学では，質量 m をもつ自由粒子の運動エネルギー E_0 が

$$E_0 = \frac{\hbar^2 k^2}{2m} \tag{7.92}$$

と表される．なお，$\hbar = h/(2\pi)$ はディラック定数，h はプランク定数，k は波数ベクトルの大きさである．半導体結晶中の電子や正孔に対しても，式 (7.92) と同様な形で

電子のエネルギーを表すと，エネルギーに対する表式が簡単となる．このため，

$$\left(\frac{1}{m}\right)_{ij} \equiv \frac{1}{\hbar^2}\frac{\partial^2 E}{\partial k_i \partial k_j} \tag{7.93}$$

によって，有効質量を定義する．図 7.13 における価電子帯の重い正孔，軽い正孔は，この有効質量の大きさに対応している．有効質量は，結晶のポテンシャルの影響を質量として取り込んだものであると考えることができる．

ゲルマニウム (Ge) やシリコン (Si) では，バンド端の等エネルギー面は，回転楕円体となる．回転楕円体の縦軸と磁界との間の角度を θ とすると，有効サイクロトロン質量 m_c は

$$\frac{1}{m_c^2} = \frac{\cos^2\theta}{m_t^2} + \frac{\sin^2\theta}{m_t m_l} \tag{7.94}$$

と表される．ここで，m_t は横方向質量パラメータ，m_l は縦方向質量パラメータである．

Point

ゲルマニウム (Ge) やシリコン (Si) では，
バンド端の等エネルギー面は，回転楕円体となる．

演習問題

【7.1 原子濃度】 ゲルマニウム (Ge)，シリコン (Si)，ヒ化ガリウム (GaAs) について，表 7.1 の原子量と（重量）密度を用いて，原子濃度（原子数密度）N をそれぞれ求めよ．ただし，アボガドロ定数 (Avogadro's constant) N_A は，$N_A = 6.022 \times 10^{23}\,\mathrm{mol}^{-1}$ である．

表 7.1 Ge，Si，GaAs の原子量と（重量）密度

半導体材料	原子量	（重量）密度 $(\mathrm{g\,cm^{-3}})$
ゲルマニウム (Ge)	72.6	5.33
シリコン (Si)	28.1	2.33
ヒ化ガリウム (GaAs)	144.6	5.32

【7.2 半導体の純度】 真性半導体で必要とされる純度として，真性キャリア濃度 n_i と原子濃度 N との比，すなわち n_i/N を指標とする．このとき，ゲルマニウム (Ge)，シリコン (Si)，ヒ化ガリウム (GaAs) の純度をそれぞれ求めよ．ただし，絶対温度 $T = 300\,\mathrm{K}$ であり，各半導体材料の伝導電子と正孔の有効質量 m_l，m_t，m_{lh}，m_{hh} の値や，エネルギーギャップ E_g の値については，表 7.2 の値を利用せよ．ここで，$m_0 = 9.109 \times 10^{-31}\,\mathrm{kg}$ は，真空における電子の質量である．

表 7.2 Ge, Si, GaAs の有効質量とエネルギーギャップ

半導体材料	m_l/m_0	m_t/m_0	m_{lh}/m_0	m_{hh}/m_0	E_g (eV)
ゲルマニウム (Ge)	1.64	0.082	0.044	0.28	0.66
シリコン (Si)	0.98	0.19	0.16	0.49	1.12
ヒ化ガリウム (GaAs)	0.067		0.082	0.45	1.424

【7.3 真性半導体の電気伝導率と最小電気伝導率】 電気伝導率は，次式で与えられる．

$$\sigma = e(n\mu_n + p\mu_p) \tag{7.95}$$

ここで，μ_n と μ_p は，それぞれ電子と正孔の移動度である．なお，大部分の半導体では，$\mu_n > \mu_p$ である．

(a) 電気伝導率が最小のとき，正味のイオン化された不純物濃度 $\Delta N = N_d^+ - N_a^-$ を求めよ．また，最小電気伝導率 $\sigma_{\min}$ を計算せよ．そして，真性半導体の電気伝導率 σ_i と比較せよ．

(b) 表 7.3 の値を用いて，シリコン (Si) とアンチモン化インジウム (InSb) に対して，300 K における ΔN, $\sigma_{\min}$, $\sigma_{\min}/\sigma_i$ の値を求めよ．

表 7.3 300 K におけるシリコン (Si) とアンチモン化インジウム (InSb) の物理量

	Si	InSb
μ_n	1350 cm^2 V^{-1} s^{-1}	77000 cm^2 V^{-1} s^{-1}
μ_p	480 cm^2 V^{-1} s^{-1}	750 cm^2 V^{-1} s^{-1}
N_c	2.7×10^{19} cm^{-3}	4.6×10^{16} cm^{-3}
N_v	1.1×10^{19} cm^{-3}	6.2×10^{18} cm^{-3}
E_g	1.14 eV	0.18 eV

【7.4 不純物半導体】 IV 族のシリコン (Si) 中において，V 族のヒ素 (As) の濃度を 5×10^{16} cm^{-3}，III 族のホウ素 (B) の濃度を 4.9×10^{16} cm^{-3} とする．このとき，絶対温度 $T = 300$ K において，(a) 伝導型，(b) 多数キャリア濃度，(c) 少数キャリア濃度を求めよ．ただし，簡単のため，不純物であるヒ素 (As) とホウ素 (B) は，すべてイオン化すると考える．

【7.5 電気的中性条件】

(a) n 型半導体において，濃度 N_d のドナーだけが不純物として存在すると仮定する．このとき，伝導電子濃度 n と正孔濃度 p を求めよ．また，$N_d \gg n_i$ のとき，伝導電子濃度 n と正孔濃度 p は，どうなるか．

(b) p 型半導体において，濃度 N_a のアクセプターだけが不純物として存在すると仮定する．このとき，伝導電子濃度 n と正孔濃度 p を求めよ．また，$N_a \gg n_i$ のとき，伝導電子濃度 n と正孔濃度 p は，どうなるか．

【7.6 n 型半導体】 n 型半導体において，ドナーのイオン化エネルギー ΔE_d が，熱エネルギー $k_B T$ に比べて十分大きいとき，伝導電子の濃度 n を求めよ．

【7.7 ドナーのイオン化エネルギー】 ボーア (Bohr) の原子モデルによれば，水素原子のエネルギー準位 E_n および電子軌道半径 a_n は，次式で与えられる．

$$E_n = -\frac{m_0 e^4}{8\varepsilon_0^2 h^2} \cdot \frac{1}{n^2}, \quad a_n = \frac{\varepsilon_0 h^2}{\pi m_0 e^2} \cdot \frac{1}{n^2} \tag{7.96}$$

ここで，$m_0 = 9.109 \times 10^{-31}\,\mathrm{kg}$ は真空における電子の質量，$e = 1.602 \times 10^{-19}\,\mathrm{C}$ は電気素量，$\varepsilon_0 = 8.854 \times 10^{-12}\,\mathrm{F\,m^{-1}}$ は真空の誘電率，$h = 6.626 \times 10^{-34}\,\mathrm{J\,s}$ はプランク定数，n は主量子数である．このとき，次の問いに答えよ．

(a) 基底状態 ($n=1$) における水素原子のエネルギー，すなわち水素原子のイオン化エネルギー E_1 と電子軌道半径 a_1 を計算せよ．
(b) 半導体内の 1 個のドナー原子は，水素原子と同様なふるまいをしていると考えられる．したがって，ドナー原子のイオン化エネルギー，すなわち，ドナー準位 E_d と，電子軌道半径 a_d が次式で与えられることを示せ．

$$E_\mathrm{d} = E_1 \cdot \frac{m_\mathrm{c}}{m_0} \left(\frac{1}{\varepsilon_\mathrm{s}}\right)^2, \quad a_\mathrm{d} = a_1 \cdot \frac{m_0}{m_\mathrm{c}} \varepsilon_\mathrm{s} \tag{7.97}$$

ただし，m_c は伝導電子の伝導率有効質量，ε_s は比誘電率である．
(c) シリコン (Si) およびヒ化ガリウム (GaAs) のドナー準位 E_d と，電子軌道半径 a_d を求めよ．ただし，シリコン (Si) の比誘電率は 11.8，ヒ化ガリウム (GaAs) の比誘電率は 13.1 である．
(d) ヒ化ガリウム (GaAs) は，シリコン (Si) よりも浅い不純物準位をもちうる．この理由について説明せよ．

【7.8 伝導電子と正孔が共存するときのホール効果】 伝導電子と正孔が共存する半導体を考える．伝導電子に対して，濃度を n，緩和時間を τ_n，有効質量を m_n とする．また，正孔に対して，濃度を p，緩和時間を τ_p，有効質量を m_p とする．このとき，ホール係数 R_H を求めよ．

【7.9 正味のドナー濃度が低い半導体】 正味のドナー濃度 Δn が真性濃度 n_i に比べて十分低いとき，伝導電子の濃度 n と正孔の濃度 p を計算せよ．

【7.10 抵抗率と不純物濃度】 ゲルマニウム (Ge) ($N_\mathrm{c} = 1.0 \times 10^{19}\,\mathrm{cm^{-3}}$, $N_\mathrm{v} = 5.2 \times 10^{18}\,\mathrm{cm^{-3}}$, $E_\mathrm{g} = 0.67\,\mathrm{eV}$) の抵抗率が $\rho = 20\,\Omega\,\mathrm{cm}$ のとき，正味の不純物濃度を計算せよ．伝導型が (a) n 型の場合と，(b) p 型の場合について求めよ．ただし，伝導電子と正孔の移動度を，それぞれ $\mu_n = 3900\,\mathrm{cm^2\,V^{-1}\,s^{-1}}$，$\mu_p = 1900\,\mathrm{cm^2\,V^{-1}\,s^{-1}}$ とする．

【7.11 サイクロトロン共鳴】 伝導帯に対して，次のエネルギー面を考える．

$$E(k) = \hbar^2 \left(\frac{k_x{}^2 + k_y{}^2}{2m_\mathrm{t}} + \frac{k_z{}^2}{2m_\mathrm{l}}\right) \tag{7.98}$$

ここで，m_t は横方向質量，m_l は縦方向質量である．静磁界（磁束密度 B）が xy 面内に存在するとき，サイクロトロン角周波数 ω_c を求めよ．

第8章 誘電体

> ● ● ● この章の目的 ● ● ●
>
> 誘電体には，キャリアが存在しない．ただし，誘電体に外部から静電界が印加されると電荷分布が変化し，分極が生ずる．この章では，分極のふるまいから，誘電体の性質を説明する．
>
> ● キーワード ●
>
> マクスウェル方程式，分極，電気双極子モーメント，反分極電界，電気感受率，局所電界，ローレンツ電界，ローレンツの関係，分極率，強誘電体，相転移，ランダウの自由エネルギー，キュリー温度

8.1 マクスウェル方程式と分極

◆ **誘電体と分極** 誘電体 (dielectrics) には，キャリアが存在しない．したがって，誘電体に外部から静電界を印加しても，誘電体に電流は流れない．このことから，誘電体は，**絶縁体** (insulator) の別称であるといってもよい．ただし，誘電体に外部から時間的に変動する電界を印加すると，変位電流は流れる．

誘電体に外部から静電界 E_0 が印加されると，電荷分布が変化し，分極が生ずる．この様子を図 8.1 に示す．図 8.1 (a) が中性原子を，図 8.1 (b) が電気双極子を表している．なお，$+q$, $-q$ は，それぞれ正負の電荷である．電荷分布の変化によって分極 P が生じ，誘電体の特性は，この分極 P によって表される．

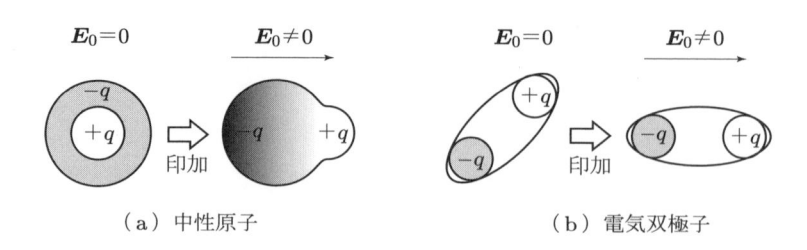

（a）中性原子　　　　　　　　（b）電気双極子

図 **8.1** 外部から電界が印加されたときの電荷分布の変化

◆ **マクスウェル方程式**　マクスウェル方程式 (Maxwell equations) にもとづいて，分極 P について考えよう．マクスウェル方程式は，次のように表される．

$$\text{rot}\,\boldsymbol{H} = \nabla \times \boldsymbol{H} = \boldsymbol{j} + \frac{\partial \boldsymbol{D}}{\partial t} \tag{8.1}$$

$$\text{rot}\,\boldsymbol{E} = \nabla \times \boldsymbol{E} = -\frac{\partial \boldsymbol{B}}{\partial t} \tag{8.2}$$

$$\text{div}\,\boldsymbol{E} = \nabla \cdot \boldsymbol{E} = \frac{\rho}{\varepsilon_0} = \frac{\rho_0 + \rho_{\text{ind}}}{\varepsilon_0} \tag{8.3}$$

$$\text{div}\,\boldsymbol{B} = \nabla \cdot \boldsymbol{B} = 0 \tag{8.4}$$

ここで，H は磁界，j は電流密度，D は電束密度，E は電界，B は磁束密度，ρ は電荷密度，ε_0 は真空の誘電率，ρ_0 は真電荷，ρ_{ind} は誘導電荷である．なお，電束密度 D は，次式で与えられる．

$$\boldsymbol{D} = \varepsilon_0 \boldsymbol{E} + \boldsymbol{P} = \varepsilon\varepsilon_0 \boldsymbol{E} \tag{8.5}$$

ただし，P は**分極** (polarization)，ε は**比誘電率** (specific dielectric constant) である．ここで，電界 E が，外部から印加した電界 E_0 と，分極 P によって外部電界 E_0 を打ち消すように生じた電界との合成電界であることに注意してほしい．

◆ **分　極**　分極 P は，単位体積あたりの**電気双極子モーメント** (electric dipole moment)，すなわち電気双極子モーメントを単位体積にわたって加え合わせたものである．

図 8.2(a) のように，電荷 $+q_n$，$-q_n$ が存在するとき，電気双極子モーメント p は，図 8.2(b) のように表され，次式で与えられる．

$$\boldsymbol{p} = q_n \boldsymbol{r}_n \tag{8.6}$$

ここで，r_n は電荷 $-q_n$ から電荷 $+q_n$ に向かう位置ベクトルである．電荷が移動するときは，電気双極子モーメント p と分極 P の方向は，正の電荷が移動する方向である．

電気双極子が原点に存在するとき，位置 r における電界は，次式で与えられる．

（a）電気双極子　　（b）双極子モーメント

図 **8.2** 電気双極子モーメント

$$E(r) = \frac{3(p \cdot r)r - r^2 p}{4\pi\varepsilon_0 r^5} \tag{8.7}$$

電気双極子モーメント p が z 軸方向を向いているとき，円柱座標 (r, θ) を用いると，電位 φ と電界の各軸方向成分 E_x，E_y，E_z は，次式で表される．図 8.3 に，z 軸方向を向いた電気双極子モーメント p と，その周囲の電界 E を示す．

$$\varphi = p\frac{\cos\theta}{4\pi\varepsilon_0 r^2} \tag{8.8}$$

$$E_x = E_y = 3p\frac{\sin\theta\cos\theta}{4\pi\varepsilon_0 r^3}, \quad E_z = p\frac{3\cos^2\theta - 1}{4\pi\varepsilon_0 r^3} \tag{8.9}$$

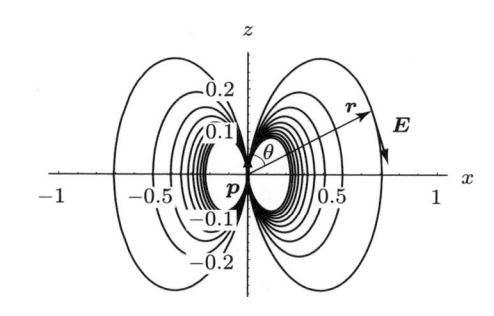

図 8.3 電気双極子による電界 E

――― Point ―――
- 誘電体の性質は，分極 P によって表される．
- 分極 P の方向は，正の電荷が移動する方向である．

8.2 巨視的な電界

◆ 反分極電界　　誘電体に外部から電界 E_0 を印加すると，分極 P が生ずる．この分極 P によって，外部から印加された電界 E_0 を打ち消すような**反分極電界** (depolarization electric field) E_1 が生ずる．この結果，巨視的な (macroscopic) 全電界 E は，

$$E = E_0 + E_1 \tag{8.10}$$

となる．なお，反分極電界 E_1 の各軸方向成分は，次のように表される．

$$E_{1x} = -\frac{N_x P_x}{\varepsilon_0}, \quad E_{1y} = -\frac{N_y P_y}{\varepsilon_0}, \quad E_{1z} = -\frac{N_z P_z}{\varepsilon_0} \tag{8.11}$$

ここで，負の符号 − は反分極電界の方向が外部電界と反対方向であることを示している．また，N_x，N_y，N_z は，**反分極因子** (depolarization factor) である．外部電界

の方向を x 軸方向に選んだとき ($\boldsymbol{E}_0 = E_0\hat{\boldsymbol{x}}$), 試料の形状と反分極因子 N_x との関係は表 8.1 のようになる.

表 8.1 $\boldsymbol{E}_0 = E_0\hat{\boldsymbol{x}}$ の場合の試料の形状と反分極因子 N_x との関係

試料の形状	N_x
球	$1/3$
yz 面に広がった薄板	1
z 軸方向の長軸をもつ円柱	$1/2$

---- **Point** ----
- 外部電界 $\boldsymbol{E}_0$ によって, 分極 $\boldsymbol{P}$ が生ずる.
- 分極 $\boldsymbol{P}$ によって, 外部電界 $\boldsymbol{E}_0$ を打ち消すような反分極電界 $\boldsymbol{E}_1$ が生ずる.

▶ **例題 8.1** 外部電界 $\boldsymbol{E}_0 = E_0\hat{\boldsymbol{x}}$ を誘電体球に印加したとき, 反分極因子 N_x を求めよ.

解 図 8.4(a) のように, 誘電体球に x 軸方向の電界 $\boldsymbol{E}_0$ が外部から印加され, 誘電体球が一様な分極 $\boldsymbol{P}$ をもつとする. この様子は, 図 8.4(b) のように, 一様な正の電荷密度 ρ をもつ誘電体球と, 一様な負の電荷密度 $-\rho$ をもつ誘電体球が, x 方向に $\boldsymbol{x}_0$ だけ平行移動して重ね合わされたと考えられる. このとき, 分極 $\boldsymbol{P}$ は次のようになる.

$$\boldsymbol{P} = \rho\boldsymbol{x}_0 \tag{8.12}$$

図 8.4(c) のような, 誘電体球よりも小さな半径 r をもつ球を閉曲面とする. そして, 対称性を考慮してガウスの法則を用い, 誘電体球内の電界を求める. いま, 一様な正の電荷密度 ρ をもつ誘電体球の中心から, 求めるべき点に引いた位置ベクトルを $\boldsymbol{r}_+$ とする. ガウスの法則から, 一様な正の電荷密度 ρ による誘電体球内の電界 $\boldsymbol{E}_+$ は, $r_+ = |\boldsymbol{r}_+|$ として, 次のように表される.

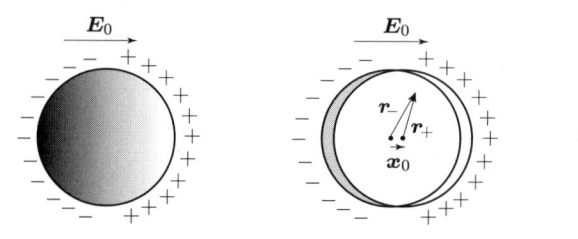

(a) 誘電体球の分極　　(b) 計算モデル　　(c) 閉曲面

図 8.4 誘電体球における分極

$$4\pi r_+^2 \boldsymbol{E}_+ = \frac{4\pi r_+^3}{3}\frac{\rho}{\varepsilon_0}\frac{\boldsymbol{r}_+}{r_+} \tag{8.13}$$

したがって，電界 $\boldsymbol{E}_+$ は次のようになる．

$$\boldsymbol{E}_+ = \frac{\rho}{3\varepsilon_0}\boldsymbol{r}_+ \tag{8.14}$$

一様な負の電荷密度 $-\rho$ をもつ誘電体球の中心から，求めるべき点に引いた位置ベクトルを $\boldsymbol{r}_-$ とすると，一様な負の電荷密度 $-\rho$ による誘電体球内の電界 $\boldsymbol{E}_-$ は，同様な計算から，次のようになる．

$$\boldsymbol{E}_- = -\frac{\rho}{3\varepsilon_0}\boldsymbol{r}_- \tag{8.15}$$

分極 $\boldsymbol{P}$ によって生じた反分極電界 $\boldsymbol{E}_1$ は，$\boldsymbol{E}_+$ と $\boldsymbol{E}_-$ の合成電界であり，式 (8.14)，(8.15) から，次のように表される．

$$\boldsymbol{E}_1 = \boldsymbol{E}_+ + \boldsymbol{E}_- = \frac{\rho}{3\varepsilon_0}(\boldsymbol{r}_+ - \boldsymbol{r}_-) \tag{8.16}$$

ここで，図 8.4(b) から

$$\boldsymbol{r}_- = \boldsymbol{r}_+ + \boldsymbol{x}_0 \tag{8.17}$$

という関係があることに着目すると，反分極電界 $\boldsymbol{E}_1$ は，次のように表される

$$\boldsymbol{E}_1 = -\frac{\rho}{3\varepsilon_0}\boldsymbol{x}_0 = -\frac{\boldsymbol{P}}{3\varepsilon_0} \tag{8.18}$$

ただし，最後の等号のところで式 (8.12) を用いた．いま，反分極電界 $\boldsymbol{E}_1$，分極 $\boldsymbol{P}$ とも x 成分だけをもつので，式 (8.11) と (8.18) の比較から，次の結果が得られる．

$$N_x = \frac{1}{3} \tag{8.19}$$

▶ 例題 8.2 外部電界 $\boldsymbol{E}_0 = E_0\hat{\boldsymbol{x}}$ を yz 面に広がった誘電体板に印加したとき，反分極因子 N_x を求めよ．

解 図 8.5(a) のように，誘電体板に x 軸方向の電界 $\boldsymbol{E}_0$ が外部から印加され，誘電体板が一様な分極 $\boldsymbol{P}$ をもつとする．この様子は，図 8.5(b) のように，一様な正の電荷密度 ρ をもつ誘電体板と，一様な負の電荷密度 $-\rho$ をもつ誘電体板が，x 方向に $\boldsymbol{x}_0$ だけ平行移動して重ね合わされたと考えられる．そして，誘電体板の x 軸に沿った両端に誘導電荷が集まった誘導電荷層が形成される．このとき，分極 $\boldsymbol{P}$ は次のようになる．

$$\boldsymbol{P} = \rho\boldsymbol{x}_0 \tag{8.20}$$

対称性を考慮してガウスの法則を用い，誘電体板内の電界を求める．そこで，図 8.5(c)

(a）誘電体板の分極　　（b）計算モデル　　（c）閉曲面と誘導電荷層

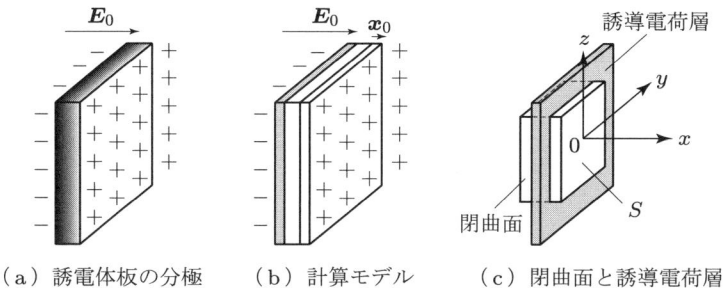

図 **8.5**　誘電体板における分極

のような，誘導電荷層をはさむような直方体を閉曲面とする．一様な正の電荷密度 ρ による誘電体板内の電界 $\boldsymbol{E}_+$ は，ガウスの法則を用いて，次のように表される．

$$2S|\boldsymbol{E}_+| = S\frac{\rho}{\varepsilon_0}|\boldsymbol{x}_0| \tag{8.21}$$

誘電体板内の電界 $\boldsymbol{E}_+$ は，方向まで考慮すると，次のようになる．

$$\boldsymbol{E}_+ = -\frac{\rho}{2\varepsilon_0}\boldsymbol{x}_0 \tag{8.22}$$

一様な負の電荷密度 $-\rho$ による誘電体板内の電界 $\boldsymbol{E}_-$ は，同様な計算をして，次のようになる．

$$\boldsymbol{E}_- = -\frac{\rho}{2\varepsilon_0}\boldsymbol{x}_0 \tag{8.23}$$

分極 $\boldsymbol{P}$ によって生じた反分極電界 $\boldsymbol{E}_1$ は，$\boldsymbol{E}_+$ と $\boldsymbol{E}_-$ の合成電界であり，式 (8.22)，(8.23) から，次のように表される．

$$\boldsymbol{E}_1 = \boldsymbol{E}_+ + \boldsymbol{E}_- = -\frac{\rho}{\varepsilon_0}\boldsymbol{x}_0 = -\frac{\boldsymbol{P}}{\varepsilon_0} \tag{8.24}$$

ただし，最後の等号のところで式 (8.20) を用いた．反分極電界 $\boldsymbol{E}_1$，分極 $\boldsymbol{P}$ とも x 成分だけをもつので，式 (8.11) と (8.24) の比較から，次の結果が得られる．

$$N_x = 1 \tag{8.25}$$

▶**例題 8.3**　外部電界 $\boldsymbol{E}_0 = E_0\hat{\boldsymbol{x}}$ を z 軸を長軸とする誘電体円柱に印加したとき，反分極因子 N_x を求めよ．

解　図 8.6(a) のように，誘電体円柱に x 軸方向の電界 $\boldsymbol{E}_0$ が外部から印加され，誘電体円柱が一様な分極 $\boldsymbol{P}$ をもつとする．この様子は，図 8.6(b) のように，一様な正の電荷密度 ρ をもつ誘電体円柱と，一様な負の電荷密度 $-\rho$ をもつ誘電体円柱が，x 方向

に x_0 だけ平行移動して重ね合わされたと考えられる．このとき，分極 P は次のようになる．

$$P = \rho x_0 \tag{8.26}$$

図 8.6(c) のような，誘電体円柱よりも小さな半径 r と誘電体円柱よりも短い長さ h の長軸をもつ円柱を閉曲面とする．そして，対称性を考慮してガウスの法則を用い，誘電体円柱内の電界を求める．一様な正の電荷密度 ρ をもつ誘電体円柱の長軸から，xy 面上で求めるべき点に引いた位置ベクトルを r_+ とすると，一様な正の電荷密度 ρ による誘電体円柱内の電界 E_+ は，ガウスの法則を用いて，次のように表される．

$$2\pi r_+ h E_+ = \pi r_+^2 h \frac{\rho}{\varepsilon_0} \frac{r_+}{r_+} \tag{8.27}$$

したがって，電界 E_+ は次のようになる．

$$E_+ = \frac{\rho}{2\varepsilon_0} r_+ \tag{8.28}$$

一様な負の電荷密度 $-\rho$ をもつ誘電体円柱の長軸から，xy 面上で求めるべき点に引いた位置ベクトルを r_- とすると，一様な負の電荷密度 $-\rho$ による誘電体円柱内の電界 E_- は，同様な計算から，次のようになる．

$$E_- = -\frac{\rho}{2\varepsilon_0} r_- \tag{8.29}$$

分極 P によって生じた反分極電界 E_1 は，E_+ と E_- の合成電界であり，式 (8.28)，(8.29) から，次のように表される．

$$E_1 = E_+ + E_- = \frac{\rho}{2\varepsilon_0} (r_+ - r_-) \tag{8.30}$$

ここで，

$$r_- = r_+ + x_0 \tag{8.31}$$

という関係があることに着目すると，反分極電界 E_1 は，次のように表される

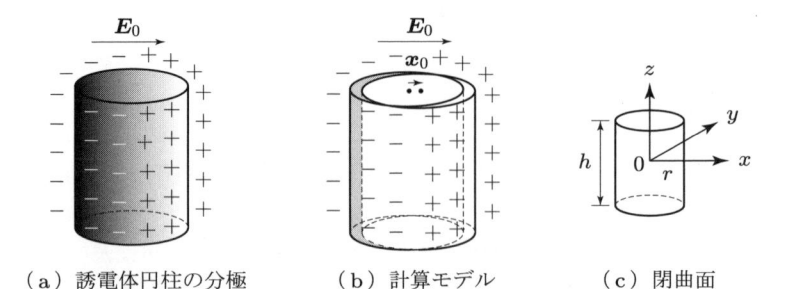

(a) 誘電体円柱の分極　　(b) 計算モデル　　(c) 閉曲面

図 **8.6** 誘電体円柱における分極

$$E_1 = -\frac{\rho}{2\varepsilon_0}x_0 = -\frac{P}{2\varepsilon_0} \tag{8.32}$$

ただし，最後の等号のところで式 (8.26) を用いた．いま，反分極電界 E_1，分極 P とも x 成分だけをもつので，式 (8.11) と (8.32) の比較から，次の結果が得られる．

$$N_x = \frac{1}{2} \tag{8.33}$$

◆ **電気感受率** 分極 P と全電界 E（印加電界 E_0 ではないことに注意）との関係から，次のように，**電気感受率** (electric susceptibility) χ を導入する．

$$P = \chi E = \chi (E_0 + E_1) \tag{8.34}$$

ここで，E_0 は外部から印加した電界，E_1 は反分極電界である．また，**比電気感受率** (specific electric susceptibility) $\overline{\chi}$ として，電気感受率 χ を真空の誘電率 ε_0 で割った

$$\overline{\chi} = \frac{\chi}{\varepsilon_0} \tag{8.35}$$

を用いることも多い．

等方的な，あるいは立方対称性をもつ物質では，比誘電率 ε は，真空における誘電率に対する比として，

$$\varepsilon \equiv \frac{\varepsilon_0 E + P}{\varepsilon_0 E} = 1 + \frac{\chi}{\varepsilon_0} = 1 + \overline{\chi} \tag{8.36}$$

と表される．式 (8.36) から，比電気感受率 $\overline{\chi}$ は，比誘電率 ε を用いて

$$\overline{\chi} = \varepsilon - 1 \tag{8.37}$$

と書き換えられる．

一方，立方対称性のない物質では，分極と電界の関係は，テンソル成分を用いて，次のように表される．

$$P_\mu = \chi_{\mu\nu} E_\nu, \quad \varepsilon_{\mu\nu} = \delta_{\mu\nu} + \chi_{\mu\nu} \tag{8.38}$$

── **Point** ──
- 外部電界 E_0 によって，分極 P が生ずる．
- 電気感受率 χ は，分極 P と**全電界 E** を用いて，次式で定義される．

$$P = \chi E$$

8.3 原子の位置における局所電界

◆ **局所電界** 図 8.7 に示すように，原子の位置における**局所電界** (local electric field) E_local は，

$$E_\text{local} = E_0 + E_1 + E_2 + E_3 \tag{8.39}$$

と表される．ここで，E_0 は外部から印加された電界，E_1 は試料の表面電荷による反分極電界，E_2 は仮想的な球状空洞の表面電荷によるローレンツ電界，E_3 は仮想的な球状空洞内の電気双極子による電界である．

局所電界のうち，$E_1 + E_2 + E_3$ は，試料内の他の原子の分極によるものだから，次のように表される．

$$E_1 + E_2 + E_3 = \sum_i \frac{3(\boldsymbol{p}_i \cdot \boldsymbol{r}_i)\boldsymbol{r}_i - r_i^2 \boldsymbol{p}_i}{4\pi\varepsilon_0 r_i^5} \tag{8.40}$$

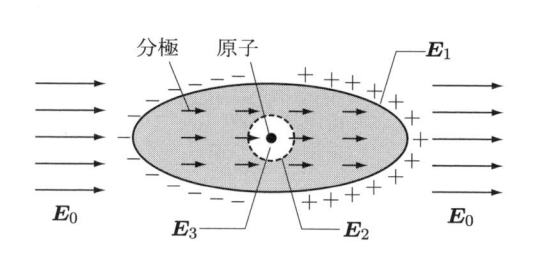

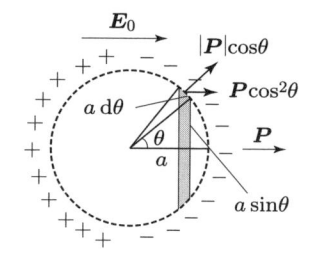

図 8.7 結晶中の原子にはたらく内部電界

図 8.8 ローレンツ電界

◆ **ローレンツ電界** 図 8.8 のように，仮想的な空洞として，原子の位置を中心とする半径 a の球を考える．この仮想的な空洞の表面には，分極を打ち消すような表面電荷が存在する（図 8.8 の ＋，－ の位置をよく見てほしい）．この表面電荷によって原子の位置に生ずる**ローレンツ電界** (Lorentz cavity field) E_2 は，ガウスの法則から，次式で与えられる．

$$E_2 = \frac{1}{4\pi\varepsilon_0 a^2} \int_0^\pi 2\pi a \sin\theta \, a\, d\theta \cdot \boldsymbol{P} \cos^2\theta = \frac{\boldsymbol{P}}{3\varepsilon_0} \tag{8.41}$$

ただし，ここで，$\boldsymbol{P}$ は分極である．なお，例題 8.1 のような方法を用いても，式 (8.41) と同じ結果が得られる．

◆ **ローレンツの関係** 球状の空洞内の分極による電界 E_3 は，結晶構造に依存する．立方格子の場合，すべての原子をお互いに平行な点状の双極子でおきかえると，

$E_3 = 0$ になる. このとき,

$$E_{\text{local}} = E_0 + E_1 + \frac{P}{3\varepsilon_0} = E + \frac{P}{3\varepsilon_0} \tag{8.42}$$

となる. これは, 巨視的な電界 $E = E_0 + E_1$ と原子の位置における局所電界 E_{local} との関係を表す式であり, **ローレンツの関係** (Lorentz relation) とよばれている.

また, **分極率** (polarizability) α が, 局所電界 E_{local} と原子の電気双極子モーメント p を用いて, 次のように定義されている.

$$p \equiv \alpha E_{\text{local}} \tag{8.43}$$

▶ 8.4 相転移のランダウ理論

◆ **相転移と飽和分極**　電界を印加しない状態でも分極が存在することがある. このような分極を**自発分極** (spontaneous polarization または intrinsic polarization) という. そして, 自発分極をもっている物質は, **強誘電体**とよばれる.

ここで, **強誘電状態** (ferroelectric state) と**常誘電状態** (paraelectric state) との間の**相転移** (phase transition) を考えてみよう. 相転移は, **転移温度** (transition temperature) における**飽和分極** (saturation polarization) の変化の仕方によって, 特徴づけられる. 転移温度において, 飽和分極が不連続な変化を示すものを **1次の相転移** (first-order phase transition), 連続的な変化を示すものを **2次の相転移** (second-order phase transition) という.

―――― Point ――――
飽和分極が温度とともに
　　不連続に変化 ―― 1次の相転移
　　連続に変化 ―― 2次の相転移

◆ **ランダウの自由エネルギー**　**強誘電性結晶** (ferroelectric crystal) における相転移は, 強誘電性結晶のエネルギーを, 分極 P のべき級数として表すことで説明できる. ランダウ (Landau) は, 1次元において, 全電界 E と分極 P を用いて, 次のようなエネルギー $\hat{F}$ を導入した.

$$\hat{F} = -EP + g_0 + \frac{1}{2}g_2 P^2 + \frac{1}{4}g_4 P^4 + \frac{1}{6}g_6 P^6 + \cdots \tag{8.44}$$

このエネルギー $\hat{F}$ は, **ランダウの自由エネルギー** (Landau free energy) とよばれている. ここで, g_n $(n = 0, 2, 4, 6, \ldots)$ は, 温度に依存している係数である.

外部から誘電体に電界が印加され，平衡状態に落ち着いたときの分極，すなわち**平衡分極** (equilibrium polarization) は，次式を解くことで求めることができる．

$$\frac{\partial \hat{F}}{\partial P} = 0 = -E + g_2 P + g_4 P^3 + g_6 P^5 + \cdots \tag{8.45}$$

強誘電状態を得るためには，ある温度 T_0 で係数 g_2 が 0 になる必要がある．そこで

$$g_2 = \gamma(T - T_0) \tag{8.46}$$

とおく．ここで，γ は正の定数，T は絶対温度，T_0 は転移温度以下の温度である．

◆ **1次の相転移** 1次の相転移が生ずるのは，$g_4 < 0$, $g_6 > 0$ のときである．したがって，電界 $E = 0$ に対する飽和分極を P_s とすると，式 (8.45), (8.46) から

$$\begin{aligned} \left[\frac{\partial \hat{F}}{\partial P}\right]_{P=P_\mathrm{s}} &= g_2 P_\mathrm{s} - |g_4| P_\mathrm{s}^3 + g_6 P_\mathrm{s}^5 \\ &= \gamma(T - T_0) P_\mathrm{s} - |g_4| P_\mathrm{s}^3 + g_6 P_\mathrm{s}^5 = 0 \end{aligned} \tag{8.47}$$

となる．ただし，さらに高次の項は無視した．式 (8.47) から，次の結果が得られる．

$$P_\mathrm{s} = 0, \quad \left(\frac{|g_4| + \sqrt{|g_4|^2 - 4 g_6 \gamma(T - T_0)}}{2 g_6}\right)^{\frac{1}{2}} \tag{8.48}$$

温度 T_0 では，常誘電性状態と強誘電性状態におけるランダウの自由エネルギー $\hat{F}$ は等しい．そして，式 (8.48) から，同一の $\hat{F}$ の値が，二つの異なる飽和分極 P_s の値で実現されることがわかる．したがって，温度 T_0 において，飽和分極 P_s の不連続な変化，すなわち1次の相転移が起こる．この様子を図 8.9 に示す．

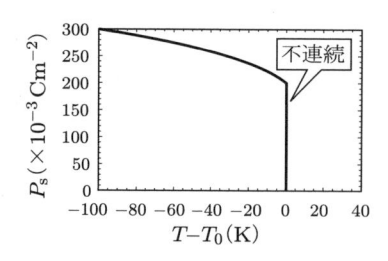

図 8.9 強誘電体における 1次の相転移

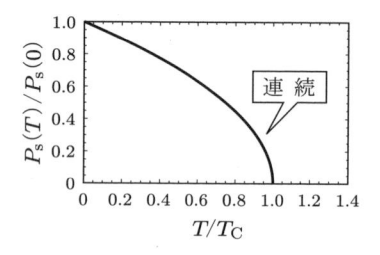

図 8.10 強誘電体における 2次の相転移

◆ **2次の相転移** 2次の相転移が生ずるのは，$g_4 > 0$ であって，かつ $g_6 P^6$ 以上の高次の項が無視できるときである．このとき，電界 $E = 0$ に対する飽和分極を P_s とすると，式 (8.45)，(8.46) から

$$\left[\frac{\partial \hat{F}}{\partial P}\right]_{P=P_\mathrm{s}} = g_2 P_\mathrm{s} + g_4 P_\mathrm{s}^3 = \gamma (T - T_0) P_\mathrm{s} + g_4 P_\mathrm{s}^3 = 0 \tag{8.49}$$

となる．したがって，

$$P_\mathrm{s} = 0, \quad \sqrt{\frac{\gamma}{g_4}(T_0 - T)} \tag{8.50}$$

が得られる．いま，γ, $g_4 > 0$ であり，飽和分極 P_s は実数だから，$T \geq T_0$ のときは $P_\mathrm{s} = 0$ とならなければならない．一方，$T < T_0$ のときは，飽和分極 P_s は，次のようになる．

$$P_\mathrm{s} = \sqrt{\frac{\gamma}{g_4}(T_0 - T)} \tag{8.51}$$

この式からわかるように，$T < T_0$ において，飽和分極 P_s は絶対温度 T とともに温度 T_0 まで連続に変化する．すなわち，飽和分極 P_s は，2次の相転移を示す．このように2次の相転移が起こる温度を**キュリー温度** (Curie temperature) といい，温度 T_0 を特に T_C と表す．強誘電体における2次の相転移の様子を図 8.10 に示す．

さて，比誘電率 ε は，電界 $E \neq 0$ に対する平衡分極から与えられる．キュリー温度 T_C 以上では，P^4 以上の項は無視できるので，ランダウの自由エネルギー $\hat{F}$ は，次のようになる．

$$\hat{F} = -EP + g_0 + \frac{1}{2} g_2 P^2 \tag{8.52}$$

したがって，キュリー温度 T_C 以上では，比誘電率 ε は次のようになる．

$$\varepsilon = 1 + \frac{P}{\varepsilon_0 E} = 1 + \frac{1}{\varepsilon_0 \gamma (T - T_\mathrm{C})} \tag{8.53}$$

▶ **例題 8.4** キュリー温度 T_C 以上における比誘電率 ε を与える式 (8.53) を導け．

解 式 (8.52) から，キュリー温度 T_C 以上における平衡状態では次式が成り立つ．

$$\frac{\partial \hat{F}}{\partial P} = -E + g_2 P = 0 \tag{8.54}$$

したがって，分極 P は

$$P = \frac{E}{g_2} = \frac{E}{\gamma (T - T_\mathrm{C})} \tag{8.55}$$

となる．ただし，式 (8.46) を用い，さらに $T_0 = T_\mathrm{C}$ とおいた．

以上から，キュリー温度 T_C 以上における比誘電率 ε は，次のように求められる．

$$\varepsilon = 1 + \frac{P}{\varepsilon_0 E} = 1 + \frac{1}{\varepsilon_0 \gamma (T - T_C)} \tag{8.56}$$

演習問題

【8.1 導体球の分極率】 半径 a の導体球の分極率 α を求めよ．

【8.2 誘電体球の分極】 電気感受率 χ をもつ誘電体球が，一様な外部電界 E_0 の中に置かれている．

(a) 誘電体球の中の電界 E_{in} を計算せよ．
(b) 誘電体球の中の分極 P を求めよ．

【8.3 平行平板コンデンサ (1)】 図 8.11 に示すように，比誘電率 ε をもつ厚さ d_D の誘電体が，コンデンサを形成する 2 枚の電極の間に挿入されている．このとき，このコンデンサの静電容量 C を求めよ．

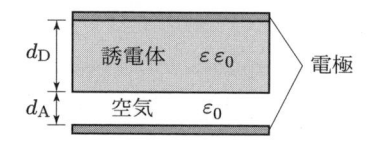

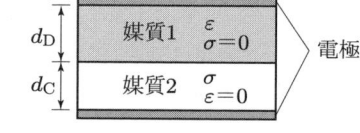

図 8.11 平行平板コンデンサ (1)

図 8.12 平行平板コンデンサ (2)

【8.4 平行平板コンデンサ (2)】 図 8.12 のような，比誘電率 ε，電気伝導率 $\sigma = 0$，層厚 d_D の媒質 1 と，比誘電率 $\varepsilon = 0$，電気伝導率 σ，層厚 d_C の媒質 2 が積層された平行平板コンデンサを考える．このコンデンサの静電容量 C を求めよ．

【8.5 強誘電性を示すための条件】 分極率 α をもつ 2 個の中性原子が，距離 a だけ離れて存在しているとする．このような原子系が強誘電性を示すための条件を求めよ．

【8.6 強誘電性 1 次元格子】 分極率 α，格子定数 a をもつ 1 次元格子が自発分極をもつ条件を示せ．

【8.7 キュリー温度以下での比誘電率】 2 次の相転移において，キュリー温度 T_C 以下での比誘電率 ε を求めよ．

第9章 磁性体

●●● この章の目的 ●●●

磁性体は，外部から静磁界が印加されると，磁化が変化する物質である．この章では，磁化のふるまいから，磁性体の性質を説明する．

● キーワード ●

磁気双極子モーメント，磁化，磁束密度，E–B 対応，磁気分極，E–H 対応，磁化率，常磁性体，反磁化電界，反磁性体，強磁性体，フェリ磁性体

9.1 磁化と磁化率

◆ **磁気双極子モーメント** 磁性体 (magnet) とは，外部から磁界を印加したときに**磁気双極子モーメント** (magnetic dipole moment) が誘起され，**磁化** (magnetization) が変化する固体である．ここでは，磁束密度 B，磁界 H，磁化 M の間に次のような関係がある．

$$B = \mu_0(H + M) \tag{9.1}$$

ただし，ここでは E–B 対応を採用した．また，μ_0 は真空の透磁率であり，$\mu_0 M$ を**磁気分極** (magnetic polarization) という．また，磁界 H は，外部から磁性体に印加した磁界 H_0 と磁化 M によって生じた反磁化磁界 H_1 との合成磁界であり，次式で与えられる．

$$H = H_0 + H_1 \tag{9.2}$$

文献によっては，誘電体における $D = \varepsilon_0 E + P$ との対称性から，E–H 対応を採用し，$B = \mu_0 H + M$ と表しているものもあるので，注意してほしい．

式 (9.1) のように磁化 M を表した場合，磁化 M は，磁気双極子モーメント μ を単位体積にわたって加え合わせたもの，つまり単位体積あたりの磁気双極子モーメントとして定義され，次式のように表される．

$$M = \sum_i \boldsymbol{\mu}_i \tag{9.3}$$

誘電体との対比で考えると，誘電体における電荷 $\pm q$ を**磁荷** (magnetic charge) $\pm q_\mathrm{m}$ で置換したものと考えると，わかりやすいだろう．ただし，N 極を $+q_\mathrm{m}$，S 極を $-q_\mathrm{m}$ とする．図 9.1(a) に磁荷 $\pm q_\mathrm{m}$ を用いた磁気双極子モーメント $\boldsymbol{\mu}$ を示す．磁荷 $-q_\mathrm{m}$ から $+q_\mathrm{m}$ に向かうベクトルを $\boldsymbol{r}_n$ とすると，磁気双極子モーメント $\boldsymbol{\mu}$ は，次のように表される．

$$\boldsymbol{\mu} = q_\mathrm{m} \boldsymbol{r}_n \tag{9.4}$$

式 (9.4) で示したように，磁気双極子モーメント $\boldsymbol{\mu}$ の向きは，$-q_\mathrm{m}$ から $+q_\mathrm{m}$ に向かう方向と約束している．ここで注意すべきことは，正負の電荷 $\pm q$ が独立に存在することができるのに対し，正負の磁荷 $\pm q_\mathrm{m}$ が独立に存在できないことである．このことは，マクスウェル方程式において，次式で表現されている．

$$\mathrm{div}\, \boldsymbol{B} = \nabla \cdot \boldsymbol{B} = 0 \tag{9.5}$$

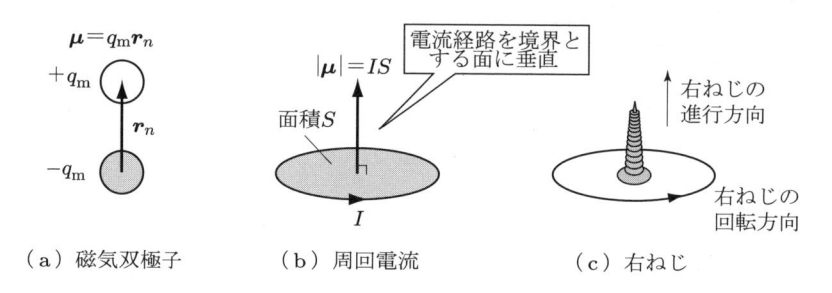

（a）磁気双極子　　（b）周回電流　　（c）右ねじ

図 **9.1**　磁気双極子モーメント

誘電体では，必ず電荷を用いて電気双極子モーメントを表したが，磁性体では磁荷が存在しないときでも，図 9.1(b) に示すように，周回電流 I が流れていれば，磁気双極子モーメント $\boldsymbol{\mu}$ が存在する．このとき，磁気双極子モーメント $\boldsymbol{\mu}$ は，

$$\boldsymbol{\mu} = IS \tag{9.6}$$

のように表される．ここで，S は周回電流経路で囲まれた面の面積である．また，磁気双極子モーメント $\boldsymbol{\mu}$ の向きは，図 9.1(c) のように，電流 I が流れる向きに右ねじを回転させたときに，右ねじが進む方向であると約束する．

> **― Point ―**
> 正負の磁荷 $\pm q_\mathrm{m}$ は,必ずペアで存在する.
> $$\mathrm{div}\,\boldsymbol{B} = \nabla \cdot \boldsymbol{B} = 0$$

◆ **磁化率** 合成磁界 $\boldsymbol{H} = \boldsymbol{H}_0 + \boldsymbol{H}_1$ を用いて,磁化 $\boldsymbol{M}$ は次のように表される.

$$\boldsymbol{M} = \chi_\mathrm{m} \boldsymbol{H} \tag{9.7}$$

ここで導入した χ_m を**磁化率** (magnetic susceptibility) という.日本語と英語の対比で考えれば,誘電体における electric susceptibility χ が電気感受率とよばれるのに対して,magnetic susceptibility χ_m は磁気感受率となるべきだが,磁化率という名前でよばれている.

磁化率 χ_m の値に応じて,磁化率 $\chi_\mathrm{m} = 10^{-3} \sim 10^{-5} > 0$ の物質を**常磁性体** (paramagnet) という.そして,磁化率 $\chi_\mathrm{m} = -10^{-5} \sim -10^{-6} < 0$ の物質を**反磁性体** (diamagnet) とよんでいる.

> **― Point ―**
> 磁化率 $\chi_\mathrm{m} > 0$ ⇨ 常磁性体
> 磁化率 $\chi_\mathrm{m} < 0$ ⇨ 反磁性体

▶ 9.2 常磁性体

◆ **外部磁界と平行な磁化** 図 9.2 のように,外部から磁界 $\boldsymbol{H}_0$ を印加すると,磁気双極子モーメント $\boldsymbol{\mu}$ が磁界 $\boldsymbol{H}_0$ と同じ向き,すなわち平行になるような物質を常磁性体という.この結果,常磁性体には,外部磁界 $\boldsymbol{H}_0$ と平行な磁化 $\boldsymbol{M}$ が生ずる.

この磁化 $\boldsymbol{M}$ によって,外部磁界 $\boldsymbol{H}_0$ を打ち消すような**反磁化磁界** (demagnetization magnetic field) $\boldsymbol{H}_1$ が生ずる.したがって,巨視的な (macroscopic) 全磁界 $\boldsymbol{H}$ は,次のようになる.

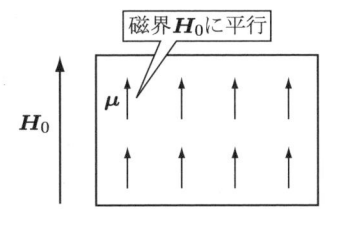

図 9.2 常磁性体

表 9.1 $\boldsymbol{H}_0 = H_0 \hat{\boldsymbol{x}}$ の場合の試料の形状と反磁化因子 N_x との関係

試料の形状	N_x
球	1/3
yz 面に広がった薄板	1
z 軸方向の長軸をもつ円柱	1/2

$$\bm{H} = \bm{H}_0 + \bm{H}_1 \tag{9.8}$$

常磁性体の場合も，誘電体の場合の反分極因子とまったく同じ考え方で，反磁化因子 N を求めることができる．形状ごとの常磁性体の反磁化因子は，誘電体の場合の反分極因子とまったく同じになる．外部磁界の方向を x 軸方向に選んだとき ($\bm{H}_0 = H_0 \hat{\bm{x}}$)，試料の形状と反磁界因子 N_x との関係は表 9.1 のようになる．

Point
- 外部磁界 $\bm{E}_0$ によって，磁化 $\bm{M}$ が生ずる．
- 常磁性体では，磁化 $\bm{M}$ によって，外部磁界 $\bm{H}_0$ を打ち消すような反磁化磁界 $\bm{H}_1$ が生ずる．

◆ **スピン系**　量子論によると，自由空間において，原子やイオンの磁気双極子モーメントは，次式で与えられる．

$$\bm{\mu} = \gamma \hbar \bm{J} = -g\mu_\mathrm{B} \bm{J} \tag{9.9}$$

ここで，**全角運動量** (total angular momentum) $\hbar \bm{J}$ は，**軌道角運動量** (orbital angular momentum) $\hbar \bm{L}$ と**スピン角運動量** (spin angular momentum) $\hbar \bm{S}$ との和である．また，γ は磁気双極子モーメントの全角運動量に対する比で，**磁気角運動量比** (gyromagnetic ratio または magnetogyric ratio) とよばれている．そして，g は **g 因子** (g-factor)，あるいは分光学的分裂因子 (spectroscopic splitting factor) といい，電子のスピンに対しては $g = 2.0023$ である．自由原子に対しては，g は**ランデの方程式** (Landé equation)

$$g = 1 + \frac{J(J+1) + S(S+1) - L(L+1)}{2J(J+1)} \tag{9.10}$$

で与えられる．また，**ボーア磁子** (Bohr magneton) μ_B は，次式で定義されている．

$$\mu_\mathrm{B} = \frac{e\hbar}{2m_0} \tag{9.11}$$

ここで，e は電気素量，$\hbar = h/(2\pi)$ はディラック定数，h はプランク定数，m_0 は真空における電子の質量である．

さて，スピン角運動量 $\hbar \bm{S}$ をもつ系のエネルギー準位は，磁界中では $(2S+1)$ 個のエネルギー準位に分裂する．したがって，1 粒子あたりスピン角運動量 $\hbar \bm{S}$ をもつ，N 個の粒子から構成されるスピン系のエントロピー σ_S は，次のようになる．

$$\sigma_\mathrm{S} = \ln(2S+1)^N = N\ln(2S+1) \tag{9.12}$$

また，このスピン系の磁界中におけるエネルギー U は，次式で与えられる．

$$U = -\boldsymbol{\mu} \cdot \boldsymbol{B} = m_J g \mu_\mathrm{B} B \tag{9.13}$$

ここで，m_J は**方位量子数** (azimuthal quantum number) であり，$J, J-1, \ldots, -J$ の値をとる．また，B はスピン系に印加された磁束密度である．

◆ **二準位系における磁化**　電子だけから構成されるスピン系 $\left(S = \dfrac{1}{2}\right)$ に磁界を印加すると，電子の上向きスピン，下向きスピンに対応して，図 9.3 のように，エネルギー準位は二つに分裂する．分裂前のエネルギーを 0 とすると，分裂後のエネルギー準位のエネルギー U は，次式のようになる．

$$U = \pm \mu B \tag{9.14}$$

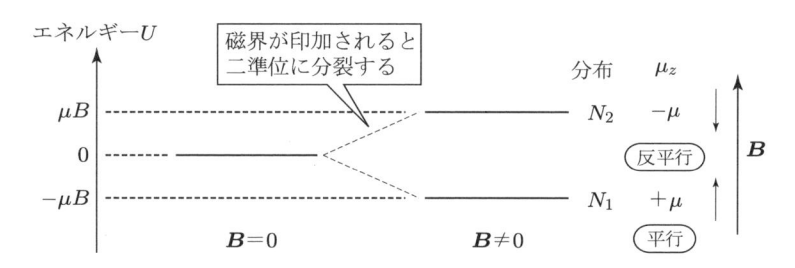

図 9.3　電子だけから構成されるスピン系に磁界（磁束密度 B）を印加したときのエネルギー準位の分裂

図 9.3 の $\boldsymbol{B} \neq 0$ におけるエネルギー準位のように，エネルギー準位が 2 個だけの系を二準位系という．二準位系では，エネルギーが低い準位と高い準位の**分布** (population) をそれぞれ N_1, N_2 とすると，

$$\frac{N_1}{N} = \frac{\exp\left[\mu B/(k_\mathrm{B} T)\right]}{\exp\left[\mu B/(k_\mathrm{B} T)\right] + \exp\left[-\mu B/(k_\mathrm{B} T)\right]} \tag{9.15}$$

$$\frac{N_2}{N} = \frac{\exp\left[-\mu B/(k_\mathrm{B} T)\right]}{\exp\left[\mu B/(k_\mathrm{B} T)\right] + \exp\left[-\mu B/(k_\mathrm{B} T)\right]} \tag{9.16}$$

と表される．ここで，二準位系における全電子数 $N = N_1 + N_2$ は一定である．

▶ **例題 9.1**　二準位系の分布確率を与える式 (9.15), (9.16) を導け．

解　二準位系における全電子数 $N = N_1 + N_2$ が一定だから，ボルツマン因子と分配関数を用いて考える．エネルギーが低い準位のボルツマン因子は，エネルギー $U_\mathrm{low} = -\mu B$ に対応して，次のようになる．

$$\exp\left(-\frac{U_{\text{low}}}{k_{\text{B}}T}\right) = \exp\left(\frac{\mu B}{k_{\text{B}}T}\right) \tag{9.17}$$

エネルギーが高い準位のボルツマン因子は，エネルギー $U_{\text{high}} = \mu B$ に対応して，次のようになる．

$$\exp\left(-\frac{U_{\text{high}}}{k_{\text{B}}T}\right) = \exp\left(-\frac{\mu B}{k_{\text{B}}T}\right) \tag{9.18}$$

式 (9.17)，(9.18) から，分配関数 Z は次式で与えられる．

$$Z = \exp\left(\frac{\mu B}{k_{\text{B}}T}\right) + \exp\left(-\frac{\mu B}{k_{\text{B}}T}\right) \tag{9.19}$$

したがって，エネルギーが低い準位に電子が存在する確率 $f_{\text{low}} = N_1/N$ は，次のように求められる．

$$f_{\text{low}} = \frac{N_1}{N} = \frac{\exp[\mu B/(k_{\text{B}}T)]}{Z} = \frac{\exp[\mu B/(k_{\text{B}}T)]}{\exp[\mu B/(k_{\text{B}}T)] + \exp[-\mu B/(k_{\text{B}}T)]} \tag{9.20}$$

エネルギーが高い準位に電子が存在する確率 $f_{\text{high}} = N_2/N$ は，次のようになる．

$$f_{\text{high}} = \frac{N_2}{N} = \frac{\exp[-\mu B/(k_{\text{B}}T)]}{Z} = \frac{\exp[-\mu B/(k_{\text{B}}T)]}{\exp[\mu B/(k_{\text{B}}T)] + \exp[-\mu B/(k_{\text{B}}T)]} \tag{9.21}$$

磁気双極子モーメントの磁界方向への射影成分は，エネルギーの高い準位では $-\mu$，エネルギーの低い準位では μ である．したがって，単位体積あたりの原子数を N とすると，磁化 M は次のようになる．

$$M = (N_1 - N_2)\mu = N\mu \tanh\left(\frac{\mu B}{k_{\text{B}}T}\right) \tag{9.22}$$

◆ **パウリのスピン磁化**　ここで，$E_{\text{F}} \gg k_{\text{B}}T$ を満たすような場合を考えよう．たとえば，鉄 (Fe) では $E_{\text{F}} = 11.1\,\text{eV}$ であり，$T = 300\,\text{K}$ では $k_{\text{B}}T = 25.9\,\text{meV}$ だから，$E_{\text{F}} \gg k_{\text{B}}T$ であると考えてよい．このとき，磁界に平行な磁気双極子モーメントをもつ電子の濃度 N_+ は，次式で与えられる．

$$\begin{aligned} N_+ &= \frac{1}{2}\int_{-\mu B}^{E_{\text{F}}} f(E) D(E + \mu B)\, \text{d}E \\ &\simeq \frac{1}{2}\left[\int_0^{E_{\text{F}}} f(E) D(E)\, \text{d}E + \mu B D(E_{\text{F}})\right] \end{aligned} \tag{9.23}$$

ここで，$f(E)$ はフェルミ-ディラック分布関数，$\frac{1}{2}D(E+\mu B)$ は一つのスピン方向に対する状態密度である．図 9.4 において，グラフの外周と横軸で囲まれた面積が，$\int_{-\mu B}^{E_\mathrm{F}} f(E)D(E+\mu B)\,\mathrm{d}E$ を示している．そして，薄いグレーの網掛け部が $\int_0^{E_\mathrm{F}} f(E)D(E)\,\mathrm{d}E$，濃いグレーの網掛け部が $\mu BD(E_\mathrm{F})$ である．図 9.4 において，横軸の最小値が $-\mu B$ である．また，μB の大きさを誇張して描いてあることに注意してほしい．

磁界に反平行な磁気双極子モーメントをもつ電子の濃度 N_- は，次式で与えられる．

$$\begin{aligned}N_- &= \frac{1}{2}\int_{\mu B}^{E_\mathrm{F}} f(E)D(E-\mu B)\,\mathrm{d}E \\ &\simeq \frac{1}{2}\left[\int_0^{E_\mathrm{F}} f(E)D(E)\,\mathrm{d}E - \mu BD(E_\mathrm{F})\right]\end{aligned} \qquad (9.24)$$

図 9.5 において，濃いグレーの網掛け部の面積が，$\int_{\mu B}^{E_\mathrm{F}} f(E)D(E-\mu B)\,\mathrm{d}E$ を示している．そして，グラフの外周と横軸で囲まれた部分が $\int_0^{E_\mathrm{F}} f(E)D(E)\,\mathrm{d}E$，薄いグレーの網掛け部が $\mu BD(E_\mathrm{F})$ である．図 9.5 においても，μB の大きさを誇張して描いてあることに注意してほしい．

式 (9.23)，(9.24) から，$E_\mathrm{F} \gg k_\mathrm{B}T$ という条件のもとでは，磁化 M は次のように表される．

$$M = \mu(N_+ - N_-) = \mu^2 D(E_\mathrm{F})B = \frac{3N\mu^2}{2k_\mathrm{B}T_\mathrm{F}}B \qquad (9.25)$$

この磁化 M は，伝導電子に対する**パウリのスピン磁化** (Pauli spin magnetization) とよばれている．

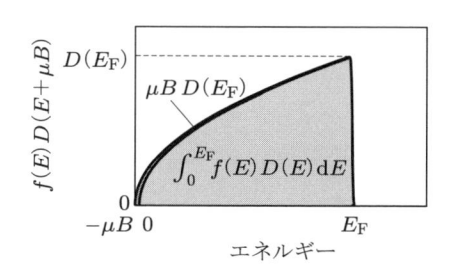

図 9.4　磁界に平行な磁気双極子モーメントをもつ電子の濃度

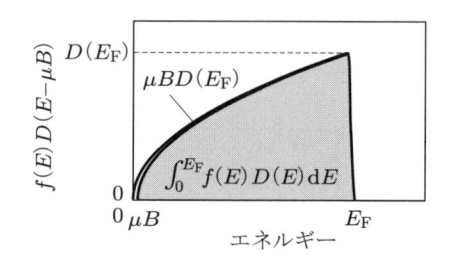

図 9.5　磁界に反平行な磁気双極子モーメントをもつ電子の濃度

9.3 反磁性体

◆ 外部磁界と反平行な磁化　図 9.6 のように，外部から磁界 H_0 を印加すると，磁気双極子モーメント μ が磁界 H_0 と反対向き，すなわち反平行になるような物質を反磁性体という．この結果，反磁性体には外部磁界 H_0 と反平行な磁化 M が生ずる．

◆ ラーモアの理論　原子やイオンの反磁性（磁化率 $\chi_\mathrm{m} < 0$）は，**ラーモアの理論** (Larmor theory) を用いて説明することができる．クーロン力を受けて，原子核のまわりを円周状に運動している電子に磁界を印加すると，第 1 近似として，電子の運動は，磁界が存在しないときの運動に，**歳差運動** (precession) を重ね合わせたものと考えられる．そして，このような電子の歳差運動を**ラーモアの歳差運動** (Larmor precession) という．

磁界が存在しないとき，図 9.7(a) のように，原子核のまわりを角速度 ω_0 で半径 a の円運動をしている電子を考える．クーロン力による引力と遠心力とがつりあうので，次式が成り立つ．

$$m_0 a \omega_0{}^2 = \frac{e^2}{4\pi\varepsilon_0 a^2} \tag{9.26}$$

ここで，m_0 は真空中の電子の質量，e は電気素量，ε_0 は真空の誘電率である．

このような円運動をしている電子に磁界（磁束密度 B）を印加すると，図 9.7(b) のように，ローレンツ力による引力と遠心力とがつりあうので，次式が成り立つ．

$$m_0 a \omega^2 = \frac{e^2}{4\pi\varepsilon_0 a^2} - evB \tag{9.27}$$

ただし，磁界の有無に関わらず円運動の半径は不変であり，磁界の印加により角速度が ω に変化するとした．ここで，$v = |\boldsymbol{v}| = a\omega$ は電子の速さ，$B = |\boldsymbol{B}|$ は磁束密度の大きさである．

歳差運動による角周波数の変化 $\omega - \omega_0 = \Delta\omega$ は，次式で与えられる．

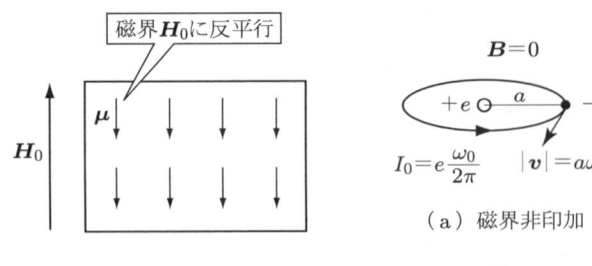

図 9.6　反磁性体

図 9.7　ラーモアの歳差運動

9.3 反磁性体

$$\Delta\omega = -\frac{eB}{2m_0} \tag{9.28}$$

磁界が存在しないときは，Z 個の電子が円運動すれば，次のような電流 I_0 が流れる．

$$I_0 = Ze\frac{\omega_0}{2\pi} \tag{9.29}$$

磁界（磁束密度 B）を印加したときは，Z 個の電子が円運動すれば，次のような電流 I が流れる．

$$I = Ze\frac{\omega}{2\pi} \tag{9.30}$$

磁界が印加されていないときに，周回電流 I_0 による磁界と内部磁界が相殺して磁気双極子モーメントが誘起されていないとする．このとき，外部から磁界が印加されると，式 (9.28)〜(9.30) から，周回電流の変化 $\Delta I = I - I_0$ は，次のようになる．

$$\Delta I = I - I_0 = Ze\frac{\Delta\omega}{2\pi} = -Ze\left(\frac{1}{2\pi}\frac{eB}{2m_0}\right) \tag{9.31}$$

この結果，磁界が印加されると，磁界と反平行な磁気双極子モーメントが生ずる．

電子と原子核との距離の 2 乗平均を $\langle r^2 \rangle$ とすると，

$$\mu = -\frac{Ze^2 B}{6m_0}\langle r^2 \rangle \tag{9.32}$$

が導かれる．この結果は古典論から導いたものであるが，量子論からも同じ結果が得られる．また，単位体積あたりの原子数を N とすると，反磁性体における磁化率 χ_m は，次式のように負になり，反磁性を説明することができる．

$$\chi_\mathrm{m} = \frac{N\mu}{H} = -\frac{\mu_0 N Z e^2}{6m_0}\langle r^2 \rangle \tag{9.33}$$

ただし，ここで $B = \mu_0 H$ を用いた．

—— Point ——
ラーモアの理論では，
　外部から磁界を印加したときに生ずる電子の歳差運動によって，
反磁性を説明している．

▶ 例題 9.2　式 (9.28) を導け．

解　式 (9.26) を式 (9.27) に代入し，$v = |\boldsymbol{v}| = a\omega$ を用いると，角周波数 ω について，次のような 2 次方程式が得られる．

$$m_0 a\omega^2 + eaB\omega - m_0 a\omega_0^2 = 0 \tag{9.34}$$

式 (9.34) の解は，角周波数 $\omega > 0$ であることに注意すると，次のようになる．

$$\omega = \frac{-eB + \sqrt{e^2 B^2 + 4m_0{}^2 \omega_0{}^2}}{2m_0} \tag{9.35}$$

ここで，通常の印加磁界の範囲では $e^2 B^2 \ll 4m_0{}^2 \omega_0{}^2$ であることに注意すると，角周波数 ω は次式で与えられる．

$$\omega = \omega_0 - \frac{eB}{2m_0} \tag{9.36}$$

したがって，歳差運動による角周波数の変化 $\Delta \omega = \omega - \omega_0$ は，次式で与えられる．

$$\Delta \omega = \omega - \omega_0 = -\frac{eB}{2m_0} \tag{9.37}$$

▶ **例題 9.3** 式 (9.32) を導け．

解 原子核の位置を原点 $(0, 0, 0)$ とし，電子の位置を (x, y, z) とすると，電子と原子核との距離の2乗平均 $\langle r^2 \rangle$ は次式のようになる．

$$\langle r^2 \rangle = \langle x^2 + y^2 + z^2 \rangle = \langle x^2 \rangle + \langle y^2 \rangle + \langle z^2 \rangle \tag{9.38}$$

ここで，x, y, z は互いに独立であるとした．また，一様な空間を考えると，座標 (x, y, z) の選び方は任意だから，

$$\langle x^2 \rangle = \langle y^2 \rangle = \langle z^2 \rangle \tag{9.39}$$

となる．式 (9.38), (9.39) から

$$\langle x^2 \rangle = \langle y^2 \rangle = \langle z^2 \rangle = \frac{\langle r^2 \rangle}{3} \tag{9.40}$$

が得られる．したがって，周回電流を境界とする平面（円）の面積 S は，

$$S = \pi \left(\langle x^2 \rangle + \langle y^2 \rangle \right) = \frac{2\pi \langle r^2 \rangle}{3} \tag{9.41}$$

と表される．式 (9.41), (9.31) から，反磁性体における磁気双極子モーメント μ は，次のようになる．

$$\mu = \Delta I S = -\frac{Ze^2 B}{6m_0} \langle r^2 \rangle \tag{9.42}$$

9.4 強磁性体

◆ **自発的磁気双極子モーメント**　図 9.8 のように，**強磁性体** (ferromagnet) は，外部から磁界 H_0 を印加しなくても，**自発的磁気双極子モーメント** (spontaneous magnetic dipole moment) をもっている．つまり，強磁性体中では，電子のスピンや磁気双極子モーメントの向きが，そろっている．

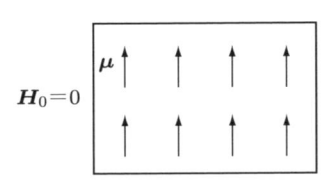

図 9.8　強磁性体

◆ **交換磁界と平均場の近似**　磁気双極子モーメントをお互いに平行にするような内部相互作用を常磁性体に与えると，強磁性体になる．このような相互作用を生みだす磁界 H_E を**交換磁界** (exchange magnetic field) という．交換磁界 H_E が磁化 M に比例すると考え，

$$H_E = \alpha M \tag{9.43}$$

とおくような近似を**平均場の近似** (mean field approximation) という．ただし，α は定数であり，温度に依存しない．

◆ **キュリー–ワイスの法則**　自発的に生じた磁化，すなわち**自発磁化** (spontaneous magnetization) は，キュリー温度 T_C 以上で消失する．すなわち，キュリー温度 T_C によって，$T < T_C$ における秩序化された (ordered) 強磁性状態と $T > T_C$ における無秩序化された (disordered) 常磁性状態に分けられる．

物質が常磁性状態にあるとき，外部から磁界 H_0 を印加すると，磁化 M は次のようになる．

$$M = \chi_P (H_0 + H_E) \tag{9.44}$$

ただし，χ_P は**常磁性磁化率** (paramagnetic susceptibility) である．ここで，**キュリー定数** (Curie constant) を C として，**キュリーの法則** (Curie law)

$$\chi_P = \frac{C}{T} \tag{9.45}$$

を用いると，次式のような**キュリー–ワイスの法則** (Curie-Weiss law) が得られる．

$$\chi_{\mathrm{m}} = \frac{M}{H_0} = \frac{C}{T - C\alpha} = \frac{C}{T - T_{\mathrm{C}}}, \quad T_{\mathrm{C}} = C\alpha \tag{9.46}$$

◆ **スピン量子数 $\frac{1}{2}$ をもつ系に対する磁化** 電子だけから構成されるスピン系 $\left(S = \frac{1}{2}\right)$ に対する磁化 M は，電子濃度を N，磁気双極子モーメントを μ とすると，式 (9.22) から

$$M = N\mu \tanh\left(\frac{\mu B}{k_{\mathrm{B}} T}\right) \tag{9.47}$$

である．いま，$H = H_0 + H_{\mathrm{E}}$ において外部磁界がなく ($H_0 = 0$)，交換磁界 H_{E} のみを考えると，次のようになる．

$$M = N\mu \tanh\left(\frac{\mu_0 \mu \alpha M}{k_{\mathrm{B}} T}\right) \tag{9.48}$$

Point
常磁性体＋交換磁界 ⇨ 強磁性体

9.5 フェリ磁性体

◆ **反強磁性相互作用** 図 9.9 のように，**フェリ磁性体** (ferrimagnet) は，反平行な磁気双極子モーメントをもつ磁性体である．

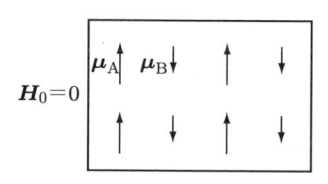

図 9.9 フェリ磁性体

これから，**反強磁性相互作用** (antiferromagnetic interaction) によって，フェリ磁性が生じることを示そう．

格子点にスピンをもつ粒子が存在する場合，この格子をスピン格子とよぶことにする．いま，2 個のスピン格子 (spin lattice) A, B を考え，これらのスピン格子に作用する平均交換磁界 H_{A}, H_{B} が，次のように表されるとする．

$$H_{\mathrm{A}} = -\alpha M_{\mathrm{A}} - \beta M_{\mathrm{B}} \tag{9.49}$$

$$H_{\mathrm{B}} = -\beta M_{\mathrm{A}} - \gamma M_{\mathrm{B}} \tag{9.50}$$

ただし，M_{A}, M_{B} はそれぞれスピン格子 A, B の磁化であり，また α, β, $\gamma > 0$ で

ある. このとき, スピン格子 A, B 間の相互作用エネルギー密度 U は, 平均交換磁束密度 $\boldsymbol{B}_\mathrm{A} = \mu_0 \boldsymbol{H}_\mathrm{A}$, $\boldsymbol{B}_\mathrm{B} = \mu_0 \boldsymbol{H}_\mathrm{B}$ を用いて,

$$\begin{aligned} U &= -\frac{1}{2}\left(\boldsymbol{B}_\mathrm{A} \cdot \boldsymbol{M}_\mathrm{A} + \boldsymbol{B}_\mathrm{B} \cdot \boldsymbol{M}_\mathrm{B}\right) \\ &= \mu_0 \left(\frac{1}{2}\alpha {M_\mathrm{A}}^2 + \beta \boldsymbol{M}_\mathrm{A} \cdot \boldsymbol{M}_\mathrm{B} + \frac{1}{2}\gamma {M_\mathrm{B}}^2\right) \end{aligned} \qquad (9.51)$$

となる. 式 (9.51) から, スピン格子 A, B 間の相互作用エネルギー密度 U は, $\boldsymbol{M}_\mathrm{A}$ が $\boldsymbol{M}_\mathrm{B}$ と反平行の場合に最も小さくなることがわかる. したがって, 基底状態では, $\boldsymbol{M}_\mathrm{A}$ と $\boldsymbol{M}_\mathrm{B}$ は反平行となる.

◆ **キュリー温度** スピン格子に作用する平均交換磁界 $\boldsymbol{H}_\mathrm{A}$, $\boldsymbol{H}_\mathrm{B}$ が, 次のように表される場合を考えよう.

$$\boldsymbol{H}_\mathrm{A} = -\beta \boldsymbol{M}_\mathrm{B}, \quad \boldsymbol{H}_\mathrm{B} = -\beta \boldsymbol{M}_\mathrm{A} \qquad (9.52)$$

このとき, スピン格子 A, B に配置されているイオンのキュリー定数をそれぞれ C_A, C_B とおくと, 次の結果が得られる.

$$\boldsymbol{M}_\mathrm{A} = \frac{C_\mathrm{A}}{T}\left(\boldsymbol{H}_0 - \beta \boldsymbol{M}_\mathrm{B}\right) \qquad (9.53)$$

$$\boldsymbol{M}_\mathrm{B} = \frac{C_\mathrm{B}}{T}\left(\boldsymbol{H}_0 - \beta \boldsymbol{M}_\mathrm{A}\right) \qquad (9.54)$$

ここで, $\boldsymbol{H}_0$ は外部から印加した磁界である. 連立方程式 (9.53), (9.54) が, $\boldsymbol{H}_0 = 0$ のとき $\boldsymbol{M}_\mathrm{A} = \boldsymbol{M}_\mathrm{B} = 0$ 以外の解をもつのは, 次の場合である.

$$\begin{vmatrix} T & \beta C_\mathrm{A} \\ \beta C_\mathrm{B} & T \end{vmatrix} = 0 \qquad (9.55)$$

したがって, 式 (9.55) を満たす温度, つまりキュリー温度 T_C は, 次のようになる.

$$T_\mathrm{C} = \beta \left(C_\mathrm{A} C_\mathrm{B}\right)^{\frac{1}{2}} \qquad (9.56)$$

そして, $T > T_\mathrm{C}$ のとき, 磁化率 χ_m は次式で与えられる.

$$\chi_\mathrm{m} = \frac{\boldsymbol{M}_\mathrm{A} + \boldsymbol{M}_\mathrm{B}}{\boldsymbol{H}_0} = \frac{\left(C_\mathrm{A} + C_\mathrm{B}\right)T - 2\beta C_\mathrm{A} C_\mathrm{B}}{T^2 - {T_\mathrm{C}}^2} \qquad (9.57)$$

演習問題

【9.1 3重項励起準位】 図 9.10 のような，1 重項基底状態 ($S=0$) よりもエネルギーが $k_B\Delta$ だけ高い位置に 3 重項励起状態 ($S=1$) が存在するような系を考える．この系に外部から磁界（磁束密度 $\boldsymbol{B}=B\hat{\boldsymbol{z}}$）を印加すると，3 重項励起状態 ($S=1$) は，それぞれ磁気双極子モーメント $\mu_z=\mu, 0, -\mu$ をもつ 3 個の準位に分裂する．外部から磁界を印加したとき，この系の磁気双極子モーメント $\langle\mu\rangle$ を計算せよ．

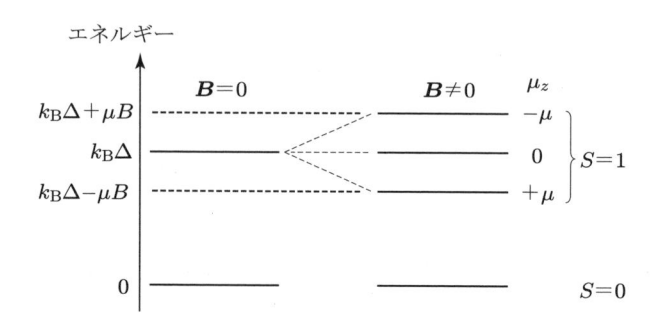

図 **9.10** 3重項励起準位

【9.2 二準位系】 図 9.11 のように，外部から磁界（磁束密度 $\boldsymbol{B}$）を印加することでエネルギー準位が二つに分裂し，上の準位と下の準位のエネルギー間隔が $k_B\Delta$ になった二準位系を考える．

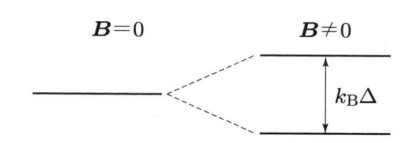

図 **9.11** 磁界印加により形成された二準位系

(a) この系の比熱 C を求めよ．
(b) 絶対温度 T が $T\gg\Delta$ を満たすとき，この系の比熱 C を計算せよ．

【9.3 $S=1$ の系に対する常磁性】

(a) スピン $S=1$，磁気双極子モーメント μ，濃度 n をもつ系に対して，磁化 M を磁束密度 B と温度 T の関数として求めよ．
(b) $\mu B\ll k_B T$ の極限で，磁化 M はどうなるか．

【9.4 T_C 付近の飽和磁化】 平均場の近似を用いて，キュリー温度よりもわずかに低い温度における飽和磁化を求めよ．ただし，スピン $S=\frac{1}{2}$ と仮定する．

第10章
超伝導体

● ● ● この章の目的 ● ● ●

電気的な観点からは，超伝導は電気抵抗が 0 になる現象である．一方，磁気的な観点からは，超伝導は完全反磁性であると解釈できる．この章では，磁気的な観点から，超伝導体の性質を説明する．

● キーワード ●
マイスナー効果，完全反磁性，ロンドン方程式，ロンドンの進入深さ，ジョゼフソン効果，クーパー対

▶ 10.1 超伝導

◆ **マイスナー効果**　電気抵抗が 0 の状態を**超伝導状態** (superconducting state) という．では，磁気的な観点から超伝導を考えると，どうだろうか．図 10.1 に (a) 常伝導状態と (b) 超伝導状態における磁力線と球状試料との関係を示す．この図において，T_c は，常伝導状態と超伝導状態とが移り変わる臨界温度である．図 10.1(a) のような常伝導状態では，外部から試料に磁界を印加したとき，磁力線が試料内部に入ることができる．これに対して，図 10.1(b) のような超伝導状態では，外部から試料に磁界を印加しても，磁力線が試料内部に入ることができず，磁力線は試料からはじき出される．つまり，超伝導状態における試料の中の磁束密度 $\boldsymbol{B}$ は，次式のように 0 となる．

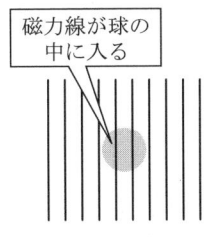

(a) 常伝導状態 ($T > T_c$)　磁力線が球の中に入る

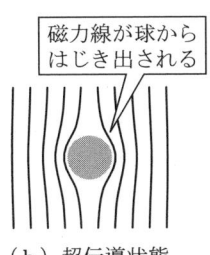

(b) 超伝導状態 ($T < T_c$)　磁力線が球からはじき出される

図 10.1　超伝導体球のマイスナー効果

$$B = \mu_0(H + M) = 0 \tag{10.1}$$

式 (10.1)，(9.7) から

$$M = -H = \chi_{\mathrm{m}} H \tag{10.2}$$

という関係が導かれ，超伝導状態では磁化率 $\chi_{\mathrm{m}} = -1$ となる．このような状態を**完全反磁性** (perfect demagnetization) という．ここまで説明してきたように，磁力線が試料内部に入ることができず，試料の中の磁束密度 B が 0 になる現象を**マイスナー効果** (Meissner effect) とよんでいる．

― Point ―

超伝導状態では
1. 電気抵抗が 0 になる．
2. 試料中の磁束密度 B が 0 になる（マイスナー効果）．

◆ **第 I 種超伝導体と第 II 種超伝導体**　十分に長い試料に対して，試料の長さ方向に外部から磁界 H_0 を印加すると，反磁化磁界 H_1 が無視できる．したがって，式 (10.1) において $H = H_0 + H_1 \simeq H_0$ となり，次式が得られる．

$$B \simeq \mu_0(H_0 + M) = 0 \tag{10.3}$$

図 10.2 に磁化 $-M$ と外部から印加した磁界 H_0 との関係を示す．図 10.2(a) のような超伝導体を**第 I 種超伝導体** (type I superconductor) という．外部磁界 H_0 が大きくなって磁力線が試料に侵入しはじめる磁界を臨界磁界 H_{c} とよび，第 I 種超伝導体では，外部磁界 H_0 が臨界磁界 H_{c} に達するまで，磁化 $-M$ が外部磁界 H_0 に比例する．一方，外部磁界 H_0 が臨界磁界 H_{c} 以上になると，磁化 $-M$ が 0 になり常伝導体となる

図 10.2(b) のような超伝導体を**第 II 種超伝導体** (type II superconductor) という．第 II 種超伝導体では，臨界磁界 H_{c} よりも小さな磁界 $H_{\mathrm{c}1}$ で磁力線が試料に侵入しは

（a）第 I 種超伝導体　　（b）第 II 種超伝導体

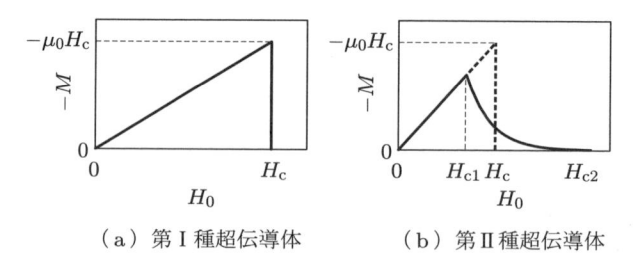

図 **10.2**　超伝導磁化曲線

じめ，磁界 H_{c2} まで超伝導的な電気特性を示す．

外部から試料に印加された磁束密度を $B_0 = \mu_0 H_0$ とすると，磁化 $-M$ に対してなされた仕事 F は，次のように表される．

$$dF = -M \cdot dB_0 \tag{10.4}$$

式 (10.4), (10.2) から，超伝導状態における仕事 F_S は，次のように表される．

$$dF_S = \frac{B_0}{\mu_0} dB_0 \tag{10.5}$$

したがって，超伝導体の自由エネルギー密度 F_S の増加は，次のようになる．

$$F_S(B_0) - F_S(0) = \frac{B_0{}^2}{2\mu_0} \tag{10.6}$$

―― Point ――
第 I 種超伝導体 —— 臨界磁界 H_c で磁化が不連続に変化する
第 II 種超伝導体 —— 磁界 $H_{c1} \leq H_0 \leq H_{c2}$ の範囲で磁化が連続に変化する

10.2 ロンドン方程式

◆ **電流密度**　超伝導状態では，電気抵抗は 0 になる．では，超伝導状態における試料を流れる電流は，無限大だろうか．答えは否である．これから，超伝導状態における試料中での電流密度 j を求めてみよう．

量子力学から，キャリアの速度 v は，次式で与えられる．

$$v = \frac{1}{m}(-i\hbar\nabla - qA) \tag{10.7}$$

ただし，m はキャリアの質量，$\hbar = h/(2\pi)$ はディラック定数，h はプランク定数，q はキャリアの電荷，A はベクトルポテンシャルである．ここで，波動関数を

$$\psi(r) = \psi_0 \exp[i\theta(r)] \tag{10.8}$$

とおくと，電流密度 j は，次のようになる．

$$j = \frac{nq}{m}(\hbar\nabla\theta - qA) \tag{10.9}$$

式 (10.9) の回転 (rotation) をとると，次の結果が得られる．

$$\mathrm{rot}\,j = -\frac{nq^2}{m}\mathrm{rot}\,A = -\frac{nq^2}{m}B = -\frac{1}{\mu_0 \lambda_L{}^2}B \tag{10.10}$$

ただし，$\bm{B} = \mathrm{rot}\,\bm{A}$ を用いた．また，λ_L は次のように定義されている．

$$\lambda_\mathrm{L} \equiv \left(\frac{m}{\mu_0 n q^2}\right)^{\frac{1}{2}} \tag{10.11}$$

式 (10.9) において，$\nabla\theta = 0$ となるように θ を選び，式 (10.11) を用いると，超伝導状態における電流密度 $\bm{j}$ は，次のように表される．

$$\bm{j} = -\frac{nq^2}{m}\bm{A} = -\frac{1}{\mu_0 \lambda_\mathrm{L}^2}\bm{A} \tag{10.12}$$

この節で導いた式 (10.10)，(10.12) は，**ロンドン方程式** (London equation) とよばれている．

Point

超伝導体における電流密度 $\bm{j}$ は有限である．

$$\bm{j} = -\frac{1}{\mu_0 \lambda_\mathrm{L}^2}\bm{A}$$

▶ **例題 10.1** 超伝導状態における電流密度 $\bm{j}$ を与える式 (10.9) を導け．

解 電流密度 $\bm{j}$ は，キャリア濃度 n，キャリアの電荷 q，キャリアの速度の期待値 $\langle\bm{v}\rangle$ を用いて，次のように求められる．

$$\bm{j} = nq\langle\bm{v}\rangle = nq\frac{\int \psi^*(\bm{r})\bm{v}\psi(\bm{r})\,\mathrm{d}\bm{r}}{\int \psi^*(\bm{r})\psi(\bm{r})\,\mathrm{d}\bm{r}} = \frac{nq}{m}(\hbar\nabla\theta - q\bm{A}) \tag{10.13}$$

◆ **ロンドンの侵入深さ** 静電界のもとでは，マクスウェルの方程式から，次の関係が成り立つ．

$$\mathrm{rot}\,\bm{B} = \mu_0 \bm{j}, \quad \mathrm{div}\,\bm{B} = 0 \tag{10.14}$$

式 (10.14) とベクトル解析の公式を用いると，次の結果が得られる．

$$\nabla^2 \bm{B} = \frac{1}{\lambda_\mathrm{L}^2}\bm{B} \tag{10.15}$$

1 次元の場合，式 (10.15) は，

$$\frac{\mathrm{d}^2 B}{\mathrm{d}x^2} = \frac{1}{\lambda_\mathrm{L}^2}B \tag{10.16}$$

となる．式 (10.16) の解として，次のようなものが存在する．

$$B = B_0 \exp\left(-\frac{x}{\lambda_\mathrm{L}}\right) \tag{10.17}$$

式 (10.17) から，λ_L が磁束密度 B の試料中への侵入深さを示していることがわかる．このことから，式 (10.11) で定義した λ_L は**ロンドンの侵入深さ** (London penetration depth) とよばれている．

▶ **例題 10.2**　式 (10.15) を導出せよ．

解　式 (10.14) の回転をとると，次のようになる．

$$\mathrm{rot}\,\mathrm{rot}\,\boldsymbol{B} = \mu_0 \,\mathrm{rot}\,\boldsymbol{j} = -\frac{1}{\lambda_\mathrm{L}{}^2}\boldsymbol{B} \tag{10.18}$$

ただし，式 (10.10) を用いた．
ベクトル解析の公式から，

$$\mathrm{rot}\,\mathrm{rot}\,\boldsymbol{B} = -\nabla^2 \boldsymbol{B} + \nabla(\mathrm{div}\,\boldsymbol{B}) \tag{10.19}$$

である．ここで，$\mathrm{div}\,\boldsymbol{B} = 0$ を用いると，次のようになる．

$$\mathrm{rot}\,\mathrm{rot}\,\boldsymbol{B} = -\nabla^2 \boldsymbol{B} \tag{10.20}$$

式 (10.18), (10.20) から，式 (10.15) が得られる．

10.3　ジョゼフソン効果

◆ **二つの超伝導体の間に絶縁体を挿入した系**　図 10.3 のように，二つの超伝導体の間に絶縁体を挿入した系を考える．この系では，**クーパー対** (Cooper pair) とよばれる電子対が，二つの超伝導体間に存在する絶縁体を**トンネリング** (tunneling) によって通り抜けることで，**直流ジョゼフソン効果** (DC Josephson effect) や，**交流ジョゼ**

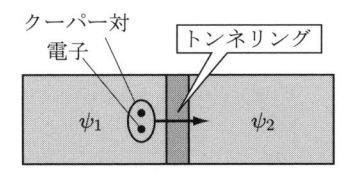

図 10.3　二つの超伝導体の間に絶縁体を挿入した系

フソン効果 (AC Josephson effect) が現れる.

◆ **直流ジョゼフソン効果** 　　直流ジョゼフソン効果とは, 外部に電界や磁界が存在しなくても, 接合部に直流電流が流れる現象である. 接合部の両側でのクーパー対の波動関数をそれぞれ ψ_1, ψ_2 とすると, 時間に依存するシュレーディンガー方程式は, 次のようになる.

$$\mathrm{i}\hbar\frac{\partial \psi_1}{\partial t} = \hbar T \psi_2, \quad \mathrm{i}\hbar\frac{\partial \psi_2}{\partial t} = \hbar T \psi_1 \tag{10.21}$$

ここで, $\hbar T$ は絶縁体を通しての電子対の結合, または伝達相互作用を示している. もし, 絶縁体の厚みがとても大きければ, $T = 0$ となり, クーパー対のトンネリングは生じない. ここで, 超伝導体 1, 超伝導体 2 における電子濃度をそれぞれ n_1, n_2 とし, 接合部の両側でのクーパー対の波動関数 ψ_1, ψ_2 を

$$\psi_1 = \sqrt{n_1}\exp(\mathrm{i}\theta_1), \quad \psi_2 = \sqrt{n_2}\exp(\mathrm{i}\theta_2) \tag{10.22}$$

とおくと, 接合部を流れる電流 I は, 次のように表される.

$$I = I_0 \sin(\theta_2 - \theta_1) \tag{10.23}$$

▶ **例題 10.3** 　直流ジョゼフソン効果において, 接合部を流れる電流 I を与える式 (10.23) を導け.

解 　式 (10.22) を式 (10.21) に代入して整理すると, 次式が得られる.

$$\mathrm{i}\frac{1}{2}\frac{\partial n_1}{\partial t} - n_1 \frac{\partial \theta_1}{\partial t} = T\sqrt{n_1 n_2}\exp[\mathrm{i}(\theta_2 - \theta_1)] \tag{10.24}$$

$$\mathrm{i}\frac{1}{2}\frac{\partial n_2}{\partial t} - n_2 \frac{\partial \theta_2}{\partial t} = T\sqrt{n_1 n_2}\exp[-\mathrm{i}(\theta_2 - \theta_1)] \tag{10.25}$$

ここで, オイラーの公式

$$\exp(\pm \mathrm{i}\theta) = \cos\theta \pm \mathrm{i}\sin\theta \tag{10.26}$$

を用いて, 式 (10.24), (10.25) の両辺の実部と虚部を比較すると, 次の関係が導かれる.

$$\frac{\partial \theta_1}{\partial t} = -T\sqrt{\frac{n_2}{n_1}}\cos(\theta_2 - \theta_1) \tag{10.27}$$

$$\frac{\partial n_1}{\partial t} = 2T\sqrt{n_1 n_2}\sin(\theta_2 - \theta_1) \tag{10.28}$$

$$\frac{\partial \theta_2}{\partial t} = -T\sqrt{\frac{n_1}{n_2}}\cos(\theta_2 - \theta_1) \tag{10.29}$$

$$\frac{\partial n_2}{\partial t} = -2T\sqrt{n_1 n_2}\sin(\theta_2 - \theta_1) \tag{10.30}$$

接合部を流れる電流 I は，$\dfrac{\partial n_1}{\partial t} = -\dfrac{\partial n_2}{\partial t}$ に比例する．つまり，式 (10.28), (10.30) から，接合部を流れる電流 I は $\sin(\theta_2 - \theta_1)$ に比例する．したがって，比例係数を I_0 とおくと，接合部を流れる電流 I は，次のように表される．

$$I = I_0 \sin(\theta_2 - \theta_1) \tag{10.31}$$

◆ **交流ジョゼフソン効果**　交流ジョゼフソン効果とは，接合部に直流電圧をかけたときに高周波電流が流れたり，あるいは接合部に高周波電圧をかけたときに直流電流が流れる現象である．

接合部に直流電圧 V を印加したときは，時間に依存するシュレーディンガー方程式は，次のようになる．

$$i\hbar \frac{\partial \psi_1}{\partial t} = \hbar T \psi_2 - eV\psi_1, \quad i\hbar \frac{\partial \psi_2}{\partial t} = \hbar T \psi_1 + eV\psi_2 \tag{10.32}$$

このとき，接合部を流れる電流 I は，次のように表される．

$$I = I_0 \sin\left[\delta(0) - \frac{2eVt}{\hbar}\right] \tag{10.33}$$

ここで，$\delta(0)$ は $t=0$ における位相差 $\theta_2 - \theta_1$ である．

最後に，超伝導リングを例にとって，位相差 $\theta_2 - \theta_1$ と磁束 Φ との関係を考えてみよう．磁束が超伝導リングを貫いている様子と，接合部を流れる電流 I の時間 t に対する変化を図 10.4 に示す．

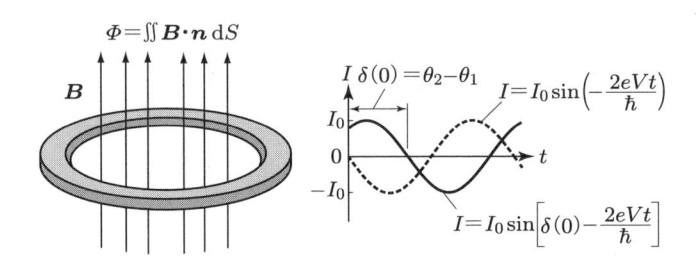

図 10.4　超伝導リング

リングにおいてマイスナー効果が生じているときは，リング内で磁束密度 $\boldsymbol{B}=0$，電流密度 $\boldsymbol{j}=0$ だから，式 (10.9) から

$$\hbar \nabla \theta = q\boldsymbol{A} \tag{10.34}$$

となる．ここで，式 (10.34) 左辺の周回積分をとると，次のようになる．

$$\oint_C \hbar \nabla \theta \cdot \mathrm{d}\boldsymbol{l} = \hbar (\theta_2 - \theta_1) \tag{10.35}$$

一方，式 (10.34) 右辺の周回積分をとると，ストークスの定理から

$$q \oint_C \boldsymbol{A} \cdot \mathrm{d}\boldsymbol{l} = q \iint \mathrm{rot}\,\boldsymbol{A} \cdot \boldsymbol{n}\,\mathrm{d}S = q \iint \boldsymbol{B} \cdot \boldsymbol{n}\,\mathrm{d}S = q\Phi \tag{10.36}$$

である．ここで，$\boldsymbol{n}$ は周回積分経路で囲まれる曲面の単位法線ベクトルである．

式 (10.35)，(10.36) から，次の結果が導かれる．

$$|\theta_2 - \theta_1| = \frac{2e}{\hbar} \Phi \tag{10.37}$$

ただし，クーパー対に対して電荷 $q = -2e$ であることを用いた．

演習問題

【10.1 超伝導体球におけるマイスナー効果】 臨界磁界 H_c をもつ第 I 種超伝導体球を考える．

(a) 外部から一様な磁界 H_0 が印加され，マイスナー効果が観測されているとする．このとき，外部印加磁界 H_0 を用いて，超伝導体球の中の磁化 M を表せ．
(b) 外部印加磁界 H_0 を用いて，球内の磁界 H_{in} を示せ．

【10.2 超伝導体板への磁界の侵入】 図 10.5 のような，yz 平面に広がった厚さ δ の超伝導体板について考える．この超伝導体板に外部から y 軸方向の磁界 $\boldsymbol{H}_0 = H_0 \hat{\boldsymbol{y}}$（磁束密度 $\boldsymbol{B}_0 = B_0 \hat{\boldsymbol{y}}$）を印加するとき，次の問いに答えよ．

(a) 超伝導体板の中の磁束密度 $B(x)$ を求めよ．ただし，超伝導体板の中央を $x = 0$ とせよ．
(b) 超伝導体板の中の有効磁化 $M(x)$ を，$B(x) - B_0 = \mu_0 M(x)$ で定義する．超伝導体板の厚さ δ がロンドンの侵入深さ λ_{L} に比べて十分小さい（$\delta \ll \lambda_{\mathrm{L}}$）とき，有効磁化 $M(x)$ を求めよ．

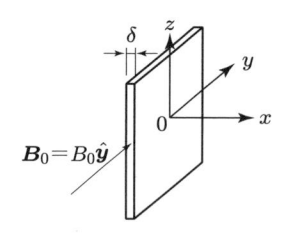

図 10.5 超伝導体への磁界の侵入

【10.3 超伝導体板の臨界磁界】 厚さ δ の超伝導体板が,外部磁界 H_0 の中に置かれている.このとき,次の問いに答えよ.

(a) 超伝導体板の厚さ δ がロンドンの侵入深さ λ_L に比べて十分小さい ($\delta \ll \lambda_L$) とき,$T = 0\,\mathrm{K}$ における自由エネルギー密度 $F_S(x, B_0)$ を求めよ.ただし,運動エネルギーの寄与は無視せよ.

(b) 超伝導体板の厚さ方向にわたって,自由エネルギー密度 F_S に対する磁気的な寄与を平均せよ.

【10.4 ロンドンの侵入深さ】

(a) 電流密度 $\boldsymbol{j}$ の時間 t についての偏導関数 $\partial \boldsymbol{j}/\partial t$ を求めよ.
(b) 電荷 q,質量 m をもつ自由キャリアに対して,次の運動方程式

$$m\frac{\mathrm{d}\boldsymbol{v}}{\mathrm{d}t} = q\boldsymbol{E} \tag{10.38}$$

が成り立つとき,ロンドンの侵入深さ λ_L を求めよ.

【10.5 交流ジョゼフソン効果】 式 (10.33) を導出せよ.

【10.6 ジョゼフソン接合における電流】 図 10.6 のような長方形の断面をもつ接合(幅 w,接合の厚さ d)において,この面に垂直に磁界(磁束密度 $\boldsymbol{B}$)が印加されている場合を考える.簡単のため,$\boldsymbol{B} = 0$ において,二つの超伝導体の位相差を $\pi/2$ とするとき,直流電流 I を求めよ.

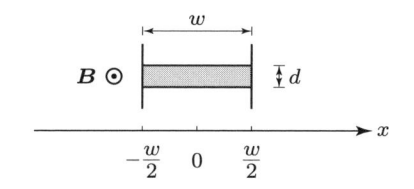

図 10.6 ジョゼフソン接合

第11章
合 金

> ●●● この章の目的 ●●●
>
> 合金とは，金属と別の元素を混合したものである．この章では，構造の秩序の観点から，合金における X 線回折，エネルギー，エントロピーについて説明する．
>
> ● キーワード ●
> 秩序，長距離的秩序，短距離的秩序，混合のエントロピー

11.1 秩序状態と無秩序状態

◆ **長距離的秩序と短距離的秩序**　合金 (alloy) とは，2 種類以上の金属を混合したもの，あるいは金属と炭素 (C)，シリコン (Si) などの非金属元素を混合したものである．絶対零度では，合金を構成する複数の種類の原子が，規則正しく格子点を占有し，このような状態を**秩序状態** (ordered state) という．しかし，温度が上昇すると秩序が乱れ，転移温度 T_c 以上では，合金を構成する複数の種類の原子が，格子点にランダムに配置される．このような状態を**無秩序状態** (disordered state) という．

転移温度 T_c 以上では，原子間距離以上の長距離にわたる秩序，すなわち**長距離的秩序** (long-range order) は消失する．しかし，隣接原子間の相関のような短距離における秩序，つまり**短距離的秩序** (short-range order) は，残っていることもある．

◆ **回折線の強度**　秩序状態と無秩序状態について，回折線の強度を与える構造因子を比較しよう．例として，格子定数 a をもつ塩化セシウム構造の CuZn を考える．

秩序状態にある CuZn では，図 11.1 のように，Cu 原子が $(x, y, z) = (0, 0, 0)$ の位置を占め，Zn 原子が $\left(\dfrac{a}{2}, \dfrac{a}{2}, \dfrac{a}{2}\right)$ の位置を占める．このとき，h, k, l を整数として，単純立方格子の逆格子ベクトル $\boldsymbol{G}$ として

$$\boldsymbol{G} = \frac{2\pi}{a}\left(h\hat{\boldsymbol{x}} + k\hat{\boldsymbol{y}} + l\hat{\boldsymbol{z}}\right) \tag{11.1}$$

を用いると，構造因子 $S(hkl)$ は，次のようになる．

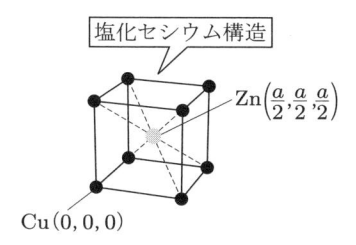

図 11.1 塩化セシウム構造の CuZn（秩序状態）

$$S(hkl) = f_{\text{Cu}} + f_{\text{Zn}} \exp[-i\pi(h+k+l)] \tag{11.2}$$

ここで，f_{Cu}，f_{Zn} は，それぞれ Cu，Zn の原子形状因子であり，$f_{\text{Cu}} \neq f_{\text{Zn}}$ である．したがって，秩序状態にある CuZn では，$(h+k+l)$ の値が偶数，奇数にかかわらず，回折線がすべて現れる．

一方，無秩序状態の CuZn では，Cu または Zn 原子が $(0,0,0)$ の位置を占め，そして Zn または Cu 原子が $\left(\frac{a}{2}, \frac{a}{2}, \frac{a}{2}\right)$ の位置を占める．このとき，構造因子 $\langle S(hkl) \rangle$ は，平均原子形状因子 $\langle f \rangle = (f_{\text{Cu}} + f_{\text{Zn}})/2$ を用いて，

$$\langle S(hkl) \rangle = \langle f \rangle + \langle f \rangle \exp[-i\pi(h+k+l)] \tag{11.3}$$

となる．つまり，無秩序状態では，$(h+k+l)$ が偶数の場合，$\exp[-i\pi(h+k+l)] = 1$ なので，$\langle S(hkl) \rangle = 2\langle f \rangle$ となって回折線は現れるが，$(h+k+l)$ が奇数の場合，$\exp[-i\pi(h+k+l)] = -1$ なので，$\langle S(hkl) \rangle = 0$ となって回折線は消失する．

Point
秩序状態と無秩序状態で，構造因子が変わる ⇨ 回折条件が変わる

11.2 二元合金における秩序化の理論

◆ **長距離的秩序を表すパラメータ** 原子 A と原子 B から構成される二元合金を考える．そして，原子 A，B が，合金の中に N 個ずつ存在すると仮定する．いま，二つの格子 a，b を考え，長距離的秩序を表すパラメータ P を導入する．このパラメータ P を用いて，格子 a の中に原子 A が存在する確率を $\frac{1}{2}(1+P)$，格子 b の中に原子 A が存在する確率を $\frac{1}{2}(1-P)$ とする．また，格子 a の中に原子 B が存在する確率を $\frac{1}{2}(1-P)$，格子 b の中に原子 B が存在する確率を $\frac{1}{2}(1+P)$ と約束する．これらの関係を表 11.1 に示す．

このとき，格子 a の中の原子 A の数は $\frac{1}{2}(1+P)N$，格子 b の中の原子 A の数は

表 11.1 格子の中に原子 A, B が存在する確率

原子の種類	格子 a に存在する確率	格子 b に存在する確率
原子 A	$\frac{1}{2}(1+P)$	$\frac{1}{2}(1-P)$
原子 B	$\frac{1}{2}(1-P)$	$\frac{1}{2}(1+P)$

$\frac{1}{2}(1-P)N$ となる．一方，格子 a の中の原子 B の数は $\frac{1}{2}(1-P)N$，格子 b の中の原子 B の数は $\frac{1}{2}(1+P)N$ となる．パラメータ $P = \pm 1$ の場合，原子 A は二つの格子 a, b のどちらか一方だけに存在し，秩序は完全となる．たとえば，原子 A が格子 a だけに存在すれば，原子 B は格子 b だけに存在する．一方，$P=0$ のときは，一つの格子は同数の原子 A, B を含み，長距離的秩序は存在しない．

◆ **全エネルギー** 　二元合金の全エネルギー E は，隣接した原子のペア AA, AB, BB の結合から，次のように表すことができる．

$$E = N_{\mathrm{AA}}U_{\mathrm{AA}} + N_{\mathrm{BB}}U_{\mathrm{BB}} + N_{\mathrm{AB}}U_{\mathrm{AB}} \tag{11.4}$$

ただし，N_{ij} は隣接原子 ij 間の結合数，U_{ij} は ij 結合のエネルギーである．

ここで，二つの格子 a, b を用いて，体心立方格子を表してみよう．格子定数 a をもつ二つの単純立方格子を考え，格子点●をもつ格子 a と，格子点○をもつ格子 b が，$\frac{a}{2}(\hat{\boldsymbol{x}} + \hat{\boldsymbol{y}} + \hat{\boldsymbol{z}})$ だけ移動して重ね合わされると，図 11.2 のようになる．つまり，二つの単純立方格子から体心立方格子を作ることができる．

長距離的秩序を表すパラメータ P を用いて，格子 a の中に原子 A が存在する確率を $\frac{1}{2}(1+P)$，格子 b の中に原子 A が存在する確率を $\frac{1}{2}(1-P)$ としたから，格子 a の一つの格子点と格子 b の一つの格子点の間での原子 A どうしの結合，つまり AA 結合が生ずる確率 f_{AA} は，次のようになる．

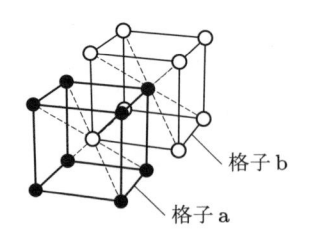

図 11.2 格子 a, b を用いて示した体心立方構造

11.2 二元合金における秩序化の理論

$$f_{\mathrm{AA}} = \left[\frac{1}{2}(1+P)\right]\left[\frac{1}{2}(1-P)\right] \tag{11.5}$$

さらに，格子 a の一つの格子点の最近接格子点として，格子 b の格子点が 8 個あることを考慮すると，次の結果が得られる．

$$N_{\mathrm{AA}} = 8\left[\frac{1}{2}(1+P)\right]\left[\frac{1}{2}(1-P)\right]N = 2(1-P^2)N \tag{11.6}$$

原子 B どうしの結合である BB 結合や，原子 A と原子 B の結合である AB 結合についても同様に考えると，次式が得られる．

$$N_{\mathrm{BB}} = 8\left[\frac{1}{2}(1-P)\right]\left[\frac{1}{2}(1+P)\right]N = 2(1-P^2)N \tag{11.7}$$

$$N_{\mathrm{AB}} = 8\left[\frac{1}{2}(1+P)\right]^2 N + 8\left[\frac{1}{2}(1-P)\right]^2 N = 4(1+P^2)N \tag{11.8}$$

▶**例題 11.1** 隣接原子間の結合数 N_{BB}, N_{AB} をそれぞれ与える式 (11.7)，(11.8) を導け．

解 長距離的秩序を表すパラメータ P を用いて，格子 a の中に原子 B が存在する確率を $\frac{1}{2}(1-P)$，格子 b の中に原子 B が存在する確率を $\frac{1}{2}(1+P)$ と約束した．したがって，格子 a の一つの格子点と格子 b の一つの格子点の間での原子 B どうしの結合，つまり BB 結合が生ずる確率 f_{BB} は，次のようになる．

$$f_{\mathrm{BB}} = \left[\frac{1}{2}(1-P)\right]\left[\frac{1}{2}(1+P)\right] \tag{11.9}$$

さらに，格子 a の一つの格子点の最近接格子点として，格子 b の格子点が 8 個あることを考慮すると，式 (11.7) に示した次の結果が得られる．

$$N_{\mathrm{BB}} = 8\left[\frac{1}{2}(1-P)\right]\left[\frac{1}{2}(1+P)\right]N = 2(1-P^2)N \tag{11.10}$$

格子 a の中に原子 A が存在する確率と格子 b の中に原子 B が存在する確率は，どちらも $\frac{1}{2}(1+P)$ である．また，格子 a の中に原子 B が存在する確率と格子 b の中に原子 A が存在する確率は，どちらも $\frac{1}{2}(1-P)$ である．したがって，格子 a の一つの格子点と格子 b の一つの格子点の間での原子 A と原子 B の結合，つまり AB 結合が生ずる確率 f_{AB} は，

$$f_{\mathrm{AB}} = \left[\frac{1}{2}(1+P)\right]^2 + \left[\frac{1}{2}(1-P)\right]^2 \tag{11.11}$$

となる．さらに，格子 a の一つの格子点の最近接格子点として，格子 b の格子点が 8 個あることを考慮すると，式 (11.8) に示した次の結果が得られる．

$$N_{AB} = 8\left[\frac{1}{2}(1+P)\right]^2 N + 8\left[\frac{1}{2}(1-P)\right]^2 N = 4(1+P^2)N \qquad (11.12)$$

式 (11.6)〜(11.8) を式 (11.4) に代入すると，二元合金の全エネルギー E は，

$$E = E_0 + 2NP^2 U \qquad (11.13)$$

と表される．ただし，E_0 と U は，それぞれ次のようにおいた．

$$E_0 = 2N(U_{AA} + U_{BB} + 2U_{AB}), \quad U = 2U_{AB} - U_{AA} - U_{BB} \qquad (11.14)$$

◆ **混合のエントロピー** 2 種類の原子 A, B から構成される二元合金のエントロピーを考えてみよう．状態数 W は，N 個の原子 A と N 個の原子 B を二つの格子 a, b に振り分ける組合せの数である．まず，原子 A について考えると，格子 a の中の原子 A の数は $\frac{1}{2}(1+P)N$，格子 b の中の原子 A の数は $\frac{1}{2}(1-P)N$ だから，原子 A を二つの格子 a, b に振り分ける組合せの数 W_A は，次のようになる．

$$W_A = \frac{N!}{\left[\frac{1}{2}(1+P)N\right]!\left[\frac{1}{2}(1-P)N\right]!} \qquad (11.15)$$

同様にして，原子 B を二つの格子 a, b に振り分ける組合せの数 W_B は，

$$W_B = \frac{N!}{\left[\frac{1}{2}(1-P)N\right]!\left[\frac{1}{2}(1+P)N\right]!} \qquad (11.16)$$

となる．原子 A と原子 B を二つの格子 a, b に振り分ける事象は，それぞれ独立だから，式 (11.15), (11.16) を用いると，状態数 W は次のように求められる．

$$W = W_A \times W_B = \left[\frac{N!}{\left[\frac{1}{2}(1+P)N\right]!\left[\frac{1}{2}(1-P)N\right]!}\right]^2 \qquad (11.17)$$

したがって，二元合金のエントロピー $S = k_B \sigma = k_B \ln W$ は，

$$S = 2Nk_B \ln 2 - Nk_B\big[(1+P)\ln(1+P) + (1-P)\ln(1-P)\big] \qquad (11.18)$$

と表される．このような合金のエントロピーを**混合のエントロピー** (entropy of mixing) という．式 (11.13), (11.18) から，ヘルムホルツの自由エネルギー F は，

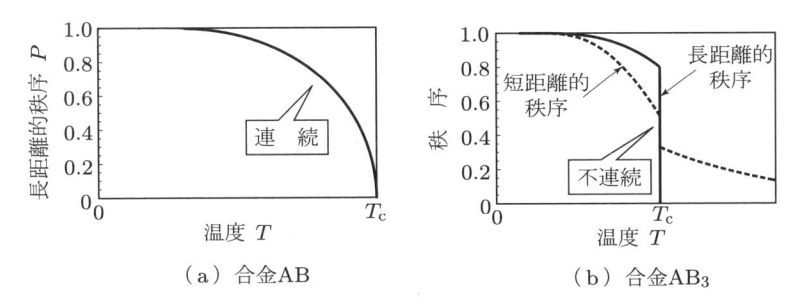

![graph a]	![graph b]
(a) 合金AB	(b) 合金AB₃

図 11.3 (a) 合金 AB と (b) 合金 AB₃ に対する秩序と温度との関係

$$F = E_0 + 2NP^2U - 2Nk_\text{B}T\ln 2 \\ + Nk_\text{B}T\bigl[(1+P)\ln(1+P) + (1-P)\ln(1-P)\bigr] \quad (11.19)$$

となる．平衡状態において，長距離的秩序を表すパラメータ P は，

$$\frac{\partial F}{\partial P} = 4NPU + Nk_\text{B}T\ln\frac{1+P}{1-P} = 0 \quad (11.20)$$

を解くことによって与えられる．式 (11.20) から，二元合金 AB に対して，長距離的秩序を表すパラメータ P と温度 T の関係を図示すると，図 11.3 (a) のようになる．二元合金 AB では，長距離的秩序を表すパラメータ P が，転移温度 T_c まで，温度 T に対して連続に変化している．つまり，2 次の相転移が起きている．また，図 11.3 (b) に，合金 AB₃ に対する長距離的秩序（実線）と短距離的秩序（破線）の温度 T 依存性を示す．合金 AB₃ では，長距離的秩序と短距離的秩序が，どちらも転移温度 T_c において，温度 T に対して不連続に変化している．つまり，1 次の相転移が起きている．

演習問題

【11.1 合金 Cu₃Au の構造因子】 合金 Cu₃Au (75% Cu, 25% Au) は，400°C 以下で秩序状態をとる．すなわち，格子定数 a をもつ面心立方格子において，Au 原子が $(0,0,0)$ の位置を占め，Cu 原子が $\left(\frac{a}{2},\frac{a}{2},0\right)$, $\left(\frac{a}{2},0,\frac{a}{2}\right)$, $\left(0,\frac{a}{2},\frac{a}{2}\right)$ の位置を占める．この合金の無秩序状態に対する構造因子 $\langle S(hkl)\rangle$ と，秩序状態に対する構造因子 $S(hkl)$ を求めよ．

【11.2 シリコンと金の合金】
(a) シリコン (Si) 結晶表面に金 (Au) の層を 1000 Å 蒸着してから，400°C まで加熱する．このとき，シリコン (Si) 結晶中に金 (Au) が侵入する深さを計算せよ．ただし，400°C におけるシリコン (Si) と金 (Au) の存在比は，それぞれ 0.32, 0.68 である．また，シリコン (Si) と金 (Au) の密度は，それぞれ 2.33 g cm⁻³, 19.3 g cm⁻³ である．
(b) 800°C におけるシリコン (Si) と金 (Au) の存在比は，それぞれ 0.44, 0.56 である．このとき，シリコン (Si) 結晶中への金 (Au) の侵入深さを求めよ．

第12章
電磁界との相互作用

> ● ● ● この章の目的 ● ● ●
>
> これまで，結晶を導電性や磁性に応じて分類して説明してきた．この章では，これらの結晶に共通する，電磁界との相互作用について説明する．
>
> ● キーワード ●
> 振幅反射率，屈折率，消衰係数，複素屈折率，複素誘電率，パワー反射率，クラマース-クローニッヒの関係，モット-ワニエ励起子，フレンケル励起子，核磁気共鳴，縦緩和時間，横緩和時間，ブロッホ方程式

12.1 光の反射

◆ **振幅反射率** 入射光の電界に対する反射率，すなわち**振幅反射率** (reflectivity coefficient) r は，一般に複素関数である．そして，結晶面への入射電界 E_{in} と反射電界 E_{ref} の比として，次式で定義される．

$$r \equiv \frac{E_{\mathrm{ref}}}{E_{\mathrm{in}}} \equiv \rho \exp(\mathrm{i}\theta) \tag{12.1}$$

ここで，ρ は振幅反射率の振幅，θ は位相である．結晶表面に垂直に光が入射したときの反射の様子を，模式的に図 12.1 に示す．

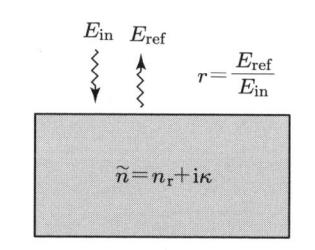

図 12.1 垂直入射時の光の反射

◆ **複素屈折率** 結晶表面に垂直に光が入射する場合，**屈折率** (refractive index) n_{r} と**消衰係数** (extinction coefficient) κ を用いて，振幅反射率 r は，次式のように表される．

$$r = \frac{n_{\mathrm{r}} + \mathrm{i}\kappa - 1}{n_{\mathrm{r}} + \mathrm{i}\kappa + 1} \tag{12.2}$$

屈折率 n_{r} と消衰係数 κ は，光の角周波数 ω の関数であり，屈折率 n_{r} と消衰係数 κ の光の角周波数 ω に対する依存性は，**分散関係** (dispersion relation) とよばれている．

▶ **例題 12.1** 結晶表面に垂直に光が入射するときの振幅反射率 r を与える式 (12.2) を導出せよ．

解 入射光として，x 方向に伝搬する平面波を考え，電界が y 成分のみをもつとする．そして，入射光の電界 E_y を次のようにおく．

$$E_y = A \exp[-\mathrm{i}(\omega t - kx)] \tag{12.3}$$

ここで，A は入射光の電界の振幅，ω は入射光の角周波数，k は入射光の波数である．また，反射光の電界 E'_y，透過光の電界 E''_y をそれぞれ次のように表す．

$$E'_y = -A' \exp[-\mathrm{i}(\omega t + kx)], \quad E''_y = A'' \exp[-\mathrm{i}(\omega t - k''x)] \tag{12.4}$$

ただし，結晶内を伝搬する透過光の波数 k'' は，結晶の複素屈折率を用いて，次式で表される．

$$k'' = (n_\mathrm{r} + \mathrm{i}\kappa)\frac{\omega}{c} = (n_\mathrm{r} + \mathrm{i}\kappa)k = \sqrt{\varepsilon}\,k \tag{12.5}$$

ここで，c は真空中の光速である．さて，マクスウェル方程式から

$$\mathrm{rot}\,\boldsymbol{E} = -\frac{\partial \boldsymbol{B}}{\partial t} \tag{12.6}$$

という関係があるので，磁界は z 成分のみをもち，入射光の磁界 H_z，反射光の磁界 H'_z，透過光の磁界 H''_z は，次のように表される．

$$H_z = -\sqrt{\frac{\varepsilon_0}{\mu_0}} A \exp[-\mathrm{i}(\omega t - kx)] \tag{12.7}$$

$$H'_z = -\sqrt{\frac{\varepsilon_0}{\mu_0}} A' \exp[-\mathrm{i}(\omega t + kx)] \tag{12.8}$$

$$H''_z = -(n_\mathrm{r} + \mathrm{i}\kappa)\sqrt{\frac{\varepsilon_0}{\mu_0}} A'' \exp[-\mathrm{i}(\omega t - k''x)] \tag{12.9}$$

ここで，ε_0 は真空の誘電率，μ_0 は真空の透磁率である．

境界において電界の接線成分は連続，磁界の接線成分は連続だから，空気と結晶の境界を $x=0$ とすると，次式が成り立つ．

$$E_y + E'_y = E''_y, \quad H_z + H'_z = H''_z \tag{12.10}$$

したがって，

$$A - A' = A'', \quad A + A' = (n_\mathrm{r} + \mathrm{i}\kappa)A'' \tag{12.11}$$

が成立する．この結果，振幅反射率 r は，次のように求められる．

$$r = \frac{A'}{A} = \frac{n_\mathrm{r} + \mathrm{i}\kappa - 1}{n_\mathrm{r} + \mathrm{i}\kappa + 1} \tag{12.12}$$

屈折率 n_r と消衰係数 κ は，比誘電率 ε_s と次のような関係がある．

$$\varepsilon_\mathrm{s} \equiv (n_\mathrm{r} + \mathrm{i}\kappa)^2 \equiv \tilde{n}^2 \tag{12.13}$$

$$\tilde{n} = n_\mathrm{r} + \mathrm{i}\kappa \tag{12.14}$$

ここで導入した $\tilde{n}$ を**複素屈折率** (complex refractive index) とよぶ．また，式 (12.13) の比誘電率 ε_s を特に**複素誘電率** (complex dielectric constant) という．そして，実部 ε_sr と虚部 ε_si に分けて

$$\varepsilon_\mathrm{s} = \varepsilon_\mathrm{sr} + \mathrm{i}\varepsilon_\mathrm{si} \tag{12.15}$$

と表すと，屈折率 n_r と消衰係数 κ との間に，次の関係が成り立つ．

$$\varepsilon_\mathrm{sr} = n_\mathrm{r}^2 - \kappa^2, \quad \varepsilon_\mathrm{si} = 2n_\mathrm{r}\kappa \tag{12.16}$$

▶ **例題 12.2** 進行波の伝搬にともなう減衰あるいは増幅が，消衰係数 κ によって表されることを示せ．

解 いま，x 方向に伝搬する進行波の電界 $\boldsymbol{E}$ を次のように表す．

$$\boldsymbol{E} = \boldsymbol{E}_0 \exp\bigl[-\mathrm{i}(\omega t - kx)\bigr] \tag{12.17}$$

このとき，複素屈折率 $\tilde{n} = n_\mathrm{r} + \mathrm{i}\kappa$ を用いて，波数 k を次のようにおく．

$$k = \tilde{n}\frac{\omega}{c} = \frac{n_\mathrm{r}\omega}{c} + \mathrm{i}\frac{\kappa\omega}{c} \tag{12.18}$$

式 (12.18) を式 (12.17) に代入すると，次式が得られる．

$$\boldsymbol{E} = \boldsymbol{E}_0 \exp\left[-\mathrm{i}\left(\omega t - \frac{n_\mathrm{r}\omega}{c}x\right)\right] \exp\left(-\frac{\kappa\omega}{c}x\right) \tag{12.19}$$

式 (12.19) の $\exp\left(-\frac{\kappa\omega}{c}x\right)$ によって，消衰係数 κ が正であれば x 方向への伝搬にともなう減衰が，負であれば x 方向への伝搬にともなう増幅が表現できている．

> **— Point —**
> 複素屈折率 $\tilde{n} = n_\mathrm{r} + \mathrm{i}\kappa$ と進行波との関係
> $\kappa > 0$ —— 伝搬にともなう減衰
> $\kappa < 0$ —— 伝搬にともなう増幅

◆ **パワー反射率** 　入射光の強度に対する反射率, すなわち**パワー反射率** (reflectance) R は, 次式で与えられる.

$$R = \frac{E_\mathrm{ref}^* E_\mathrm{ref}}{E_\mathrm{in}^* E_\mathrm{in}} = r^* r = \rho^2 \tag{12.20}$$

ここで, 観測される入射光の強度が実数であることを考慮して, パワー反射率が実数となるように工夫し, 振幅反射率 r とその複素共役 r^* との積をとっていることに注意してほしい.

12.2　クラマース–クローニッヒの関係

◆ **応答関数** 　質量 M_j をもつ粒子に外力 F_j がはたらき, 減衰振動している系を考える. このとき, 粒子の位置を x_j とすると, 運動方程式は次のように表される.

$$M_j \left(\frac{\mathrm{d}^2}{\mathrm{d}t^2} + \rho_j \frac{\mathrm{d}}{\mathrm{d}t} + \omega_j{}^2 \right) x_j = F_j \tag{12.21}$$

ただし, $\rho_j > 0$ は減衰を表す係数であり, 減衰係数または緩和係数とよばれる. また, ω_j は振動角周波数である.

この系に対する**応答関数** (response function) $\alpha(\omega)$ を次のように定義する.

$$x_j = \alpha(\omega) F_j = \bigl[\alpha_\mathrm{r}(\omega) + \mathrm{i}\,\alpha_\mathrm{i}(\omega)\bigr] F_j \tag{12.22}$$

たとえば, 電荷 $-e$ をもつ電子に電界 E を印加すると, 外力 $F_j = -eE$ である. このとき, 電子濃度を n とすると, 分極 $P_j = -nex_j$ であり, 誘電関数 $\varepsilon(\omega)$ は, 応答関数 $\alpha(\omega)$ を用いて, 次のように表される.

$$\varepsilon(\omega) = 1 + \frac{P_j}{\varepsilon_0 E} = 1 - \frac{nex_j}{\varepsilon_0 E} = 1 + \frac{ne^2}{\varepsilon_0} \alpha(\omega) \tag{12.23}$$

次に, 電界 E が時間 t とともに振動し, 電子の位置 x_j も電界 E に追随して振動する場合を考える. そして, 電界 E と電子の位置 x_j を次のように仮定する.

$$E = E_0 \exp(-\mathrm{i}\omega t), \quad x_j = x_{j0} \exp(-\mathrm{i}\omega t) \tag{12.24}$$

さらに，電子ごとに位置 x_j が異なるとすると，式 (12.24) を式 (12.21) に代入し，j について和をとることで，応答関数 $\alpha(\omega)$ は，次のように求められる．

$$\alpha(\omega) = \sum_j \frac{f_j}{\omega_j{}^2 - \omega^2 - \mathrm{i}\omega\rho_j} = \sum_j f_j \frac{\omega_j{}^2 - \omega^2 + \mathrm{i}\omega\rho_j}{(\omega_j{}^2 - \omega^2)^2 + \omega^2\rho_j{}^2} \quad (12.25)$$

ただし，$f_j = 1/M_j$ とおいた．

◆ **コーシーの主値積分**　次のようなコーシー (Cauchy) の主値積分を考えよう．

$$\alpha(\omega) = \frac{1}{\mathrm{i}\pi} \mathrm{P} \int_{-\infty}^{\infty} \frac{\alpha(s)}{s - \omega} \mathrm{d}s \quad (12.26)$$

ここで，式 (12.26) の右辺の分母に虚数単位 i があることがポイントである．なお，積分記号 $\int$ の前の P は，主値 (principal value) の頭文字であり，$\mathrm{P}\int$ によって，主値積分であることを示している．

式 (12.26) から，$\alpha(\omega)$ の実部 $\alpha_\mathrm{r}(\omega)$ は，次のように表される．

$$\begin{aligned}
\alpha_\mathrm{r}(\omega) &= \frac{1}{\pi} \mathrm{P} \int_{-\infty}^{\infty} \frac{\alpha_\mathrm{i}(s)}{s - \omega} \mathrm{d}s = \frac{1}{\pi} \mathrm{P} \left[\int_{-\infty}^{0} \frac{\alpha_\mathrm{i}(p)}{p - \omega} \mathrm{d}p + \int_{0}^{\infty} \frac{\alpha_\mathrm{i}(s)}{s - \omega} \mathrm{d}s \right] \\
&= \frac{1}{\pi} \mathrm{P} \left[\int_{0}^{\infty} \frac{\alpha_\mathrm{i}(s)}{s + \omega} \mathrm{d}s + \int_{0}^{\infty} \frac{\alpha_\mathrm{i}(s)}{s - \omega} \mathrm{d}s \right] \\
&= \frac{2}{\pi} \mathrm{P} \int_{0}^{\infty} \frac{s\alpha_\mathrm{i}(s)}{s^2 - \omega^2} \mathrm{d}s \quad (12.27)
\end{aligned}$$

式 (12.27) から，応答関数 $\alpha(\omega)$ の実部 $\alpha_\mathrm{r}(\omega)$ が，虚部 $\alpha_\mathrm{i}(\omega)$ によって表現できていることがわかる．一方，$\alpha(\omega)$ の虚部 $\alpha_\mathrm{i}(\omega)$ は，次のように書くことができる．

$$\begin{aligned}
\alpha_\mathrm{i}(\omega) &= -\frac{1}{\pi} \mathrm{P} \int_{-\infty}^{\infty} \frac{\alpha_\mathrm{r}(s)}{s - \omega} \mathrm{d}s = -\frac{1}{\pi} \mathrm{P} \left[\int_{-\infty}^{0} \frac{\alpha_\mathrm{r}(p)}{p - \omega} \mathrm{d}p + \int_{0}^{\infty} \frac{\alpha_\mathrm{r}(s)}{s - \omega} \mathrm{d}s \right] \\
&= -\frac{1}{\pi} \mathrm{P} \left[-\int_{0}^{\infty} \frac{\alpha_\mathrm{r}(s)}{s + \omega} \mathrm{d}s + \int_{0}^{\infty} \frac{\alpha_\mathrm{r}(s)}{s - \omega} \mathrm{d}s \right] \\
&= -\frac{2\omega}{\pi} \mathrm{P} \int_{0}^{\infty} \frac{\alpha_\mathrm{r}(s)}{s^2 - \omega^2} \mathrm{d}s \quad (12.28)
\end{aligned}$$

式 (12.28) から，応答関数 $\alpha(\omega)$ の虚部 $\alpha_\mathrm{i}(\omega)$ が，実部 $\alpha_\mathrm{r}(\omega)$ によって表現できていることがわかる．

式 (12.27), (12.28) をまとめて，**クラマース-クローニッヒの関係** (Kramers-Kronig relations) という．クラマース-クローニッヒの関係を用いると，線形受動システムにおいて，応答関数 $\alpha(\omega)$ の実部 $\alpha_\mathrm{r}(\omega)$ と虚部 $\alpha_\mathrm{i}(\omega)$ を結びつけることができる．

> **Point**
>
> クラマース-クローニッヒの関係
>
> 応答関数 $\alpha(\omega)$ について
> - 実部 $\alpha_\mathrm{r}(\omega)$ が,虚部 $\alpha_\mathrm{i}(\omega)$ によって表される.
> - 虚部 $\alpha_\mathrm{i}(\omega)$ が,実部 $\alpha_\mathrm{r}(\omega)$ によって表される.

12.3 励起子

◆ **電子-正孔対**　価電子帯の電子が光子を吸収すると,電子が光子のエネルギーを受け取り,価電子帯から励起される.同時に,価電子帯には,電子の抜け殻である正孔が形成される.この電子と正孔は,クーロン力によって結びついており,極低温のもと,あるいは量子構造の中では,電子と正孔の結びつきを乱すような力が弱く,電子-正孔対が形成される.この電子-正孔対を**励起子** (exciton) という.

励起子のうち,結晶中を自由に動き回り,電子-正孔対の結合が比較的弱い励起子が**モット-ワニエ励起子** (Mott-Wannier exciton) である.一方,原子やイオンに束縛され,電子-正孔対の結合が比較的強い励起子を**フレンケル励起子** (Frenkel exciton) という.

◆ **エネルギーの伝達**　図 12.2 のような,1 列またはリング状の結晶を考える.そして,フレンケル励起子を束縛した原子と,その隣接原子との間のエネルギーの伝達を考えよう.いま,j 番目の原子の基底状態を u_j とすると,結晶の基底状態 ψ_g は,次のように表される.

$$\psi_\mathrm{g} = u_1 u_2 \cdots u_{N-1} u_N \tag{12.29}$$

ここで,N は結晶中の原子の個数である.

また,1 個の原子がフレンケル励起子を束縛して,励起状態 v_j にあるとき,この系

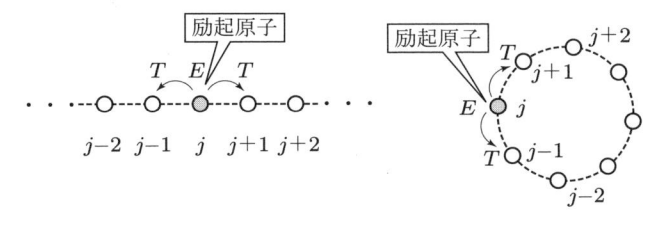

(a) 1列の結晶　　　(b) リング状結晶

図 **12.2**　1 列またはリング状の結晶

の状態 φ_j は，次のようになる．

$$\varphi_j = u_1 u_2 \cdots u_{j-1} v_j u_{j+1} \cdots u_N \tag{12.30}$$

隣接する原子間に相互作用がある場合，励起状態にある原子（励起原子）のもつエネルギー E が，基底状態にある原子に伝達される．この系の励起状態 φ_j にハミルトニアン $\mathcal{H}$ を作用させると，

$$\mathcal{H}\varphi_j = E\varphi_j + T(\varphi_{j-1} + \varphi_{j+1}) \tag{12.31}$$

となる．ここで，相互作用 T は，励起原子 j から基底状態にある隣接原子 $j-1$, $j+1$ に励起エネルギーが伝達することを示している．この解として，ブロッホ関数 (5.3 節参照)

$$\psi_k = \sum_j \varphi_j \exp(\mathrm{i}jka) \tag{12.32}$$

を考え，式 (12.32) を式 (12.31) に代入すると，

$$\begin{aligned}
\mathcal{H}\psi_k &= \sum_j \exp(\mathrm{i}jka)\mathcal{H}\varphi_j \\
&= \sum_j \exp(\mathrm{i}jka)\bigl[E + T\exp(\mathrm{i}ka) + T\exp(-\mathrm{i}ka)\bigr]\varphi_j \\
&= (E + 2T\cos ka)\psi_k
\end{aligned} \tag{12.33}$$

が導かれる．したがって，この系のエネルギー固有値 E_k は，次のようになる．

$$E_k = E + 2T\cos ka \tag{12.34}$$

---- **Point** ----
エネルギーの伝達に対するハミルトニアン
- 励起状態にある原子 j のエネルギー E
- 基底状態にある隣接原子 $j-1$, $j+1$ との相互作用 T

12.4 核磁気共鳴

◆ **磁化に対する運動方程式**　磁気モーメント $\boldsymbol{\mu}$ と角運動量 $\hbar\boldsymbol{I}$ をもつ原子核を考える．磁気モーメント $\boldsymbol{\mu}$ と角運動量 $\hbar\boldsymbol{I}$ が平行な場合，

$$\boldsymbol{\mu} = \gamma\hbar\boldsymbol{I} \tag{12.35}$$

とおくことができる．ここで，γ は磁気角運動量比である．この原子核に外部から磁界（磁束密度 $\boldsymbol{B}_0 = B_0 \hat{\boldsymbol{z}}$）を印加すると，この原子核に対する運動方程式は，

$$\hbar \frac{\mathrm{d}\boldsymbol{I}}{\mathrm{d}t} = \boldsymbol{\mu} \times \boldsymbol{B}_0 \quad \text{または} \quad \frac{\mathrm{d}\boldsymbol{\mu}}{\mathrm{d}t} = \gamma \boldsymbol{\mu} \times \boldsymbol{B}_0 \tag{12.36}$$

となる．原子核の磁化 $\boldsymbol{M}$ は，磁気モーメント $\boldsymbol{\mu}_i$ を単位体積中にわたって加え，

$$\boldsymbol{M} = \sum_i \boldsymbol{\mu}_i \tag{12.37}$$

と表される．したがって，式 (12.36)，(12.37) から，次式が得られる．

$$\frac{\mathrm{d}\boldsymbol{M}}{\mathrm{d}t} = \gamma \boldsymbol{M} \times \boldsymbol{B}_0 \tag{12.38}$$

式 (12.38) における磁化 $\boldsymbol{M} = (M_x, M_y, M_z)$ の運動の様子は，図 12.3 のようになる．ただし，$m = \left(M_x{}^2 + M_y{}^2\right)^{\frac{1}{2}}$ である．

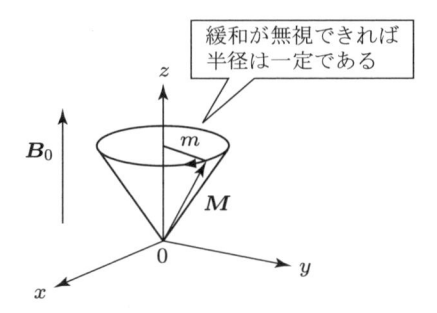

図 12.3　磁化の自由歳差運動

◆ **ブロッホ方程式**　磁化の成分 M_x, M_y, M_z が，平衡値（$M_x = M_y = 0$, $M_z = M_0$）からずれている場合，磁化の緩和過程を考慮すると，磁化 $\boldsymbol{M} = (M_x, M_y, M_z)$ に対する運動方程式は，次のようになる．

$$\begin{aligned}
\frac{\mathrm{d}M_x}{\mathrm{d}t} &= \gamma \left(\boldsymbol{M} \times \boldsymbol{B}_0\right)_x - \frac{M_x}{T_2} \\
\frac{\mathrm{d}M_y}{\mathrm{d}t} &= \gamma \left(\boldsymbol{M} \times \boldsymbol{B}_0\right)_y - \frac{M_y}{T_2} \\
\frac{\mathrm{d}M_z}{\mathrm{d}t} &= \gamma \left(\boldsymbol{M} \times \boldsymbol{B}_0\right)_z + \frac{M_0 - M_z}{T_1}
\end{aligned} \tag{12.39}$$

ここで，T_1 は**縦緩和時間** (longitudinal relaxation time) または**スピン格子緩和時間** (spin-lattice relaxation time) という．また，T_2 は**横緩和時間** (transverse relaxation time) とよばれる．式 (12.39) の三つの方程式をまとめて，**ブロッホ方程式** (Bloch equations) という. 式 (12.39) における磁化 $\boldsymbol{M}$ を図示すると, 図 12.4 のようになる. 図 12.3 と違って, 緩和過程のために, 歳差運動の半径が時間とともに徐々に小さくなることが特徴である.

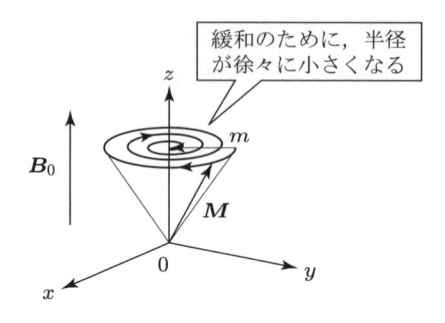

図 12.4 磁化の緩和を考慮した歳差運動

◆ **歳差運動の角周波数** いま, $\boldsymbol{B}_0 = B_0 \hat{\boldsymbol{z}}$, $M_z = M_0$ とすると, ブロッホ方程式は, 次のようになる.

$$\frac{\mathrm{d}M_x}{\mathrm{d}t} = \gamma B_0 M_y - \frac{M_x}{T_2}, \quad \frac{\mathrm{d}M_y}{\mathrm{d}t} = -\gamma B_0 M_x - \frac{M_y}{T_2}, \quad \frac{\mathrm{d}M_z}{\mathrm{d}t} = 0 \quad (12.40)$$

このとき, 歳差運動の角周波数を ω_0 として, ブロッホ方程式の解を

$$M_x = m \exp\left(-\frac{t}{T'}\right) \cos \omega_0 t, \quad M_y = -m \exp\left(-\frac{t}{T'}\right) \sin \omega_0 t \quad (12.41)$$

とおき, 式 (12.40) に代入すると, 歳差運動の角周波数 ω_0 として, 次の結果が得られる.

$$\omega_0 = \gamma B_0, \quad T' = T_2 \quad (12.42)$$

◆ **共鳴吸収** 外部から直流磁界（磁束密度 $\boldsymbol{B}_0 = B_0 \hat{\boldsymbol{z}}$）を印加した状態で, 次のような磁束密度をもつ, 右回りの円偏波を試料に入射した場合を考える.

$$B_x = B_1 \cos \omega t, \quad B_y = -B_1 \sin \omega t \quad (12.43)$$

このとき, 磁束密度 $\boldsymbol{B}$ は, 次のように表される.

$$\boldsymbol{B} = B_1 \cos \omega t \hat{\boldsymbol{x}} - B_1 \sin \omega t \hat{\boldsymbol{y}} + B_0 \hat{\boldsymbol{z}} \quad (12.44)$$

ここで, $M_z = M_0$ とすると, 右回りの円偏波に対する吸収パワー $\mathcal{P}(\omega)$ は,

$$\mathcal{P}(\omega) = \frac{\omega \gamma M_0 T_2}{1 + (\omega - \omega_0)^2 T_2^2} B_1^2 \quad (12.45)$$

となり，$\omega = \omega_0$ で共鳴的に吸収が起きることがわかる．なお，吸収スペクトルの半値半幅（スペクトル強度がピーク値の半分になるときのスペクトル幅の半分の値，half width at half maximum）$(\Delta\omega)_{\frac{1}{2}}$ は，次式で与えられる．

$$(\Delta\omega)_{\frac{1}{2}} = \frac{1}{T_2} \tag{12.46}$$

▶ **例題 12.3** 右回りの円偏波に対する吸収パワー $\mathcal{P}(\omega)$ を与える式 (12.45) を導出せよ．

解 式 (12.39) を書き換えると，次のようになる．

$$\begin{aligned}
\frac{dM_x}{dt} &= \gamma\left(M_y B_z - M_z B_y\right) - \frac{M_x}{T_2} \\
\frac{dM_y}{dt} &= \gamma\left(M_z B_x - M_x B_z\right) - \frac{M_y}{T_2} \\
\frac{dM_z}{dt} &= \gamma\left(M_x B_y - M_y B_x\right) + \frac{M_0 - M_z}{T_1}
\end{aligned} \tag{12.47}$$

磁化 $\boldsymbol{M}$ は磁束密度 $\boldsymbol{B}$ に追随して振動すると考え，磁化 $\boldsymbol{M}$ を次のようにおく．

$$\boldsymbol{M} = m\cos(\omega t + \varphi)\hat{\boldsymbol{x}} - m\sin(\omega t + \varphi)\hat{\boldsymbol{y}} + M_0\hat{\boldsymbol{z}} \tag{12.48}$$

ただし，磁化 $\boldsymbol{M}$ と磁束密度 $\boldsymbol{B}$ の位相差を φ とした．

式 (12.44)，(12.48) を式 (12.47) に代入し，$t=0$ とすると，次の関係が得られる．

$$m\left[\cos\varphi - (\omega - \omega_0)T_2\sin\varphi\right] = 0 \tag{12.49}$$

$$m\left[(\omega - \omega_0)T_2\cos\varphi + \sin\varphi\right] = -\gamma M_0 T_2 B_1 \tag{12.50}$$

式 (12.49)，(12.50) を連立させて解くと，次の結果が得られる．

$$m = \frac{\gamma M_0 T_2 B_1}{\sqrt{1 + (\omega - \omega_0)^2 T_2^2}}, \quad \tan\varphi = \frac{1}{(\omega - \omega_0)T_2} \tag{12.51}$$

式 (12.51) から，右回りの円偏波に対する吸収パワー $\mathcal{P}(\omega)$ は，次のようになる．

$$\mathcal{P}(\omega) = -\left(B_x\frac{\partial M_x}{\partial t} + B_y\frac{\partial M_y}{\partial t} + B_z\frac{\partial M_z}{\partial t}\right) = \frac{\omega\gamma M_0 T_2}{1 + (\omega - \omega_0)^2 T_2^2}B_1^2 \tag{12.52}$$

▶ **例題 12.4** 核磁気共鳴における吸収スペクトルの半値半幅 $(\Delta\omega)_{\frac{1}{2}}$ が式 (12.46) で与えられることを示せ．ただし，$\omega \simeq \omega_0$ とする．

解 吸収パワー $\mathcal{P}(\omega)$ は，$(\Delta\omega)_{\frac{1}{2}} = |\omega - \omega_0|$ のとき，ピーク値の半分になるから，次式が成り立つ．

$$\mathcal{P}(\omega) = \frac{\omega\gamma M_0 T_2}{1 + (\Delta\omega)_{\frac{1}{2}}^2 T_2^2} B_1^2 = \frac{1}{2}\mathcal{P}(\omega_0) = \frac{\omega_0 \gamma M_0 T_2}{2} B_1^2 \quad (12.53)$$

ここで，$\omega \simeq \omega_0$ とすると，吸収スペクトルの半値半幅 $(\Delta\omega)_{\frac{1}{2}}$ は，次のようになる．

$$(\Delta\omega)_{\frac{1}{2}} = \frac{1}{T_2} \quad (12.54)$$

演習問題

【12.1 金属における光の反射】
(a) 金属に光を入射したときに流れる電流に対して，電気伝導率 σ を計算せよ．ただし，金属中の電子濃度を n とする．また，光の角周波数 ω と金属中の電子の平均衝突時間 τ に対して，$\omega\tau \ll 1$ とする．
(b) 真空の誘電率 ε_0 と電気伝導率 σ を用いて，金属の比誘電率 ε_s を示せ．
(c) バンド間遷移が無視でき，しかも $\sigma \gg \omega$ が成り立つとき，垂直入射に対するパワー反射率 R を求めよ．

【12.2 半導体における誘電率とエネルギーギャップ】 半導体において，エネルギーギャップを表す角周波数 ω_g が，誘電率の虚部 $\varepsilon_i(\omega)$ に及ぼす影響を考える．すべての吸収がバンド端で生じるとすると，次のように表すことができる．

$$\varepsilon_i(\omega) = \frac{\pi n e^2}{2\varepsilon_0 m \omega} \delta(\omega - \omega_g) \quad (12.55)$$

このとき，誘電率の実部 $\varepsilon_r(\omega)$ を求めよ．

【12.3 励起子準位の分裂】 基本格子が 2 種類の原子 A，B を含んでいる場合のフレンケル励起子を考える．原子 AB 間の伝達積分を T_1，BA 間の伝達積分を T_2 とおくとき，1 次元格子 AB.AB.AB.AB. に対する方程式を，波数ベクトルの関数として求めよ．

【12.4 吸収の飽和】 磁界 $\boldsymbol{H}_0 = H_0 \hat{\boldsymbol{z}}$ 中にある二準位スピン系を考える．絶対温度 T で熱平衡状態にあり，それぞれの準位の分布を N_1, N_2，遷移レートを W_{12}, W_{21} とする．この系に電磁波を照射し，この電磁波による遷移レートを W_{rf} とする．
(a) 磁気モーメント M_z に対する方程式を導き，定常値を求めよ．
(b) 電磁波の吸収レートを示せ．

第13章 表面と界面

● ● ● この章の目的 ● ● ●

結晶表面には，結晶内部と違って，結合する相手を失った原子が存在する．このため，結晶表面の構造は，一般に結晶内部とは異なる．この章では，結晶表面の構造と，界面制御を利用した半導体デバイスについて説明する．

● キーワード ●
表面再構成，緩和，メッシュ，電界効果トランジスタ

13.1 表面再構成

◆ **結晶表面**　図 13.1 に結晶を模式的に示す．結晶内部は，同一構造の繰り返しであり，周期的境界条件が満たされている．しかし，**結晶表面** (crystal surface) では，結晶内部と違い，結合する相手を失った原子が存在する．このため，結晶表面では，結晶内部と構造を変えることで，エネルギーを低く保とうとする．この結果，結晶表面は，結晶内部とは著しく構造の異なる数層の**原子層** (atomic layer) で構成されている．そして，この表面は，真空中といえども，必ずしも清浄ではなく，他の原子が付着したり，侵入していることも多い．

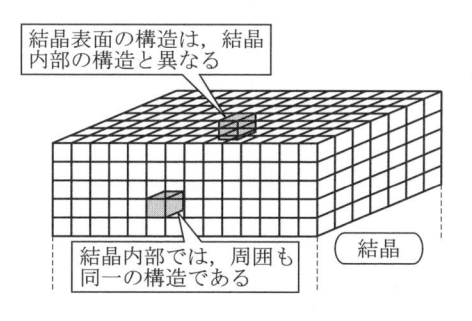

図 13.1 結晶表面

第13章 表面と界面

◆ **表面再構成と緩和**　理想的な場合として，真空中に置かれた清浄な結晶表面を考えてみよう．結晶内部では，原子が規則正しく配列している．一方，結晶表面では，片方の面が直接あるいは数原子層を介して真空中と接している．このため，結晶表面は，自由原子と結晶内部との中間の状態にあると考えられる．この結果，清浄な結晶表面では，原子面内の配列そのものが変わる**表面再構成** (surface reconstruction) や，原子面内の配列は結晶内部と同じで原子面間隔だけが変わる**緩和** (relaxation) などが起こる．

Point
結晶表面は，結晶内部と構造が異なる．
表面再構成 ──── 原子配列が変わる
緩和 ──────── 原子面間隔が変わる

◆ **結晶表面の基本並進ベクトル**　結晶表面を構成する原子面は，2次元格子 (net) を用いて扱うことができる．また，2次元単位格子を**メッシュ** (mesh) という．ここで，図 13.2 のように，結晶表面のメッシュの基本並進ベクトルを $\hat{c}_1, \hat{c}_2$ とおく．そして，結晶内部の基本並進ベクトル $\hat{a}_1, \hat{a}_2, \hat{a}_3$ のうち，結晶表面と平行な面上に存在する基本並進ベクトル $\hat{a}_1, \hat{a}_2$ を用いることにする．このとき，結晶表面のメッシュの基本並進ベクトル $\hat{c}_1, \hat{c}_2$ は，次のように表すことができる．

$$\begin{pmatrix} \hat{c}_1 \\ \hat{c}_2 \end{pmatrix} = \begin{pmatrix} P_{11} & P_{12} \\ P_{21} & P_{22} \end{pmatrix} \begin{pmatrix} \hat{a}_1 \\ \hat{a}_2 \end{pmatrix} \tag{13.1}$$

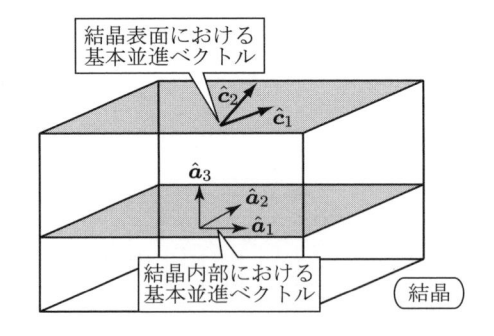

図 **13.2**　結晶表面と結晶内部の基本並進ベクトル

◆ **結晶表面の2次元格子**　図 13.3 に示すように，$\hat{c}_1$ と $\hat{c}_2$ との間の角と，$\hat{a}_1$ と $\hat{a}_2$ との間の角が等しい場合，結晶表面の構造を次のように表す．

$$\left(\frac{|\hat{\boldsymbol{c}}_1|}{|\hat{\boldsymbol{a}}_1|} \times \frac{|\hat{\boldsymbol{c}}_2|}{|\hat{\boldsymbol{a}}_2|}\right) \mathrm{R}\alpha \tag{13.2}$$

ただし，α は二つのメッシュ間の相対的な回転 R の角度であり，ここでは $\hat{\boldsymbol{c}}_1$ と $\hat{\boldsymbol{c}}_2$ との間の角度と，$\hat{\boldsymbol{a}}_1$ と $\hat{\boldsymbol{a}}_2$ との間の角度が等しいとしている．なお，$\alpha = 0$ のときは，Rα は省略する．

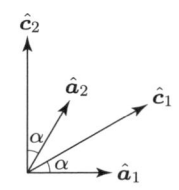

図 **13.3** メッシュと結晶内部の基本並進ベクトル

吸着原子の表面 2 次元格子の例を図 13.4 に示す．この図において，○は基板の最上層の原子を示す．図 13.4(a) の fcc(111) は，面心立方構造 (fcc) の (111) 面を意味しており，この面が基準の 2 次元格子となる．また，hcp(0001) は六方細密構造であり，面指数として，平面上の三つのベクトルと平面に垂直な一つのベクトルの合計四つの

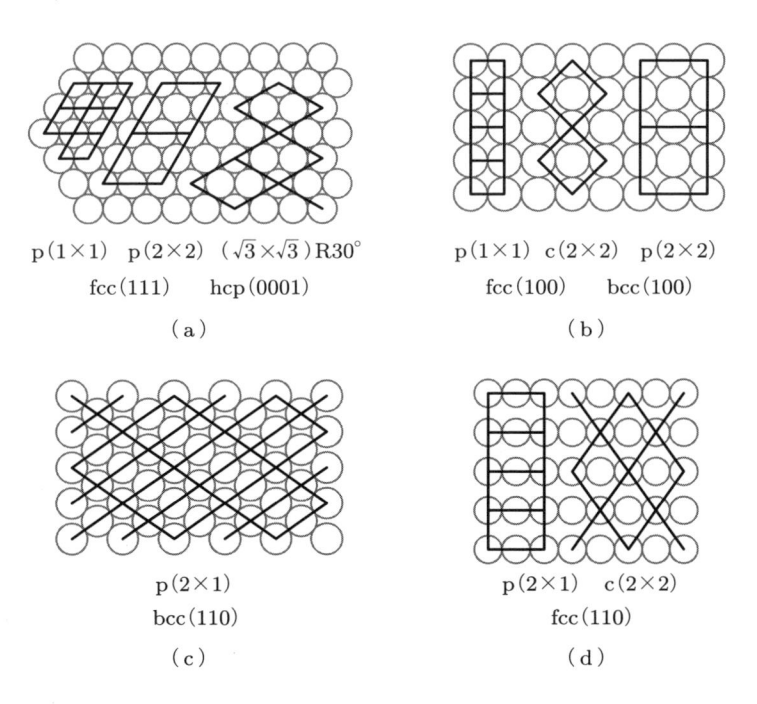

p(1×1)   p(2×2)   ($\sqrt{3} \times \sqrt{3}$)R30°
fcc(111)   hcp(0001)
(a)

p(1×1)   c(2×2)   p(2×2)
fcc(100)   bcc(100)
(b)

p(2×1)
bcc(110)
(c)

p(2×1)   c(2×2)
fcc(110)
(d)

図 **13.4** 吸着原子の表面 2 次元格子

ベクトルで結晶面を指定している．直線は，規則正しい配列をもった上層を示しており，二つの直線の交点（2次元格子の格子点）に吸着原子が存在する．

図 13.4(a) の p(1×1) において，p は 2 次元の基本単位格子 (primitive mesh) であることを示している．また，(1×1) という表現からわかるように，$\alpha = 0$, $|\hat{c}_1| = |\hat{a}_1|$, $|\hat{c}_2| = |\hat{a}_2|$ であり，結晶表面の単位構造が，結晶内部の格子の単位構造と一致している．

図 13.4(b) の c(2×2) において，c は中心に格子点を含む格子 (centered mesh) であることを示している．また，(2×2) という表現からわかるように，結晶表面の単位構造のベクトルは，結晶内部の格子のベクトルの 2 倍の長さをもっている．

◆ **結晶表面の 2 次元格子の逆格子ベクトル**　3 次元格子の場合と同様に

$$\hat{c}_1 \cdot \hat{c}_2^* = \hat{c}_2 \cdot \hat{c}_1^* = 0 \tag{13.3}$$

$$\hat{c}_1 \cdot \hat{c}_1^* = \hat{c}_2 \cdot \hat{c}_2^* = 2\pi \tag{13.4}$$

となるように，結晶表面の逆格子の基本ベクトル $\hat{c}_1^*$, $\hat{c}_2^*$ を定義する．ここで，h, k を定数として，次のような結晶表面の逆格子ベクトルを考えると，回折線の指標は，hk で表される．

$$\boldsymbol{g} = h\hat{c}_1^* + k\hat{c}_2^* \tag{13.5}$$

13.2　界面伝導チャネル

界面層 (interface layer) の厚みや，界面層におけるキャリア濃度は，界面に垂直に電界を印加することによって，変えることができる．この効果を利用した半導体デバイスが，金属-酸化物-半導体電界効果トランジスタ (metal-oxide-semiconductor field-effect transistor, MOSFET) である．

図 13.5 のように，電界効果トランジスタでは，ソース (source，略号 S) とドレイ

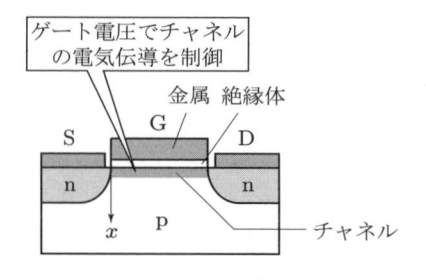

図 13.5　電界効果トランジスタの構造

ン (drain, 略号 D) の間を流れる電流を**ゲート** (gate, 略号 G) に印加する電圧で制御する. ゲート電圧によって, 絶縁体の下にある半導体の電界を変え, 半導体に形成される**チャネル** (channel) の電気伝導を制御する.

図 13.6(a) のようにゲート電圧 $V_G > 0$ の場合, 絶縁体-p 型半導体基板界面の p 型半導体層には, 負の電荷をもつ伝導電子が集まり, チャネル（n チャネル）が形成される. 一方, 図 13.6(b) のようにゲート電圧 $V_G < 0$ の場合, 絶縁体-n 型半導体基板界面の n 型半導体層には, 正の電荷をもつ正孔が集まり, チャネル（p チャネル）が形成される.

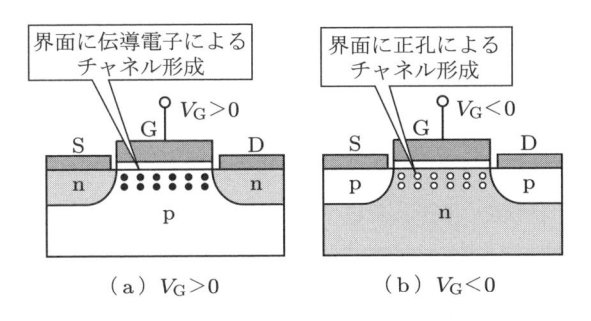

図 **13.6** 電界効果トランジスタのチャネル

Point

電界効果トランジスタでは, ゲート電圧によって, ソース-ドレイン間のチャネルの電気伝導を制御する.

演習問題

【13.1　2 次元格子の逆格子ベクトル】　基本並進ベクトル $\hat{c}_1 = a\hat{x}$, $\hat{c}_2 = 3a\hat{y}$ をもつ 2 次元格子に対して, 逆格子の基本ベクトル $\hat{c}_1^*$, $\hat{c}_2^*$ を求めよ.

【13.2　電界効果トランジスタの表面電位】　絶縁体-p 型半導体界面における電位, すなわち表面電位 ϕ_{Surf} を計算せよ.

【13.3　半導体層の伝導型の反転】　絶縁体-p 型半導体界面における伝導電子濃度 n_S は, 次式で与えられる.

$$n_S = n_i \exp\left(e\frac{\phi_{Surf} - \phi_F}{k_B T} \right) \tag{13.6}$$

ここで, n_i は真性キャリア濃度, e は電気素量, ϕ_{Surf} は表面電位, ϕ_F はフェルミポテンシャル, k_B はボルツマン定数, T は絶対温度である. 絶縁体-p 型半導体界面における p 型半導体の表面電位 ϕ_{Surf} がフェルミポテンシャル ϕ_F よりも大きい場合 ($\phi_{Surf} > \phi_F$), どのようなことが起きるか, 説明せよ.

第14章
格子欠陥

●●● この章の目的 ●●●

現実の結晶では，理想の結晶と違い，原子やイオンが占有すべき格子点が空になっていたり，不可逆な変形をしている．これらの欠陥により，結晶の物性が劣化したり，逆に完全結晶では実現できない物性を実現できる場合がある．この章では，これらの欠陥について説明する．

● キーワード ●
格子位置，空格子点，ショットキー欠陥，格子間位置，フレンケル欠陥，色中心，刃状転位，らせん転位

14.1 ショットキー欠陥とフレンケル欠陥

◆ **空格子点** 結晶では，原子やイオンが規則正しく格子点（格子位置）に配置されているのが，理想の姿である．しかし，本来ならば**格子位置** (lattice site) に配置されているべき原子やイオンが，格子位置から消失していることがある．このような**欠陥** (defect) を**空格子点** (lattice vacancy) という．そして，格子位置から消失した原子やイオンが，結晶の表面に移動しているものを**ショットキー欠陥** (Schottky defect) とよぶ．また，原子やイオンが，格子位置から**格子間位置** (interstitial position) に移動して空格子点が形成されたとき，この欠陥を**フレンケル欠陥** (Frenkel defect) という．図 14.1 にショットキー欠陥とフレンケル欠陥を示す．

◆ **ショットキー欠陥** 熱平衡状態において，原子を結晶内部の格子位置から結晶表面に移動させるのに必要なエネルギーを E_V とする．このとき，N 個の原子と n 個のショットキー欠陥との関係を求めてみよう．

原子が N 個存在するということは，原子が本来配置されるべき格子点が N 個存在するということである．また，ショットキー欠陥が n 個存在するということは，空格子点が n 個存在するということを意味している．このことから，状態数 W は，N 個の格子点の中から空格子点を n 個選ぶ組合せの数となる．したがって，状態数 W は次式で与えられる．

14.1 ショットキー欠陥とフレンケル欠陥

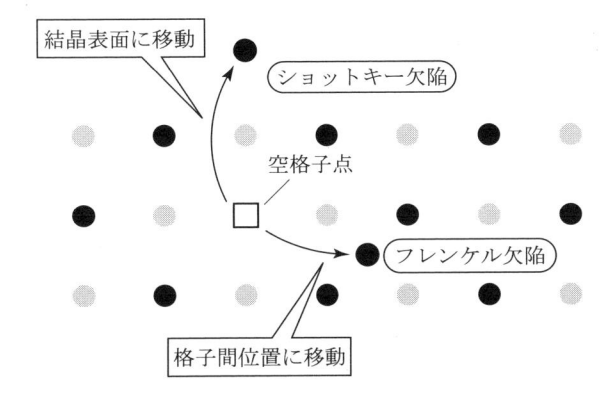

図 14.1 ショットキー欠陥とフレンケル欠陥

$$W = {}_N C_n = \frac{N!}{(N-n)!\,n!} \tag{14.1}$$

ここで，次のスターリング (Stirling) の公式

$$\ln x! \simeq x \ln x - x \quad (x \gg 1) \tag{14.2}$$

を用いると，エントロピー σ は，次のようになる．

$$\sigma = \ln W \simeq N \ln N - (N-n)\ln(N-n) - n \ln n \tag{14.3}$$

ショットキー欠陥1個の平均エネルギーを E_S とすると，ショットキー欠陥の全エネルギーは $U = nE_S$ である．したがって，ヘルムホルツの自由エネルギー F は，次のように表される．

$$F = U - k_B T \sigma = nE_S - k_B T \ln W \tag{14.4}$$

ここで，k_B はボルツマン定数，T は結晶の絶対温度である．

式 (14.4) から，フェルミ準位 E_F は，次のようになる．

$$E_F = \frac{\partial F}{\partial n} = E_S + k_B T \ln \frac{n}{N-n} \tag{14.5}$$

原子1個を結晶内部の格子位置から結晶表面に移動するのに必要なエネルギー E_V は，ショットキー欠陥1個の平均エネルギー E_S とフェルミ準位 E_F との差，つまり $E_V = E_S - E_F$ である．したがって，式 (14.5) から，次式が得られる．

$$E_V = E_S - E_F = -k_B T \ln \frac{n}{N-n} \tag{14.6}$$

式 (14.6) を書き換えると，次のようになる．

$$\frac{n}{N-n} = \exp\left(-\frac{E_\mathrm{V}}{k_\mathrm{B}T}\right) \tag{14.7}$$

一般に，$N \gg n$ なので，$N - n \simeq N$ として，

$$n \simeq N \exp\left(-\frac{E_\mathrm{V}}{k_\mathrm{B}T}\right) \tag{14.8}$$

となる．式 (14.8) から，高温になるほどショットキー欠陥が多くなることがわかる．たとえば，高温で結晶成長し急速に冷却すると，原子やイオンが空格子点に移動することができないまま，結晶が形成される．したがって，ショットキー欠陥が多くなる．ただし，結晶をゆっくり冷却すれば，原子やイオンが，拡散によって空格子点に移動できる．この結果，ショットキー欠陥は少なくなる．

◆ **イオン結晶におけるショットキー欠陥**　イオン結晶では，正イオンと負イオンの空格子点の数がほぼ等しいとき，エネルギーが最小となることが多い．そして，空格子点のペアは，局所的なスケールで結晶を電気的に中性に保つ．このとき，空格子点のペア数 n は，次式で与えられる．

$$n \simeq N \exp\left(-\frac{E_\mathrm{p}}{2k_\mathrm{B}T}\right) \tag{14.9}$$

ここで，正イオンと負イオンは，それぞれ N 個存在すると仮定し，空格子点のペアを形成するのに必要なエネルギーを E_p とした．また，$N \gg n$ とした．

▶ **例題 14.1**　空格子点のペア数 n を与える式 (14.9) を導出せよ．

解　状態数 W は，正イオンが本来配置されるべき N 個の格子点の中から空格子点を n 個選ぶ組合せの数 $_NC_n$ と，負イオンが本来配置されるべき N 個の格子点の中から空格子点を n 個選ぶ組合せの数 $_NC_n$ との積となる．したがって，状態数 W は次式で与えられる．

$$W = {}_NC_n \times {}_NC_n = \frac{N!}{(N-n)!\,n!}\frac{N!}{(N-n)!\,n!} \tag{14.10}$$

ここで，式 (14.2) のスターリングの公式を用いると，エントロピー σ は，次のようになる．

$$\sigma = \ln W \simeq 2N \ln N - 2(N-n)\ln(N-n) - 2n \ln n \tag{14.11}$$

空格子点のペア 1 組の平均エネルギーを E_SP とすると，ショットキー欠陥の全エネルギーは $U = nE_\mathrm{SP}$ である．したがって，ヘルムホルツの自由エネルギー F は，次のように表される．

$$F = U - k_{\mathrm{B}}T\sigma = nE_{\mathrm{SP}} - k_{\mathrm{B}}T\ln W \tag{14.12}$$

ここで，k_{B} はボルツマン定数，T は結晶の絶対温度である．

式 (14.12) から，フェルミ準位 E_{F} は，次のようになる．

$$E_{\mathrm{F}} = \frac{\partial F}{\partial n} = E_{\mathrm{SP}} + 2k_{\mathrm{B}}T\ln\frac{n}{N-n} \tag{14.13}$$

空格子点のペア 1 組を形成するのに必要なエネルギー E_{P} は，空格子点のペア 1 組の平均エネルギー E_{SP} とフェルミ準位 E_{F} との差，つまり $E_{\mathrm{P}} = E_{\mathrm{SP}} - E_{\mathrm{F}}$ である．したがって，式 (14.13) から，次式が得られる．

$$E_{\mathrm{P}} = E_{\mathrm{SP}} - E_{\mathrm{F}} = -2k_{\mathrm{B}}T\ln\frac{n}{N-n} \tag{14.14}$$

したがって，式 (14.14) から次の結果が得られる．

$$\frac{n}{N-n} = \exp\left(-\frac{E_{\mathrm{P}}}{2k_{\mathrm{B}}T}\right) \tag{14.15}$$

ここで，$N \gg n$ だから，$N - n \simeq N$ として，次式が得られる．

$$n \simeq N\exp\left(-\frac{E_{\mathrm{P}}}{2k_{\mathrm{B}}T}\right) \tag{14.16}$$

◆ **フレンケル欠陥** 格子位置の数を N，フレンケル欠陥の数を n，格子間位置の数を N' とする．また，$N, N' \gg n$ とすると，次式のようになる．

$$n \simeq (NN')^{\frac{1}{2}}\exp\left(-\frac{E_{\mathrm{I}}}{2k_{\mathrm{B}}T}\right) \tag{14.17}$$

ここで，E_{I} は原子を格子位置から格子間位置に移動させるのに必要なエネルギーである．

―― Point ――
ショットキー欠陥 ―― 原子やイオンが結晶表面に移動
フレンケル欠陥 ―― 原子やイオンが格子間位置に移動

14.2 色中心

純粋なアルカリハライド結晶 (alkali halide crystal) は，可視光に対して透明 (transparent) である．しかし，**色中心** (color center) とよばれる格子欠陥を形成すれば，可視光を吸収できるようになる．また，色中心を導入した結晶を励起すれば，可視光の

発光も可能である．

色中心を形成する方法には，次のようなものがある．

1. 化学的な不純物を導入する．
2. アルカリ金属蒸気中で結晶を加熱し，その後急速に冷却することによって，過剰な金属イオンを導入する．
3. X線，γ線，中性子線，電子線などを照射する．
4. 電気分解．

色中心の中で，最も簡単なものがF中心であり，これは，負イオンの空格子点に電子が束縛されたものである．F中心は，アルカリ金属蒸気中で結晶を加熱し，その後急速に冷却したり，X線を照射することによって形成できる．なお，Fは，ドイツ語で色を示すFarbeの頭文字である．

14.3　転　位

◆ **塑性変形**　　不可逆的な**変形** (deformation)，すなわち**塑性変形** (plastic deformation) によって結晶に生じた，線状の欠陥を**転位** (dislocation) という．そして，変形の生じている領域と変形の生じていない領域との境界線として，転位線を定義する．

ある結晶面に沿って結晶が平行にすべって形成された転位には，**刃状転位** (edge dislocation) と**らせん転位** (screw dislocation) がある．

◆ **刃状転位**　　刃状転位は，図 14.2 のようにすべり方向に垂直である．この図は，原子が格子定数の半分以上変位した，すべり領域 ABEF と，変位が格子定数の半分以下であって，すべりのない領域 FECD とを示している．そして，EF が刃状転位である．

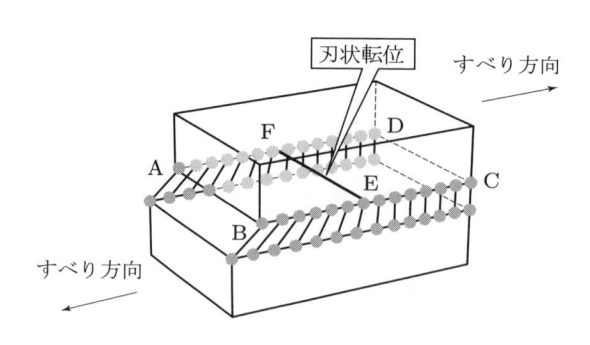

図 14.2　すべり面 ABCD 内の刃状転位 EF

◆ **らせん転位**　らせん転位は，図 14.3 のように，すべり方向に平行である．すべり面の一部分 ABEF が，転位線 EF に平行な方向にすべっている．らせん転位は，格子面がらせん状に並んだものとみなすことができる．したがって，一方のすべり面を転位線のまわりに 1 回転すると，もう一方のすべり面が得られる．

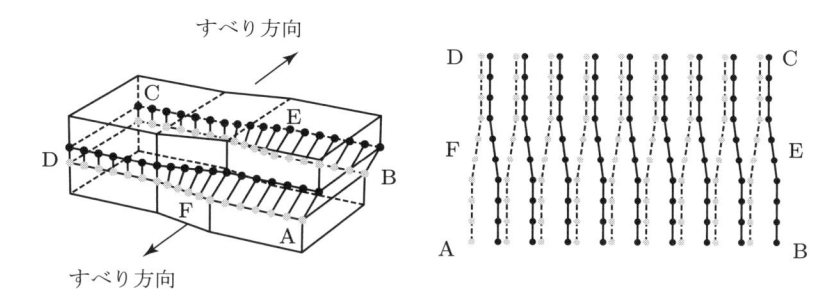

図 14.3　らせん転位

演習問題

【14.1　ショットキー欠陥】 ナトリウム結晶（原子濃度 $N = 2.65 \times 10^{22}\,\mathrm{cm}^{-3}$）の内部からナトリウム原子を表面に移動させるのに必要なエネルギー E_V を $1\,\mathrm{eV}$ とする．絶対温度 $T = 300\,\mathrm{K}$ におけるショットキー欠陥の濃度を計算せよ．

【14.2　フレンケル欠陥】 N 個の格子点と N' 個の占有可能な格子間位置をもつ結晶を考える．いま，n 個の原子を格子位置から格子間位置に移動させるのに必要なエネルギー E_I を求めよ．

演習問題の解答

▶ 第1章

【1.1 体心立方格子】 (a) 格子定数 a の体心立方格子の最近接原子間距離は，原点 $(0,0,0)$ に存在する原子と，立方体の中心 $\left(\frac{a}{2}, \frac{a}{2}, \frac{a}{2}\right)$ との距離に等しい．したがって，最近接原子間距離 d_n は，次のようになる．

$$d_\mathrm{n} = \sqrt{\left(\frac{a}{2}\right)^2 + \left(\frac{a}{2}\right)^2 + \left(\frac{a}{2}\right)^2} = \frac{\sqrt{3}}{2}a \tag{1}$$

(b) 図1に格子定数 a の体心立方格子の基本セルを示す．この基本セルの体積 V は，基本並進ベクトル $\hat{\boldsymbol{a}}_1, \hat{\boldsymbol{a}}_2, \hat{\boldsymbol{a}}_3$ の x, y, z 成分を用いた行列式から，次のように求められる．

$$V = \begin{vmatrix} -\frac{1}{2}a & \frac{1}{2}a & \frac{1}{2}a \\ \frac{1}{2}a & -\frac{1}{2}a & \frac{1}{2}a \\ \frac{1}{2}a & \frac{1}{2}a & -\frac{1}{2}a \end{vmatrix} = \frac{1}{2}a^3 \tag{2}$$

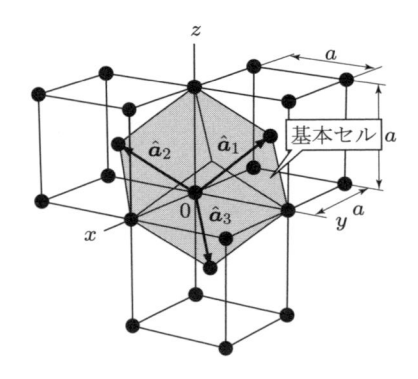

図1 体心立方格子の基本セル

【1.2 面心立方格子】 (a) 格子定数 a の面心立方格子の最近接原子間距離は，原点 $(0,0,0)$ に存在する原子と，面の中心 $\left(\frac{a}{2}, \frac{a}{2}, 0\right)$ との距離に等しい．したがって，最近接原子間距離 d_n は，次のようになる．

$$d_\mathrm{n} = \sqrt{\left(\frac{a}{2}\right)^2 + \left(\frac{a}{2}\right)^2} = \frac{\sqrt{2}}{2}a \tag{3}$$

(b) 図 2 に格子定数 a の面心立方格子の基本セルを示す．この基本セルの体積 V は，基本並進ベクトル $\hat{\boldsymbol{a}}_1$, $\hat{\boldsymbol{a}}_2$, $\hat{\boldsymbol{a}}_3$ の x, y, z 成分を用いた行列式から，次のように求められる．

$$V = \begin{vmatrix} 0 & \frac{1}{2}a & \frac{1}{2}a \\ \frac{1}{2}a & 0 & \frac{1}{2}a \\ \frac{1}{2}a & \frac{1}{2}a & 0 \end{vmatrix} = \frac{1}{4}a^3 \tag{4}$$

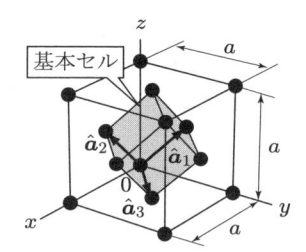

図 2 面心立方格子の基本セル

【1.3 面間隔】 立方晶の格子点を xyz-直交座標系における座標 (x, y, z) によって表すと，(hkl) 面と x 軸，y 軸，z 軸との切片は，c を任意の整数として ac/h, ac/k, ac/l と表すことができる．いま，となりあった (hkl) 面として，$c = 0$ に対する面すなわち原点 $(0, 0, 0)$ を通る面と，$c = 1$ に対する面を考えよう．$c = 1$ の場合，x 軸，y 軸，z 軸との切片は，a/h, a/k, a/l だから，この平面の方程式は，次のように表すことができる．

$$\frac{h}{a}x + \frac{k}{a}y + \frac{l}{a}z = 1 \tag{5}$$

いまの場合，となりあった (hkl) 面の間隔 d は，原点と式 (5) の平面との間の距離で与えられ，次のように求められる．

$$d = \frac{1}{\sqrt{\left(\frac{h}{a}\right)^2 + \left(\frac{k}{a}\right)^2 + \left(\frac{l}{a}\right)^2}} = \frac{a}{\sqrt{h^2 + k^2 + l^2}} \tag{6}$$

▶ 第 2 章

【2.1 六方空間格子の逆格子】 例題 1.1 の解答から，六方空間格子の基本セルの体積は $V = \frac{\sqrt{3}}{2}a^2c$ である．したがって，逆格子の基本ベクトル $\hat{\boldsymbol{b}}_1$, $\hat{\boldsymbol{b}}_2$, $\hat{\boldsymbol{b}}_3$ は，次のようになる．

$$\hat{\boldsymbol{b}}_1 = \frac{2\pi}{V}\hat{\boldsymbol{a}}_2 \times \hat{\boldsymbol{a}}_3 = \frac{2\pi}{\sqrt{3}\,a}\hat{\boldsymbol{x}} + \frac{2\pi}{a}\hat{\boldsymbol{y}} \tag{7}$$

$$\hat{\boldsymbol{b}}_2 = \frac{2\pi}{V}\hat{\boldsymbol{a}}_3 \times \hat{\boldsymbol{a}}_1 = -\frac{2\pi}{\sqrt{3}\,a}\hat{\boldsymbol{x}} + \frac{2\pi}{a}\hat{\boldsymbol{y}} \tag{8}$$

$$\hat{\boldsymbol{b}}_3 = \frac{2\pi}{V}\hat{\boldsymbol{a}}_1 \times \hat{\boldsymbol{a}}_2 = \frac{2\pi}{c}\hat{\boldsymbol{z}} \tag{9}$$

【2.2 体心立方格子の構造因子】 格子点に存在する原子は，すべて同一であり，1個の原子の原子形状因子を f とおく．格子定数 a の体心立方格子では，単純立方格子の頂点と，単純立方格子の中心 $\left(\frac{1}{2}a, \frac{1}{2}a, \frac{1}{2}a\right)$ に格子点をもつ．単純立方格子の中心に存在する原子は，他の格子と共有されない．したがって，単純立方格子の中心において $f_j = f$ であり，例題 2.5 の結果と式 (2.66) から，構造因子 S_G は次のように求められる．

$$S_G = f + f\mathrm{e}^{-\mathrm{i}\frac{2\pi}{a}\left(v_1 \cdot \frac{1}{2}a + v_2 \cdot \frac{1}{2}a + v_3 \cdot \frac{1}{2}a\right)} = f\left[1 + \mathrm{e}^{-\mathrm{i}\pi(v_1+v_2+v_3)}\right] \tag{10}$$

この結果は，

$$S_G = f \times 1 \times \left[1 + \mathrm{e}^{-\mathrm{i}\pi(v_1+v_2+v_3)}\right] \tag{11}$$

と書き換えて，1個の原子に対する原子形状因子 f，$f = 1$ としたときの単純立方格子に対する構造因子 1，$(x, y, z) = (0, 0, 0)$，$\left(\frac{1}{2}a, \frac{1}{2}a, \frac{1}{2}a\right)$ に存在する格子点から構成される副格子に対する構造因子 $\left[1 + \mathrm{e}^{-\mathrm{i}\pi(v_1+v_2+v_3)}\right]$ の積であると解釈することもできる．

【2.3 面心立方格子の構造因子】 格子点に存在する原子は，すべて同一であり，1個の原子の原子形状因子を f とおく．格子定数 a の面心立方格子では，単純立方格子の頂点と，単純立方格子の各面の中心 $\left(\frac{1}{2}a, \frac{1}{2}a, 0\right)$，$\left(0, \frac{1}{2}a, \frac{1}{2}a\right)$，$\left(\frac{1}{2}a, 0, \frac{1}{2}a\right)$，$\left(\frac{1}{2}a, \frac{1}{2}a, a\right)$，$\left(a, \frac{1}{2}a, \frac{1}{2}a\right)$，$\left(\frac{1}{2}a, a, \frac{1}{2}a\right)$ に格子点をもつ．単純立方格子の各面の中心に存在する原子は，面を接するとなりの格子と共有されている．この結果，単純立方格子の各面の中心に存在する原子のうち，一つの格子に属するのは $\frac{1}{2}$ である．つまり，単純立方格子の各面の中心において $f_j = \frac{1}{2}f$ である．したがって，例題 2.5 の結果と式 (2.66) から，構造因子 S_G は次のように求められる．

$$\begin{aligned}S_G &= f + \frac{1}{2}f\mathrm{e}^{-\mathrm{i}\frac{2\pi}{a}\left(v_1 \cdot \frac{1}{2}a + v_2 \cdot \frac{1}{2}a + v_3 \cdot 0\right)} + \frac{1}{2}f\mathrm{e}^{-\mathrm{i}\frac{2\pi}{a}\left(v_1 \cdot 0 + v_2 \cdot \frac{1}{2}a + v_3 \cdot \frac{1}{2}a\right)} \\ &\quad + \frac{1}{2}f\mathrm{e}^{-\mathrm{i}\frac{2\pi}{a}\left(v_1 \cdot \frac{1}{2}a + v_2 \cdot 0 + v_3 \cdot \frac{1}{2}a\right)} + \frac{1}{2}f\mathrm{e}^{-\mathrm{i}\frac{2\pi}{a}\left(v_1 \cdot \frac{1}{2}a + v_2 \cdot \frac{1}{2}a + v_3 \cdot a\right)} \\ &\quad + \frac{1}{2}f\mathrm{e}^{-\mathrm{i}\frac{2\pi}{a}\left(v_1 \cdot a + v_2 \cdot \frac{1}{2}a + v_3 \cdot \frac{1}{2}a\right)} + \frac{1}{2}f\mathrm{e}^{-\mathrm{i}\frac{2\pi}{a}\left(v_1 \cdot \frac{1}{2}a + v_2 \cdot a + v_3 \cdot \frac{1}{2}a\right)} \\ &= f\left[1 + \mathrm{e}^{-\mathrm{i}\pi(v_1+v_2)} + \mathrm{e}^{-\mathrm{i}\pi(v_2+v_3)} + \mathrm{e}^{-\mathrm{i}\pi(v_3+v_1)}\right]\end{aligned} \tag{12}$$

この結果は，

$$S_G = f \times 1 \times \left[1 + \mathrm{e}^{-\mathrm{i}\pi(v_1+v_2)} + \mathrm{e}^{-\mathrm{i}\pi(v_2+v_3)} + \mathrm{e}^{-\mathrm{i}\pi(v_3+v_1)}\right] \tag{13}$$

と書き換えて，1個の原子に対する原子形状因子 f，$f = 1$ としたときの単純立方格子に対する構造因子 1，$(x, y, z) = (0, 0, 0)$，$\left(\frac{1}{2}a, \frac{1}{2}a, 0\right)$，$\left(0, \frac{1}{2}a, \frac{1}{2}a\right)$，$\left(\frac{1}{2}a, 0, \frac{1}{2}a\right)$ に存在する格子点から構成される副格子に対する構造因子 $\left[1 + \mathrm{e}^{-\mathrm{i}\pi(v_1+v_2)} + \mathrm{e}^{-\mathrm{i}\pi(v_2+v_3)} + \mathrm{e}^{-\mathrm{i}\pi(v_3+v_1)}\right]$ の積であると解釈することもできる．

【2.4 ダイヤモンド構造の構造因子】 ダイヤモンド構造の空間格子は, $(0,0,0)$ と $\left(\frac{1}{4}a, \frac{1}{4}a, \frac{1}{4}a\right)$ に存在する同一原子を単位構造とする面心立方格子である。1個の原子の原子形状因子を f, $f=1$ に対する単位構造の構造因子を S_{b}, $f=1$ に対する面心立方格子の構造因子を S_{fcc} とおくと, 構造因子 $S_{\boldsymbol{G}}$ は, $S_{\boldsymbol{G}} = f \times S_{\mathrm{b}} \times S_{\mathrm{fcc}}$ で与えられる。ここで,

$$S_{\mathrm{b}} = 1 + \mathrm{e}^{-\mathrm{i}\,2\pi\left(\frac{1}{4}v_1 + \frac{1}{4}v_2 + \frac{1}{4}v_3\right)} = 1 + \mathrm{e}^{-\mathrm{i}\,\frac{\pi}{2}(v_1+v_2+v_3)} \tag{14}$$

である。また, 演習問題 2.3 の解答から

$$S_{\mathrm{fcc}} = 1 + \mathrm{e}^{-\mathrm{i}\,\pi(v_1+v_2)} + \mathrm{e}^{-\mathrm{i}\,\pi(v_2+v_3)} + \mathrm{e}^{-\mathrm{i}\,\pi(v_3+v_1)} \tag{15}$$

である。したがって, 構造因子 $S_{\boldsymbol{G}}$ は, 次式のようになる。

$$S_{\boldsymbol{G}} = f \left[1 + \mathrm{e}^{-\mathrm{i}\,\frac{\pi}{2}(v_1+v_2+v_3)}\right] \left[1 + \mathrm{e}^{-\mathrm{i}\,\pi(v_1+v_2)} + \mathrm{e}^{-\mathrm{i}\,\pi(v_2+v_3)} + \mathrm{e}^{-\mathrm{i}\,\pi(v_3+v_1)}\right] \tag{16}$$

ここで, 回折 X 線が現れる条件について考察してみよう。$f \neq 0$ だから, S_{fcc} と S_{b} が 0 になる条件について, まず考えることにしよう。$S_{\mathrm{fcc}} = 0$ になるのは, v_1, v_2, v_3 のうち一つだけが奇数, または一つだけが偶数のときである。一方, $S_{\mathrm{b}} = 0$ になるのは, n を任意の整数として $v_1 + v_2 + v_3 = 2(2n+1)$ を満足するときである。したがって, v_1, v_2, v_3 がすべて奇数のときは, $S_{\mathrm{fcc}} \neq 0$, $S_{\mathrm{b}} \neq 0$ だから, $S_{\boldsymbol{G}} \neq 0$ となる。また, v_1, v_2, v_3 がすべて偶数のときは, $S_{\mathrm{fcc}} \neq 0$ である。この場合, $S_{\boldsymbol{G}} \neq 0$ となるためには $S_{\mathrm{b}} \neq 0$ であることが必要である。これは, $v_1 + v_2 + v_3 = 4n$ のときだけ, 満たされる。

【2.5 原子形状因子】 原子形状因子 $f_j = \int_{\mathrm{atom}} n(\boldsymbol{\rho}) \exp(-\mathrm{i}\boldsymbol{G} \cdot \boldsymbol{\rho}) \,\mathrm{d}\boldsymbol{\rho}$ を計算するために, まず座標を決めよう。ここでは, xyz-直交座標系を用いて $\boldsymbol{\rho} = (x, y, z)$ とする。そして, 逆格子ベクトル $\boldsymbol{G}$ が z 軸上に存在すると仮定する。電子分布が原点のまわりで球対称な場合, 球座標を用いて, 次のように表すと便利である。

$$x = \rho \sin\theta \cos\phi, \quad y = \rho \sin\theta \sin\phi, \quad z = \rho \cos\theta \tag{17}$$

また, このとき

$$\boldsymbol{G} \cdot \boldsymbol{\rho} = G\rho \cos\theta \tag{18}$$

である。ただし, $G = |\boldsymbol{G}|$, $\rho = |\boldsymbol{\rho}|$ とした。

以上から, 原子形状因子 f_j を計算すると, 次のようになる。

$$\begin{aligned}
f_j &= \int_0^{2\pi} \mathrm{d}\phi \int_0^\pi \mathrm{d}\theta \int_0^\rho \mathrm{d}\rho\, n(\boldsymbol{\rho}) \exp(-\mathrm{i}G\rho\cos\theta)\rho^2 \sin\theta \\
&= 2\pi \int_0^\rho n(\boldsymbol{\rho})\rho^2 \left[\frac{\exp(-\mathrm{i}G\rho\cos\theta)}{\mathrm{i}G\rho}\right]_0^\pi \mathrm{d}\rho \\
&= 2\pi \int_0^\rho n(\boldsymbol{\rho})\rho^2 \frac{\exp(\mathrm{i}G\rho) - \exp(-\mathrm{i}G\rho)}{\mathrm{i}G\rho} \mathrm{d}\rho \\
&= 4\pi \int_0^\rho n(\boldsymbol{\rho})\rho^2 \frac{\sin(G\rho)}{G\rho} \mathrm{d}\rho
\end{aligned} \tag{19}$$

【2.6 1次元結晶の回折 X 線】 散乱強度 $|F|^2$ は，次のように求められる．

$$|F|^2 = F^*F = \frac{1-\cos(M\boldsymbol{a}\cdot\Delta\boldsymbol{k})}{1-\cos(\boldsymbol{a}\cdot\Delta\boldsymbol{k})} = \frac{\sin^2\frac{1}{2}M(\boldsymbol{a}\cdot\Delta\boldsymbol{k})}{\sin^2\frac{1}{2}(\boldsymbol{a}\cdot\Delta\boldsymbol{k})} \tag{20}$$

したがって，散乱強度 $|F|^2$ を $\boldsymbol{a}\cdot\Delta\boldsymbol{k}$ の関数として図示すると，図 3 のようになる．ただし，M をパラメータとした．

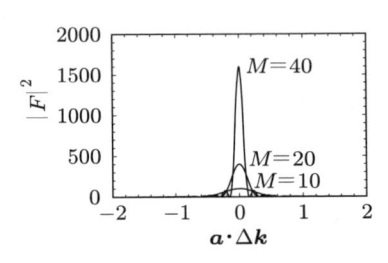

図 3 散乱強度 $|F|^2$

▶ 第 3 章

【3.1 1次元イオン結晶】 最近接イオン間距離を R とすると，ポテンシャルエネルギー $U(R)$ は，次式で与えられる．

$$U(R) = N\left(2\frac{A}{R^n} - \frac{\alpha q^2}{4\pi\varepsilon_0 R}\right) \tag{21}$$

ここで

$$\frac{\alpha}{R} = 2\left(\frac{1}{R} - \frac{1}{2R} + \frac{1}{3R} - \frac{1}{4R} + \cdots\right) = \frac{2}{R}\ln 2 \tag{22}$$

だから，$U(R)$ は次のように書き換えられる．

$$U(R) = 2N\left(\frac{A}{R^n} - \frac{q^2\ln 2}{4\pi\varepsilon_0 R}\right) \tag{23}$$

最近接イオン間距離 R の平衡値 R_0 は，$dU/dR = 0$ を解くことで得られる．したがって，

$$\frac{dU}{dR} = 2N\left(-\frac{nA}{R^{n+1}} + \frac{q^2\ln 2}{4\pi\varepsilon_0 R^2}\right) = 0 \tag{24}$$

から，次式が得られる．

$$\frac{A}{R_0^{n-1}} = \frac{q^2\ln 2}{4\pi\varepsilon_0 n} \tag{25}$$

これを用いると，ポテンシャルエネルギー $U(R_0)$ は，次式で与えられる．

$$U(R_0) = \frac{2N}{R_0}\left(\frac{A}{R_0^{n-1}} - \frac{q^2\ln 2}{4\pi\varepsilon_0}\right) = -\frac{2Nq^2\ln 2}{4\pi\varepsilon_0 R_0}\left(1 - \frac{1}{n}\right) \tag{26}$$

【3.2 2軸性応力】 (a) 題意から，次式が成り立つ．

$$\begin{bmatrix} \sigma \\ \sigma \\ 0 \\ 0 \\ 0 \\ 0 \end{bmatrix} = \begin{bmatrix} C_{11} & C_{12} & C_{12} & 0 & 0 & 0 \\ C_{12} & C_{11} & C_{12} & 0 & 0 & 0 \\ C_{12} & C_{12} & C_{11} & 0 & 0 & 0 \\ 0 & 0 & 0 & C_{44} & 0 & 0 \\ 0 & 0 & 0 & 0 & C_{44} & 0 \\ 0 & 0 & 0 & 0 & 0 & C_{44} \end{bmatrix} \begin{bmatrix} e \\ e \\ e_{zz} \\ 0 \\ 0 \\ 0 \end{bmatrix} \qquad (27)$$

したがって，

$$\sigma = C_{11}e + C_{12}e + C_{12}e_{zz} \qquad (28)$$
$$0 = C_{11}e_{zz} + 2C_{12}e \qquad (29)$$

という関係が得られる．式 (29) から，次の結果が導かれる．

$$e_{zz} = -\frac{2C_{12}}{C_{11}}e \qquad (30)$$

(b) 式 (29) を式 (28) に代入すると，次のようになる．

$$\sigma = \left(C_{11} + C_{12} - \frac{2C_{12}^2}{C_{11}}\right)e \qquad (31)$$

(c) 式 (3.47) に演習問題 3.2(a), (b) の結果と，$e_{yz} = e_{zx} = e_{xy} = 0$ を代入すると，弾性エネルギー密度 U は，次のようになる．

$$\begin{aligned} U &= \frac{1}{2}C_{11}\left[e^2 + e^2 + \left(-\frac{2C_{12}}{C_{11}}e\right)^2\right] + C_{12}\left(-\frac{2C_{12}}{C_{11}}e^2 - \frac{2C_{12}}{C_{11}}e^2 + e^2\right) \\ &= \left(C_{11} + C_{12} - \frac{2C_{12}^2}{C_{11}}\right)e^2 \end{aligned} \qquad (32)$$

【3.3 弾性エネルギー密度】 式 (3.47) において，$e_{xx} = -e_{yy} = \frac{1}{2}e$，他のひずみ成分をすべて 0 とすると，弾性エネルギー密度 U は次のようになる．

$$U = \frac{1}{2}C_{11} \times \frac{e^2}{2} + C_{12} \times \left(-\frac{e^2}{4}\right) = \frac{1}{4}(C_{11} - C_{12})e^2 \qquad (33)$$

【3.4 [110] 方向の弾性波の速度】 (a) [110] 方向の弾性波の波数ベクトル $\boldsymbol{K}$ の大きさを K とすると，波数ベクトル $\boldsymbol{K}$ は次のように表される．

$$\boldsymbol{K} = \frac{K}{\sqrt{2}}(\hat{\boldsymbol{x}} + \hat{\boldsymbol{y}}) = \left(\frac{K}{\sqrt{2}}, \frac{K}{\sqrt{2}}, 0\right) \qquad (34)$$

また，縦波は振動方向と進行方向が一致しているから，[110] 方向の弾性波の変位成分に対して $u = v \neq 0$, $w = 0$ が成り立つ．そこで，

$$u = v = u_0 \exp\left[\mathrm{i}\frac{K}{\sqrt{2}}(x + y) - \mathrm{i}\omega t\right] \qquad (35)$$

とおいて，式 (3.63) に代入すると，

$$\omega^2 \rho = (C_{11} + C_{12} + 2C_{44}) \frac{K^2}{2} \tag{36}$$

となる．したがって，次の結果が得られる．

$$v_{\mathrm{lp}} = \frac{\omega}{K} = \left(\frac{C_{11} + C_{12} + 2C_{44}}{2\rho} \right)^{\frac{1}{2}} \tag{37}$$

(b) 変位の各成分を

$$u = u_0 \exp\left[\mathrm{i} \frac{K}{\sqrt{2}}(x+y) - \mathrm{i}\omega t \right] \tag{38}$$

$$v = v_0 \exp\left[\mathrm{i} \frac{K}{\sqrt{2}}(x+y) - \mathrm{i}\omega t \right] \tag{39}$$

$$w = w_0 \exp\left[\mathrm{i} \frac{K}{\sqrt{2}}(x+y) - \mathrm{i}\omega t \right] \tag{40}$$

とおいて，式 (3.63)〜(3.65) に代入すると，

$$\omega^2 \rho u_0 = (C_{11} + C_{44}) \frac{K^2}{2} u_0 + (C_{12} + C_{44}) \frac{K^2}{2} v_0 \tag{41}$$

$$\omega^2 \rho v_0 = (C_{11} + C_{44}) \frac{K^2}{2} v_0 - (C_{12} + C_{44}) \frac{K^2}{2} u_0 \tag{42}$$

$$\omega^2 \rho w_0 = C_{44} K^2 w_0 \tag{43}$$

となる．したがって，粒子の変位が z 方向を向いている横波（変位 w）の位相速度 v_{tp1} は，

$$v_{\mathrm{tp1}} = \frac{\omega}{K} = \left(\frac{C_{44}}{\rho} \right)^{\frac{1}{2}} \tag{44}$$

となる．
　一方，$u_0 = v_0 = 0$ 以外の解をもつためには，次式が成立すればよい．

$$\begin{vmatrix} -\omega^2 \rho + (C_{11} + C_{44}) \frac{K^2}{2} & (C_{12} + C_{44}) \frac{K^2}{2} \\ (C_{12} + C_{44}) \frac{K^2}{2} & -\omega^2 \rho + (C_{11} + C_{44}) \frac{K^2}{2} \end{vmatrix} = 0 \tag{45}$$

これを解くと，次の二つの解が得られる．

$$\omega^2 \rho = \frac{1}{2} (C_{11} + C_{12} + 2C_{44}) K^2 \tag{46}$$

$$\omega^2 \rho = \frac{1}{2} (C_{11} - C_{12}) K^2 \tag{47}$$

前者の解に対しては $u_0 = v_0$ となり，これは演習問題 3.4(a) で扱った縦波を示している．後者の解が横波に対するもので，この横波に対する位相速度 v_{tp2} は

$$v_{\text{tp2}} = \frac{\omega}{K} = \left(\frac{C_{11} - C_{12}}{2\rho}\right)^{\frac{1}{2}} \tag{48}$$

となる．このとき，$u_0 + v_0 = 0$ である．

【3.5 [111] 方向の弾性波の速度】 (a) [111] 方向の弾性波の波数ベクトル $\boldsymbol{K}$ の大きさを K とすると，波数ベクトル $\boldsymbol{K}$ は次のように表される．

$$\boldsymbol{K} = \frac{K}{\sqrt{3}}(\hat{\boldsymbol{x}} + \hat{\boldsymbol{y}} + \hat{\boldsymbol{z}}) = \left(\frac{K}{\sqrt{3}}, \frac{K}{\sqrt{3}}, \frac{K}{\sqrt{3}}\right) \tag{49}$$

また，縦波は振動方向と進行方向が一致しているから，[111] 方向の弾性波の変位成分に対して $u = v = w$ が成り立つ．そこで，

$$u = v = w = u_0 \exp\left[\mathrm{i}\frac{K}{\sqrt{3}}(x + y + z) - \mathrm{i}\,\omega t\right] \tag{50}$$

とおいて，式 (3.63) に代入すると，

$$\begin{aligned}
-\omega^2 \rho &= C_{11}\left(-\frac{K^2}{3}\right) + C_{44}\left(-\frac{2K^2}{3}\right) + (C_{12} + C_{44})\left(-\frac{2K^2}{3}\right) \\
&= -\frac{K^2}{3}\left(C_{11} + 2C_{12} + 4C_{44}\right)
\end{aligned} \tag{51}$$

となる．したがって，次の結果が得られる．

$$v_{\text{lp}} = \frac{\omega}{K} = \left(\frac{C_{11} + 2C_{12} + 4C_{44}}{3\rho}\right)^{\frac{1}{2}} \tag{52}$$

(b) 変位の各成分を

$$u = u_0 \exp\left[\mathrm{i}\frac{K}{\sqrt{3}}(x + y + z) - \mathrm{i}\,\omega t\right] \tag{53}$$

$$v = v_0 \exp\left[\mathrm{i}\frac{K}{\sqrt{3}}(x + y + z) - \mathrm{i}\,\omega t\right] \tag{54}$$

$$w = w_0 \exp\left[\mathrm{i}\frac{K}{\sqrt{3}}(x + y + z) - \mathrm{i}\,\omega t\right] \tag{55}$$

とおいて，式 (3.63)～(3.65) に代入すると，次のようになる．

$$\omega^2 \rho u_0 = \frac{K^2}{3}(C_{11} + 2C_{44})u_0 + \frac{K^2}{3}(C_{12} + C_{44})(v_0 + w_0) \tag{56}$$

$$\omega^2 \rho v_0 = \frac{K^2}{3}(C_{11} + 2C_{44})v_0 + \frac{K^2}{3}(C_{12} + C_{44})(w_0 + u_0) \tag{57}$$

$$\omega^2 \rho w_0 = \frac{K^2}{3}(C_{11} + 2C_{44})w_0 + \frac{K^2}{3}(C_{12} + C_{44})(u_0 + v_0) \tag{58}$$

この連立方程式が $u_0 = v_0 = w_0 = 0$ 以外の解をもつためには，次式が成立すればよい．

$$\begin{vmatrix} q-\omega^2\rho & p & p \\ p & q-\omega^2\rho & p \\ p & p & q-\omega^2\rho \end{vmatrix} = 0 \tag{59}$$

ただし，ここで次のようにおいた．

$$q \equiv \frac{1}{3}K^2(C_{11}+2C_{44}), \quad p \equiv \frac{1}{3}K^2(C_{12}+C_{44}) \tag{60}$$

これを解くと，次の二つの解が得られる．

$$\frac{K^2}{3}(C_{11}+2C_{44}) - \omega^2\rho = -\frac{2K^2}{3}(C_{12}+C_{44}) \tag{61}$$

$$\frac{K^2}{3}(C_{11}+2C_{44}) - \omega^2\rho = \frac{K^2}{3}(C_{12}+C_{44}) \tag{62}$$

前者の解に対しては $u_0 = v_0 = w_0$ となり，これは演習問題 3.5(a) で扱った縦波を示している．後者の解が横波に対するもので，

$$v_{\mathrm{tp}} = \frac{\omega}{K} = \left(\frac{C_{11}-C_{12}+C_{44}}{3\rho}\right)^{\frac{1}{2}} \tag{63}$$

となる．このとき，$u_0 + v_0 + w_0 = 0$ である．

【3.6 任意の伝搬方向の弾性波】 変位を

$$u = u_0 \exp[\mathrm{i}(K_x x + K_y y + K_z z) - \mathrm{i}\omega t] \tag{64}$$

$$v = v_0 \exp[\mathrm{i}(K_x x + K_y y + K_z z) - \mathrm{i}\omega t] \tag{65}$$

$$w = w_0 \exp[\mathrm{i}(K_x x + K_y y + K_z z) - \mathrm{i}\omega t] \tag{66}$$

とおいて，式 (3.63)～(3.65) に代入すると，次の連立方程式が得られる．

$$\begin{aligned} \omega^2 \rho u_0 &= [K_x^2 C_{11} + (K_y^2 + K_z^2)C_{44}]u_0 \\ &\quad + (C_{12}+C_{44})(K_x K_y v_0 + K_z K_x w_0) \end{aligned} \tag{67}$$

$$\begin{aligned} \omega^2 \rho v_0 &= [K_y^2 C_{11} + (K_z^2 + K_x^2)C_{44}]v_0 \\ &\quad + (C_{12}+C_{44})(K_y K_z w_0 + K_x K_y u_0) \end{aligned} \tag{68}$$

$$\begin{aligned} \omega^2 \rho w_0 &= [K_z^2 C_{11} + (K_x^2 + K_y^2)C_{44}]w_0 \\ &\quad + (C_{12}+C_{44})(K_z K_x u_0 + K_y K_z v_0) \end{aligned} \tag{69}$$

この連立方程式が $u_0 = v_0 = w_0 = 0$ 以外の解をもつためには，次式が成立すればよい．

$$\begin{vmatrix} a_{11} & a_{12} & a_{13} \\ a_{21} & a_{22} & a_{23} \\ a_{31} & a_{32} & a_{33} \end{vmatrix} = 0 \tag{70}$$

$$a_{11} = K_x^2 C_{11} + (K_y^2 + K_z^2)C_{44} - \omega^2\rho \tag{71}$$

$$a_{12} = (C_{12}+C_{44})K_x K_y \tag{72}$$

$$a_{13} = (C_{12} + C_{44}) K_z K_x \tag{73}$$
$$a_{21} = (C_{12} + C_{44}) K_x K_y \tag{74}$$
$$a_{22} = K_y{}^2 C_{11} + (K_z{}^2 + K_x{}^2) C_{44} - \omega^2 \rho \tag{75}$$
$$a_{23} = (C_{12} + C_{44}) K_y K_z \tag{76}$$
$$a_{31} = (C_{12} + C_{44}) K_z K_x \tag{77}$$
$$a_{32} = (C_{12} + C_{44}) K_y K_z \tag{78}$$
$$a_{33} = K_z{}^2 C_{11} + (K_x{}^2 + K_y{}^2) C_{44} - \omega^2 \rho \tag{79}$$

▶ 第4章

【4.1 2原子鎖格子】 運動方程式は，次のようになる．

$$M_1 \frac{d^2 u_s}{dt^2} = -C_1 (u_s - v_s) - C_2 (u_s - v_{s-1}) \tag{80}$$
$$M_2 \frac{d^2 v_s}{dt^2} = -C_1 (v_s - u_s) - C_2 (v_s - u_{s+1}) \tag{81}$$

ここで

$$u_s = u \exp[-i(\omega t - sKa)] \tag{82}$$
$$v_s = v \exp[-i(\omega t - sKa)] \tag{83}$$

とおいて，運動方程式に代入すると，次の結果が得られる．

$$-\omega^2 M_1 u = C_1(v - u) + C_2 [v \exp(-iKa) - u] \tag{84}$$
$$-\omega^2 M_2 v = C_1(u - v) + C_2 [u \exp(iKa) - v] \tag{85}$$

この連立方程式が，$u = v = 0$ 以外の解をもつためには，次式が成立すればよい．

$$\begin{vmatrix} C_1 + C_2 - \omega^2 M_1 & -C_1 - C_2 \exp(-iKa) \\ -C_1 - C_2 \exp(iKa) & C_1 + C_2 - \omega^2 M_2 \end{vmatrix} = 0 \tag{86}$$

これを解くと，次のようになる．

$$\omega^2 = \frac{1}{2M_1 M_2}(M_1 + M_2)(C_1 + C_2)$$
$$\pm \frac{1}{2M_1 M_2}\sqrt{(M_1 + M_2)^2 (C_1 + C_2)^2 - 8M_1 M_2 C_1 C_2 (1 - \cos Ka)} \tag{87}$$

【4.2 1次元格子の状態密度】 まず，束縛条件のもとで，1モードあたりの状態数 W を求める．辺の中に格子振動が閉じ込められているから，辺の外では格子振動 $\phi(x) = 0$ である．辺の境界でも格子振動は存在しないから，境界条件として次式が成り立つ．

$$\phi(0) = \phi(L) = 0 \tag{88}$$

このため，辺の中の格子振動は，次のような定在波として表すことができる．

$$\phi(x) = \phi_0 \sin(K_x x) \exp(-i\omega t) \tag{89}$$

$$K_x = n_x \frac{\pi}{L} \quad (n_x = 1, 2, 3, \ldots) \tag{90}$$

定在波 $\phi(x)$ のとりうる波数の上限を K とするとき，束縛条件のもとで波数 K_x がとりうる点は，図 4(a) のように，長さ K の 1 辺の中に存在する．波数の上限 K が $K \gg \pi/L$ であれば，波数 K_x がとりうる点の個数，すなわち 1 モードあたりの状態数 W は，次のように表される．

$$W = K \div \frac{\pi}{L} = \frac{K}{\pi} L \tag{91}$$

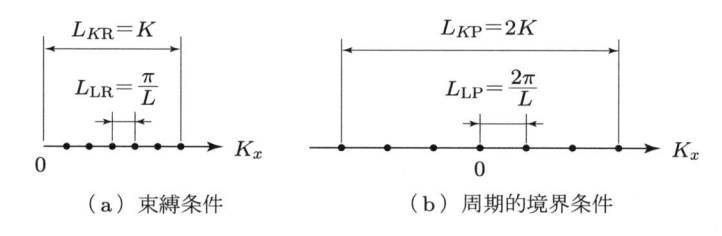

（a）束縛条件　　　　（b）周期的境界条件

図 4　1 次元格子における格子振動に対する 1 モードあたりの状態

次に，周期的境界条件のもとで，1 モードあたりの状態数 W を求める．仮想的な辺の境界で，格子振動の値が等しいとすると，境界条件として次式が成り立つ．

$$\phi(0) = \phi(L) \tag{92}$$

式 (92) から，周期的境界条件のもとでの格子振動は，次のような進行波として表すことができる．

$$\phi(x) = \phi_0 \exp(iK_x x) \exp(-i\omega t) \tag{93}$$

$$K_x = n_x \frac{2\pi}{L} \quad (n_x = 0, \pm 1, \pm 2, \pm 3, \ldots) \tag{94}$$

進行波 $\phi(x)$ のとりうる波数の上限を K とするとき，周期的境界条件のもとで波数 K_x がとりうる点は，図 4(b) のように，長さ $2K$ の辺の中に存在する．波数の上限 K が $K \gg 2\pi/L$ であれば，波数 K_x がとりうる点の個数，すなわち 1 モードあたりの状態数 W は，次のように表される．

$$W = 2K \div \frac{2\pi}{L} = \frac{K}{\pi} L \tag{95}$$

式 (91)，(95) から，束縛条件，周期的境界条件にかかわらず，1 モードあたりの状態数 W が等しく，式 (4.48) を用いると，1 モードあたりの状態密度 $D(K)$ は，

$$D(K) = \frac{dW}{dK} = \frac{1}{\pi} L \tag{96}$$

と表される．式 (96) から，単位長さあたりの状態密度 $D_\mathrm{L}(K)$ は，

$$D_\mathrm{L}(K) = \frac{D(K)}{L} = \frac{1}{\pi} \tag{97}$$

となる．

【4.3 状態密度】 $K=0$ の近傍で，光学フォノンの分枝が $\omega(K) = \omega_0 - AK^2$ $(A>0)$ と表されるから，

i) $\omega > \omega_0$ のとき，$K^2 < 0$ となる．このような K は存在しないから，$D(\omega) = 0$ である．
ii) $\omega < \omega_0$ のとき，

$$N = \frac{4}{3}\pi K^3 \div \left(\frac{2\pi}{L}\right)^3 = \frac{L^3}{6\pi^2}\left(\frac{\omega_0 - \omega}{A}\right)^{\frac{3}{2}} \tag{98}$$

となる．したがって，次の結果が得られる．

$$D(\omega) = \left|\frac{\mathrm{d}N}{\mathrm{d}\omega}\right| = \frac{L^3}{4\pi^2}\left(\frac{\omega_0 - \omega}{A^3}\right)^{\frac{1}{2}} \tag{99}$$

【4.4 1次元音響フォノン】 演習問題 4.2 の解答の式 (96) から，状態密度 $D(K)$ は次のようになる．

$$D(K) = \frac{L}{\pi} \tag{100}$$

状態密度 $D(K)$ を角周波数 ω を用いて表すために，次の関係を用いる．

$$D(K)\,\mathrm{d}K = D(\omega)\,\mathrm{d}\omega \tag{101}$$

デバイ近似のもとでは，音速 v を一定として，

$$K = \frac{\omega}{v} \tag{102}$$

だから，

$$D(\omega) = D(K)\frac{\mathrm{d}K}{\mathrm{d}\omega} = \frac{L}{\pi v} \tag{103}$$

が得られる．

さて，デバイ角周波数 ω_D を用いて，エネルギー U_tot は，次のように表される．

$$\begin{aligned}U_\mathrm{tot} &= \int_0^{\omega_\mathrm{D}} D(\omega)\langle n(\omega)\rangle\,\mathrm{d}\omega = \int_0^{\omega_\mathrm{D}} D(\omega)\frac{\hbar\omega}{\exp[\hbar\omega/(k_\mathrm{B}T)]-1}\,\mathrm{d}\omega \\ &= \frac{L}{\pi v}\int_0^{\omega_\mathrm{D}} \frac{\hbar\omega}{\exp[\hbar\omega/(k_\mathrm{B}T)]-1}\,\mathrm{d}\omega\end{aligned} \tag{104}$$

ここで，状態あたりの平均フォノン数 $\langle n(\omega)\rangle$ は，次式のプランク分布関数で与えられている．

$$\langle n(\omega)\rangle = \frac{\hbar\omega}{\exp[\hbar\omega/(k_\mathrm{B}T)]-1} \tag{105}$$

ただし，$\hbar = h/(2\pi)$ はディラック定数，h はプランク定数，k_B はボルツマン定数，T は絶対温度である．

いま，
$$x = \frac{\hbar\omega}{k_B T} \tag{106}$$
とおくと，
$$d\omega = \frac{k_B T}{\hbar} dx, \quad x_D = \frac{\hbar\omega_D}{k_B T} \tag{107}$$
であり，極低温 ($T \to 0$) では，$x_D \to \infty$ となる．したがって，極低温におけるエネルギー U_{tot} は，次のようになる．
$$U_{\text{tot}} \simeq \frac{L}{\pi v} \frac{k_B^2 T^2}{\hbar} \int_0^\infty \frac{x}{\exp(x)-1} dx \tag{108}$$
$$= \frac{L}{\pi v} \frac{k_B^2 T^2}{\hbar} \times \frac{\pi^2}{6} = \frac{\pi^2 L k_B^2 T^2}{3hv} \tag{109}$$
なお，ここで $2\pi\hbar = h$ を用いた．

このエネルギー U_{tot} から，極低温における1次元音響フォノンの定積比熱 $C_V^{(1D)}$ は，次のように求められる．
$$C_V^{(1D)} = \left(\frac{\partial U_{\text{tot}}}{\partial T}\right)_V = \frac{2\pi^2 L k_B^2 T}{3hv} \tag{110}$$
したがって，1次元音響フォノンの定積比熱 $C_V^{(1D)}$ は，T に比例する．

【4.5 2次元格子音響フォノン】 例題 4.3 の解答の式 (4.63) から，状態密度 $D(K)$ は次のようになる．
$$D(K) = \frac{K}{2\pi^2} L^2 \tag{111}$$
状態密度 $D(K)$ を角周波数 ω を用いて表すために，次の関係を用いる．
$$D(K) dK = D(\omega) d\omega \tag{112}$$
デバイ近似のもとでは，音速 v を一定として，
$$K = \frac{\omega}{v} \tag{113}$$
だから，
$$D(\omega) = D(K) \frac{dK}{d\omega} = \frac{L^2}{2\pi v^2} \omega \tag{114}$$
が得られる．

さて，デバイ角周波数 ω_D を用いて，エネルギー U_{tot} は，次のように表される．
$$U_{\text{tot}} = \int_0^{\omega_D} D(\omega) \langle n(\omega) \rangle d\omega = \int_0^{\omega_D} D(\omega) \frac{\hbar\omega}{\exp[\hbar\omega/(k_B T)]-1} d\omega$$
$$= \frac{L^2}{2\pi v^2} \int_0^{\omega_D} \frac{\hbar\omega^2}{\exp[\hbar\omega/(k_B T)]-1} d\omega \tag{115}$$

ここで，状態あたりの平均フォノン数 $\langle n(\omega) \rangle$ は，次式のプランク分布関数で与えられている．

$$\langle n(\omega) \rangle = \frac{\hbar \omega}{\exp[\hbar\omega/(k_\mathrm{B} T)] - 1} \tag{116}$$

ただし，$\hbar = h/(2\pi)$ はディラック定数，h はプランク定数，k_B はボルツマン定数，T は絶対温度である．

いま，

$$x = \frac{\hbar\omega}{k_\mathrm{B} T} \tag{117}$$

とおくと，

$$\mathrm{d}\omega = \frac{k_\mathrm{B} T}{\hbar} \mathrm{d}x, \quad x_\mathrm{D} = \frac{\hbar\omega_\mathrm{D}}{k_\mathrm{B} T} \tag{118}$$

であり，極低温 ($T \to 0$) では，$x_\mathrm{D} \to \infty$ となる．したがって，極低温におけるエネルギー U_tot は，次のようになる．

$$\begin{aligned} U_\mathrm{tot} &\simeq \frac{L^2}{2\pi v^2} \frac{k_\mathrm{B}{}^3 T^3}{\hbar^2} \int_0^\infty \frac{x^2}{\exp(x) - 1} \mathrm{d}x \\ &= \frac{L^2}{2\pi v^2} \frac{k_\mathrm{B}{}^3 T^3}{\hbar^2} \times 2\zeta(3) = \frac{1.20206 L^2}{\pi v^2} \frac{k_\mathrm{B}{}^3 T^3}{\hbar^2} \end{aligned} \tag{119}$$

ただし，$\zeta(s)$ は次式で定義されるツェータ関数である．

$$\zeta(s) = \sum_{k=1}^\infty k^{-s} \tag{120}$$

このエネルギー U_tot から，極低温における 2 次元音響フォノンの定積比熱 $C_\mathrm{V}^{(2\mathrm{D})}$ は，次のように求められる．

$$C_\mathrm{V}^{(2\mathrm{D})} = \left(\frac{\partial U_\mathrm{tot}}{\partial T}\right)_\mathrm{V} = \frac{3.60617 L^2}{\pi v^2} \frac{k_\mathrm{B}{}^3 T^2}{\hbar^2} \tag{121}$$

したがって，2 次元音響フォノンの定積比熱 $C_\mathrm{V}^{(2\mathrm{D})}$ は，T^2 に比例する．

【4.6 フォノンのソフトモード】 (a) 最近接イオン間距離の平衡値を a とすると，クーロン力 F は，次式で与えられる．

$$F = 2 \frac{1}{4\pi\varepsilon_0} \left[-\frac{e^2}{a^2} + \frac{e^2}{(2a)^2} - \frac{e^2}{(3a)^2} + \cdots \right] \tag{122}$$

$$= \frac{e^2}{2\pi\varepsilon_0 a^2} \sum_{p=1}^\infty \frac{(-1)^p}{p^2} \equiv \sum_{p=1}^\infty C_{pC} pa \tag{123}$$

ただし，ε_0 は真空の誘電率である．

したがって，クーロン相互作用の寄与による原子間相互作用定数 C_{pC} は，次のように表される．

$$C_{pC} = \frac{e^2}{2\pi\varepsilon_0 a^2} \cdot \frac{(-1)^p}{p^2} \cdot \frac{1}{pa} = (-1)^p \frac{e^2}{2\pi\varepsilon_0 p^3 a^3} \tag{124}$$

(b) 式 (4.5) に問題 4.6(a) の結果を代入すると，次式のようになる．

$$\omega^2 = \frac{2}{M}\gamma(1-\cos Ka) + \frac{2}{M}\sum_{p=1}^{\infty}(-1)^p \frac{e^2}{2\pi\varepsilon_0 p^3 a^3}(1-\cos pKa) \quad (125)$$

$$= \omega_0^2 \sin^2 \frac{Ka}{2} + \omega_0^2 \sigma \sum_{p=1}^{\infty}\frac{(-1)^p}{p^3}(1-\cos pKa) \quad (126)$$

ただし，ここで，

$$\omega_0^2 \equiv \frac{4\gamma}{M}, \quad \sigma \equiv \frac{e^2}{4\pi\varepsilon_0 \gamma a^3} \quad (127)$$

とおいた．
以上から，次の分散関係が得られる．

$$\frac{\omega^2}{\omega_0^2} = \sin^2 \frac{1}{2}Ka + \sigma \sum_{p=1}^{\infty}\frac{(-1)^p}{p^3}(1-\cos pKa) \quad (128)$$

【4.7 自由電子気体の運動エネルギー】 絶対零度 ($T=0\,\mathrm{K}$) では，フェルミ–ディラック分布関数 $f(E)$ は，フェルミ・エネルギーを E_F として，

$$f(E) = \begin{cases} 1 & (E \leq E_\mathrm{F}) \\ 0 & (E > E_\mathrm{F}) \end{cases} \quad (129)$$

である．したがって，式 (4.100) を用いると，絶対零度 ($T=0\,\mathrm{K}$) における運動エネルギー U_0 は，次式のようになる．

$$U_0 = \int_0^{E_\mathrm{F}} D_\mathrm{e}(E) E \,\mathrm{d}E = \frac{L^3}{5\pi^2}\left(\frac{2mE_\mathrm{F}}{\hbar^2}\right)^{\frac{3}{2}} E_\mathrm{F} = \frac{3}{5}N_\mathrm{e}E_\mathrm{F} \quad (130)$$

ここで，式 (4.102) を用いた．

【4.8 金属中のイオンの振動】 (a) 一様な自由電子気体の電荷密度は $-3e/(4\pi R^3)$ だから，半径 r の球の中にある自由電子気体の電荷密度は，次式で与えられる．

$$-\frac{3e}{4\pi R^3} \times \frac{4\pi}{3} r^3 = -\frac{r^3}{R^3} e \quad (131)$$

いま，一つのイオンが，平衡位置から微小長さ r だけ変位したとする．このとき，復元力の大部分は，平衡位置を中心とする半径 r の球の中に存在する電荷によるものである．したがって，運動方程式は，次のようになる．

$$M\frac{\mathrm{d}^2 r}{\mathrm{d}t^2} = \frac{-\dfrac{r^3}{R^3}e\cdot e}{4\pi\varepsilon_0 r^2} = -\frac{r}{4\pi\varepsilon_0 R^3}e^2 \quad (132)$$

ここで，ε_0 は真空の誘電率である．
振動の角周波数を ω として，式 (132) は次のように書き換えることができる．

$$\frac{\mathrm{d}^2 r}{\mathrm{d}t^2} + \frac{e^2}{4\pi\varepsilon_0 MR^3}r = \frac{\mathrm{d}^2 r}{\mathrm{d}t^2} + \omega^2 r = 0 \quad (133)$$

以上から，次の結果が得られる．

$$\omega = \left(\frac{e^2}{4\pi\varepsilon_0 M R^3}\right)^{\frac{1}{2}} \tag{134}$$

(b) 濃度 n と密度 ρ は，次のように与えられる．

$$n = \frac{3}{4\pi R^3} = 2.652 \times 10^{22}\,\text{cm}^{-3} \tag{135}$$

$$\rho = Mn = \frac{3M}{4\pi R^3} = 1.013\,\text{g\,cm}^{-3} \tag{136}$$

したがって，

$$R = 2.08 \times 10^{-8}\,\text{cm}, \quad M = 3.82 \times 10^{-23}\,\text{g} \tag{137}$$

となる．これを演習問題 4.8(a) の結果に代入すると，角周波数 ω は，次のように求められる．

$$\omega = 2.59 \times 10^{13}\,\text{s}^{-1} \tag{138}$$

▶ 第 5 章

【5.1 縮退がある場合のほとんど自由な電子モデル】 i) $\boldsymbol{K}' = 0$ のとき，式 (5.15) は次のようになる．

$$[E_0(\boldsymbol{k}) - E(\boldsymbol{k})]A_0 + U_{-\boldsymbol{K}}A_{\boldsymbol{K}} + U_{-2\boldsymbol{K}}A_{2\boldsymbol{K}} = 0 \tag{139}$$

ここで，$U_0 = 0$ を利用した．
ii) $\boldsymbol{K}' = \boldsymbol{K}$ のとき，式 (5.15) は次のようになる．

$$[E_0(\boldsymbol{k}+\boldsymbol{K}) - E(\boldsymbol{k})]A_{\boldsymbol{K}} + U_{\boldsymbol{K}}A_0 + U_{-\boldsymbol{K}}A_{2\boldsymbol{K}} = 0 \tag{140}$$

ここで，$U_0 = 0$ を利用した．
iii) $\boldsymbol{K}' = 2\boldsymbol{K}$ のとき，式 (5.15) は次のようになる．

$$[E_0(\boldsymbol{k}+2\boldsymbol{K}) - E(\boldsymbol{k})]A_{2\boldsymbol{K}} + U_{2\boldsymbol{K}}A_0 + U_{\boldsymbol{K}}A_{\boldsymbol{K}} = 0 \tag{141}$$

ここで，$U_0 = 0$ を利用した．
【5.2 箱形ポテンシャル井戸】 図 5 のように領域を I, II, III に分け，ポテンシャル井戸の中央を x 軸の原点とする．

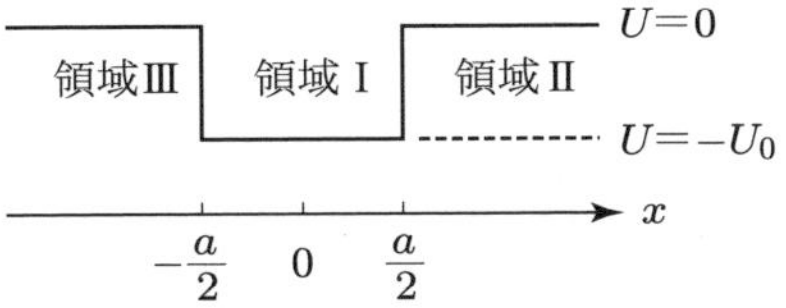

図 5　1 次元の単一井戸形ポテンシャル

領域Iでは，シュレーディンガー方程式は，次のようになる．

$$\left(-\frac{\hbar^2}{2m_0}\frac{d^2}{dx^2} - U_0\right)\psi = E\psi \tag{142}$$

したがって，この解は，A と k を定数として

$$\psi = A\cos kx, \quad E = \frac{\hbar^2 k^2}{2m_0} - U_0 \tag{143}$$

と表すことができる．

一方，領域II では，シュレーディンガー方程式は，次のようになる．

$$-\frac{\hbar^2}{2m_0}\frac{d^2}{dx^2}\psi = E\psi \tag{144}$$

したがって，この解は，B と q を定数として

$$\psi = B\exp(-qx), \quad E = -\frac{\hbar^2 q^2}{2m_0} \tag{145}$$

と表すことができる．

波動関数が，領域IとIIの境界で滑らかにつながるためには，波動関数と，波動関数の x についての1階の微分係数が，それぞれ境界部で等しくなければならない．したがって，$x=a/2$ で

$$A\cos\frac{ka}{2} = B\exp\left(-\frac{qa}{2}\right), \quad -kA\sin\frac{ka}{2} = -qB\exp\left(-\frac{qa}{2}\right) \tag{146}$$

が成り立つ必要がある．以上から，電子の束縛エネルギーを与える式は，次のようになる．

$$k\tan\frac{ka}{2} = q \tag{147}$$

この結果から，次式が成り立つ．

$$E = \frac{\hbar^2 k^2}{2m_0} - U_0 = \frac{\hbar^2 k^2}{2m_0} - \frac{2\hbar^2}{m_0 a^2} = -\frac{\hbar^2 q^2}{2m_0} = -\frac{\hbar^2 k^2}{2m_0}\tan^2\frac{ka}{2} \tag{148}$$

したがって，

$$\frac{k^2 a^2}{4} = \left(1 + \tan^2\frac{ka}{2}\right)^{-1} = \cos^2\frac{ka}{2} \tag{149}$$

すなわち，

$$\frac{ka}{2} = 0.74 \tag{150}$$

となる．これを式 (148) に代入すると，次の結果が得られる．

$$E = \frac{\hbar^2 k^2}{2m_0} - \frac{2\hbar^2}{m_0 a^2} = -0.45 \times \frac{2\hbar^2}{m_0 a^2} = -0.45 U_0 \tag{151}$$

【5.3 周期的ポテンシャル】　いま，$K' = K''$ のときフーリエ係数が 0，つまり $U_0 = 0$ とし，A_0 と A_K が支配的な場合を考える．1次元周期的ポテンシャル $U(x) = 2U\cos Kx$ は，

$$U(x) = 2U \cos Kx = U \exp(\mathrm{i}Kx) + U \exp(-\mathrm{i}Kx) \tag{152}$$

と書き換えることができる．このとき，式 (5.15) から次式が導かれる．

$$[E_0(k) - E(k)]A_0 + UA_K = 0 \tag{153}$$
$$UA_0 + [E_0(k+K) - E(k)]A_K = 0 \tag{154}$$

連立方程式 (153), (154) が $A_0 = A_K = 0$ 以外の解をもつためには，次の行列式が成り立てばよい．

$$\begin{vmatrix} E_0(k) - E(k) & U \\ U & E_0(k+K) - E(k) \end{vmatrix} = 0 \tag{155}$$

この行列式を解くと，エネルギー固有値 $E(k)$ は，次のように求められる．

$$E(k) = \frac{1}{2}[E_0(k) + E_0(k+K)] \pm \frac{1}{2}\sqrt{[E_0(k+K) - E_0(k)]^2 + 4U^2} \tag{156}$$

ここで，$k = -K/2$ とおくと，エネルギー固有値 $E(k)$ は，次のようになる．

$$E(-K/2) = E_0(-K/2) \pm |U| \tag{157}$$

【5.4 クローニッヒ-ペニーのモデル】 (a) 式 (5.50) は，$k = 0$ の場合，次のようになる．

$$\frac{P}{Ka} \sin Ka + \cos Ka = 1 \tag{158}$$

$P \ll 1$ のときは，$Ka \ll 1$ の場合だけ解が存在する．したがって，

$$\sin Ka \simeq Ka, \quad \cos Ka \simeq 1 - \frac{1}{2}K^2 a^2 \tag{159}$$

となるから，これらを式 (158) に代入して，

$$P \simeq \frac{1}{2} K^2 a^2 \tag{160}$$

が得られる．この結果，エネルギー E は，次のように求められる．

$$E = \frac{\hbar^2}{2m_0} K^2 \simeq \frac{\hbar^2 P}{m_0 a^2} \tag{161}$$

(b) 式 (5.50) は，$k = \pi/a$ のとき，次のようになる．

$$\frac{P}{Ka} \sin Ka + \cos Ka = -1 \tag{162}$$

$P \ll 1$ のときは，$Ka = \pi + \delta$, $\delta \ll 1$ の場合だけ解が存在する．したがって，

$$\sin Ka = -\sin \delta \simeq -\delta, \quad \cos Ka = -\cos \delta \simeq -1 + \frac{1}{2}\delta^2 \tag{163}$$

となるから，式 (162) に代入して，

が得られる．この結果，エネルギーギャップ E_g は，次のようになる．

$$P \simeq \frac{1}{2} Ka\delta \simeq \frac{1}{2}\pi\delta \tag{164}$$

$$E_\mathrm{g} = \frac{\hbar^2}{2m_0}\left(\frac{\pi+\delta}{a}\right)^2 - \frac{\hbar^2}{2m_0}\left(\frac{\pi}{a}\right)^2 \simeq \frac{\hbar^2\pi\delta}{m_0 a^2} = \frac{2\hbar^2 P}{m_0 a^2} \tag{165}$$

【5.5 $\bm{k}\cdot\bm{p}$ 摂動】 (a) 定常状態におけるシュレーディンガー方程式は，ポテンシャルを $U(\bm{r})$ として次式で与えられる．

$$\left[-\frac{\hbar^2}{2m_0}\nabla^2 + U(\bm{r})\right]\psi_n(\bm{k},\bm{r}) = E_n(\bm{k})\,\psi_n(\bm{k},\bm{r}) \tag{166}$$

原子が周期的に規則正しく並んでいる結晶の場合，ポテンシャル $U(\bm{r})$ が周期的だから，この波動方程式の解として，次のようなブロッホ関数を考えることができる．

$$\psi_n(\bm{k},\bm{r}) = \exp(\mathrm{i}\bm{k}\cdot\bm{r})u_n(\bm{k},\bm{r}), \quad u_n(\bm{k},\bm{r}) = u_n(\bm{k},\bm{r}+\bm{T}) \tag{167}$$

これはブロッホの定理とよばれ，波動関数 $u_n(\bm{k},\bm{r})$ が波数ベクトル $\bm{k}$ に依存し，結晶と同じ周期（$\bm{T}$ は並進ベクトル）をもつことを示している．$u_n(\bm{k},\bm{r})$ に対する波動方程式は，ブロッホ関数を波動方程式に代入して，次のようになる．

$$\left[-\frac{\hbar^2}{2m_0}\nabla^2 + U(\bm{r}) + \frac{\hbar^2 k^2}{2m_0} + \frac{\hbar}{m_0}\bm{k}\cdot\bm{p}\right]u_n(\bm{k},\bm{r}) = E_n(\bm{k})u_n(\bm{k},\bm{r}) \tag{168}$$

ただし，ここで $\bm{p} = -\mathrm{i}\hbar\nabla$ を利用した．

式 (168) の左辺の [ ] 中の第 3 項と第 4 項

$$\mathcal{H}' = \frac{\hbar^2 k^2}{2m_0} + \frac{\hbar}{m_0}\bm{k}\cdot\bm{p} \tag{169}$$

を摂動と考えて波動方程式を解くのが $\bm{k}\cdot\bm{p}$ 摂動法であり，この名前は式 (169) の右辺第 2 項に由来する．ここで，$\mathcal{H}'$ を摂動とする場合，$\bm{k}$ が小さい範囲，すなわちバンド端付近のみを考えることになる．

さて，n 番目のエネルギーバンドに注目すると，$\bm{k} = 0$（摂動がない場合）に対する波動方程式は

$$\left[-\frac{\hbar^2}{2m_0}\nabla^2 + U(\bm{r})\right]u_n(0,\bm{r}) = E_n(0)u_n(0,\bm{r}) \tag{170}$$

となる．縮退がない場合，すなわち添字 n で表される状態と同じエネルギーをもつ他の状態 n' が存在しない場合，$u_n(\bm{k},\bm{r})$ として規格直交関数を選ぶと，波動関数 $u_n(\bm{k},\bm{r})$ は，1 次の摂動論によって，

$$u_n(\bm{k},\bm{r}) = u_n(0,\bm{r}) + \sum_j{}' \frac{\langle j0|\mathcal{H}'|n0\rangle}{E_n(0) - E_j(0)} u_j(0,\bm{r}) \tag{171}$$

$$= u_n(0,\bm{r}) + \frac{\hbar}{m_0}\sum_j{}' \frac{\langle j0|\bm{k}\cdot\bm{p}|n0\rangle}{E_n(0) - E_j(0)} u_j(0,\bm{r}) \tag{172}$$

$$\langle j0|\nabla|n0\rangle = \int u_j^*(0,\boldsymbol{r})\nabla u_n(0,\boldsymbol{r})\,\mathrm{d}V \tag{173}$$

で与えられる．ここで，$'$ は和をとる際に $j \neq n$ に限ることを示している．なお，$\langle j0|$ と $|n0\rangle$ は，ディラック (Dirac) により導入されたもので，$\langle j0|$ をブラ・ベクトル (bra vector)，$|n0\rangle$ をケット・ベクトル (ket vector) という．一方，エネルギーは，2 次の摂動論の範囲で

$$\begin{aligned}
E_n(\boldsymbol{k}) &= E_n(0) + \frac{\hbar^2 k^2}{2m_0} + {\sum_j}' \frac{\langle n0|\mathcal{H}'|j0\rangle\langle j0|\mathcal{H}'|n0\rangle}{E_n(0) - E_j(0)} \tag{174}\\
&= E_n(0) + \frac{\hbar^2 k^2}{2m_0} + \frac{\hbar^2}{m_0^2} {\sum_j}' \frac{|\langle n0|\boldsymbol{k}\cdot\boldsymbol{p}|j0\rangle|^2}{E_n(0) - E_j(0)} \tag{175}
\end{aligned}$$

となる．ここで，和は $\boldsymbol{k}=0$ におけるすべての他の状態 $\psi_j(\boldsymbol{k},\boldsymbol{r})$ についてとる．
(b) 立方結晶では，有効質量が波数ベクトルの方向に依存しない．したがって，式 (5.64) から，有効質量 m^* は

$$m^* = \left[\frac{1}{\hbar^2}\frac{\mathrm{d}^2 E_n(\boldsymbol{k})}{\mathrm{d}k^2}\right]^{-1} \tag{176}$$

と表され，次式のように求められる．

$$\frac{m_0}{m^*} = 1 + \frac{2}{m_0}{\sum_j}'\frac{|\langle n0|\boldsymbol{p}|j0\rangle|^2}{E_n(0) - E_j(0)} \tag{177}$$

【5.6 正方格子】 結晶ポテンシャル $U(x,y)$ は，

$$\begin{aligned}
U(x,y) &= -4U\cos\left(\frac{2\pi x}{a}\right)\cos\left(\frac{2\pi y}{a}\right)\\
&= -U\bigg\{\exp\left[\mathrm{i}\frac{2\pi(x+y)}{a}\right] + \exp\left[-\mathrm{i}\frac{2\pi(x+y)}{a}\right]\\
&\quad + \exp\left[\mathrm{i}\frac{2\pi(x-y)}{a}\right] + \exp\left[-\mathrm{i}\frac{2\pi(x-y)}{a}\right]\bigg\} \tag{178}
\end{aligned}$$

と変形される．ここで，$\boldsymbol{r} = (x,y)$ とし，

$$U(\boldsymbol{r}) = \sum_{\boldsymbol{G}} U_{\boldsymbol{G}}\exp(\mathrm{i}\,\boldsymbol{G}\cdot\boldsymbol{r}) \tag{179}$$

と展開すると，上の結果から，ポテンシャル U のフーリエ係数は $U_{\boldsymbol{G}} = -U$ となる．
また，波動関数 $\psi(\boldsymbol{r})$ を次のようにフーリエ級数展開する．

$$\psi(\boldsymbol{r}) = \sum_{\boldsymbol{k}} C_{\boldsymbol{k}}\exp(\mathrm{i}\,\boldsymbol{k}\cdot\boldsymbol{r}) \tag{180}$$

ここで，$C_{\boldsymbol{k}}$ はフーリエ係数である．
これらのポテンシャル $U(\boldsymbol{r})$ と波動関数 $\psi(\boldsymbol{r})$ をシュレーディンガー方程式に代入すると，次式が得られる．

$$(\lambda - E)C_{G/2} - UC_{-G/2} = 0 \tag{181}$$

$$-UC_{G/2} + (\lambda - E)C_{-G/2} = 0 \tag{182}$$

ここで，$C_{G/2}$ と $C_{-G/2}$ は，第1ブリルアン・ゾーンの境界における，波動関数のフーリエ係数である．

この連立方程式が，$C_{G/2} = C_{-G/2} = 0$ 以外の解をもつためには，次の行列式を満たせばよい．

$$\begin{vmatrix} \lambda - E & -U \\ -U & \lambda - E \end{vmatrix} = (\lambda - E)^2 - U^2 = 0 \tag{183}$$

したがって，$\lambda = E \pm U$ となる．すなわち，エネルギーギャップは $2U$ である．

【5.7 状態密度有効質量】 式 (5.69) を式 (5.67) に代入すると，エネルギーは次のように表される．

$$E(\boldsymbol{k}) = E_0 + \frac{\hbar^2}{2m_{\text{de}}}\left(k_x'^2 + k_y'^2 + k_z'^2\right) = E_0 + \frac{\hbar^2}{2m_{\text{de}}}k'^2 \tag{184}$$

$$k'^2 = k_x'^2 + k_y'^2 + k_z'^2 \tag{185}$$

このとき，式 (184) から

$$dE = \frac{\hbar^2}{m_{\text{de}}}k'\, dk' \tag{186}$$

となって，波数を用いて状態密度を表すときに都合がよい．ここで導入した有効質量 m_{de} を **状態密度有効質量** (density-of-state effective mass) という．

ただし，波数空間の体積は，k を用いても k' を用いても，同じでなくてはならない．したがって，次式が成り立つ必要がある．

$$\int dk_x\, dk_y\, dk_z = \int dk_x'\, dk_y'\, dk_z' = \left(\frac{m_{\text{de}}^3}{m_1^* m_2^* m_3^*}\right)^{\frac{1}{2}} \int dk_x\, dk_y\, dk_z \tag{187}$$

この式から，状態密度有効質量 m_{de} は，次のように表される．

$$m_{\text{de}} = (m_1^* m_2^* m_3^*)^{\frac{1}{3}} \tag{188}$$

たとえば，ゲルマニウム (Ge) やシリコン (Si) のように，

$$m_1^* = m_2^* = m_{\text{t}}, \quad m_3^* = m_{\text{l}} \tag{189}$$

のときは

$$m_{\text{de}} = (m_{\text{t}}^2 m_{\text{l}})^{\frac{1}{3}} \tag{190}$$

となる．なお，ここで示した m_{t} は **横有効質量** (transverse effective mass)，m_{l} は **縦有効質量** (longitudinal effective mass) m_{l} とよばれている．

▶ 第6章

【6.1 電気伝導率】 ドリフト速度と電界をそれぞれ

$$v = v_0 \exp(-\mathrm{i}\,\omega t), \quad E = E_0 \exp(-\mathrm{i}\,\omega t) \tag{191}$$

とおく．これらを運動方程式 (6.61) に代入して整理すると，次式が得られる．

$$v_0 = -\frac{eE_0\tau}{m^*}\frac{1+\mathrm{i}\,\omega\tau}{1+(\omega\tau)^2} \tag{192}$$

したがって，電流密度 j は，次のようになる．

$$j = n(-e)v = \frac{ne^2\tau}{m^*}\frac{1+\mathrm{i}\,\omega\tau}{1+(\omega\tau)^2}\,E \equiv \sigma(\omega)E \tag{193}$$

式 (193) から，電気伝導率 $\sigma(\omega)$ は，次のように求められる．

$$\sigma(\omega) = \sigma(0)\frac{1+\mathrm{i}\,\omega\tau}{1+(\omega\tau)^2}, \quad \sigma(0) = \frac{ne^2\tau}{m^*} \tag{194}$$

【6.2 電気伝導率に対する磁界の影響】 ドリフト速度と電界をそれぞれ

$$v_x = v_{x0}\exp(-\mathrm{i}\,\omega t), \quad v_y = v_{y0}\exp(-\mathrm{i}\,\omega t) \tag{195}$$

$$E_x = E_{x0}\exp(-\mathrm{i}\,\omega t), \quad E_y = E_{y0}\exp(-\mathrm{i}\,\omega t) \tag{196}$$

とおく．これらを運動方程式 (6.9) に代入すると，次式が得られる．

$$\left(-\mathrm{i}\,\omega + \frac{1}{\tau}\right)m^* v_{x0} = -eE_{x0} - eBv_{y0} \tag{197}$$

$$\left(-\mathrm{i}\,\omega + \frac{1}{\tau}\right)m^* v_{y0} = -eE_{y0} + eBv_{x0} \tag{198}$$

いま，

$$A = -\mathrm{i}\,\omega + \frac{1}{\tau}, \quad \omega_\mathrm{c} = \frac{eB}{m^*} \tag{199}$$

とおいて，この連立方程式を解くと，次のようになる．

$$v_{x0} = -\frac{e}{m^*}\frac{1}{\omega_\mathrm{c}^2 + A^2}(AE_{x0} - \omega_\mathrm{c} E_{y0}) \tag{200}$$

$$v_{y0} = -\frac{e}{m^*}\frac{1}{\omega_\mathrm{c}^2 + A^2}(\omega_\mathrm{c} E_{x0} + AE_{y0}) \tag{201}$$

ここで，$\omega \gg \omega_\mathrm{c}, 1/\tau$ と仮定すると，

$$\omega_\mathrm{c}^2 + A^2 \simeq -\omega^2, \quad A \simeq -\mathrm{i}\,\omega \tag{202}$$

だから

$$v_{x0} = -\frac{e}{m^*\omega^2}(\mathrm{i}\,\omega E_{x0} + \omega_\mathrm{c} E_{y0}) \tag{203}$$

$$v_{y0} = -\frac{e}{m^*\omega^2}(-\omega_\mathrm{c} E_{x0} + \mathrm{i}\,\omega E_{y0}) \tag{204}$$

となる．したがって，電流密度 j_x, j_y は，次のように表される．

$$j_x = n(-e)v_x = \frac{ne^2}{m^*\omega^2}(\mathrm{i}\omega E_x + \omega_c E_y) \tag{205}$$

$$j_y = n(-e)v_y = \frac{ne^2}{m^*\omega^2}(-\omega_c E_x + \mathrm{i}\omega E_y) \tag{206}$$

【6.3 定常状態における電流密度】 定常状態 ($\mathrm{d}/\mathrm{d}t = 0$) では，式 (6.9) は次のようになる．

$$v_x = -\frac{e}{m^*}\tau E_x - \omega_c \tau v_y, \quad v_y = -\frac{e}{m^*}\tau E_y + \omega_c \tau v_x, \quad v_z = -\frac{e}{m^*}\tau E_z \tag{207}$$

ここで，次のようにおいた．

$$\omega_c = \frac{eB}{m^*} \tag{208}$$

連立方程式 (207) を解くと，次の結果が得られる．

$$v_x = \frac{1}{1+(\omega_c\tau)^2}\left(-\frac{e\tau}{m^*}\right)(E_x - \omega_c\tau E_y) \tag{209}$$

$$v_y = \frac{1}{1+(\omega_c\tau)^2}\left(-\frac{e\tau}{m^*}\right)(\omega_c\tau E_x + E_y) \tag{210}$$

したがって，電流密度 j_x, j_y, j_z は，次のようになる．

$$j_x = n(-e)v_x = \frac{\sigma_0}{1+(\omega_c\tau)^2}(E_x - \omega_c\tau E_y) \tag{211}$$

$$j_y = n(-e)v_y = \frac{\sigma_0}{1+(\omega_c\tau)^2}(\omega_c\tau E_x + E_y) \tag{212}$$

$$j_z = n(-e)v_z = \sigma_0 E_z \tag{213}$$

ただし，次のようにおいた．

$$\sigma_0 = \frac{ne^2\tau}{m^*} \tag{214}$$

以上をまとめると，電流密度 j は，次のような行列の形で表される．

$$\begin{bmatrix} j_x \\ j_y \\ j_z \end{bmatrix} = \frac{\sigma_0}{1+(\omega_c\tau)^2}\begin{bmatrix} 1 & -\omega_c\tau & 0 \\ \omega_c\tau & 1 & 0 \\ 0 & 0 & 1+(\omega_c\tau)^2 \end{bmatrix}\begin{bmatrix} E_x \\ E_y \\ E_z \end{bmatrix} \tag{215}$$

ここで，

$$j_x = \sigma_{xx}E_x + \sigma_{xy}E_y + \sigma_{xz}E_z \tag{216}$$

$$j_y = \sigma_{yx}E_x + \sigma_{yy}E_y + \sigma_{yz}E_z \tag{217}$$

$$j_z = \sigma_{zx}E_x + \sigma_{zy}E_y + \sigma_{zz}E_z \tag{218}$$

と表すと，

のような高磁界のもとでは，次式が成り立つ．

$$\omega_c \tau = \frac{eB\tau}{m} \gg 1 \tag{219}$$

$$\sigma_{xx} = \sigma_{yy} \simeq 0, \quad \sigma_{yx} = -\sigma_{xy} \simeq \frac{\sigma_0}{\omega_c \tau} = \frac{ne}{B} \tag{220}$$

このような高磁界のもとでは，σ_{xx} は $1/(\omega_c\tau)$ のオーダーであり，$\sigma_{xx}=0$ としてよい．また，σ_{yx} は，ホール伝導率とよばれる．

【6.4 プラズマ周波数と電気伝導率】 (a) 式 (6.4)，(6.29) から，電気伝導率 σ は次のようになる．

$$\sigma = \frac{ne^2\tau}{m^*} = \varepsilon_0 \omega_p^2 \tau = 8.11 \times 10^2 \, \Omega^{-1}\,\mathrm{cm}^{-1} \tag{221}$$

(b) 演習問題 6.4(a) の結果から，電子の有効質量 m^* は，次のようになる．

$$m^* = \frac{ne^2}{\varepsilon_0 \omega_p^2} = 4.20 \times 10^{-27}\,\mathrm{g} \tag{222}$$

【6.5 伝導率有効質量】 実際の電流密度成分は，x, y, z 方向の値を平均化したものになる．したがって，実際の電流密度成分は，次のように表される．

$$j_x = n_c e^2 \tau \times \frac{1}{3}\left(\frac{1}{m_1^*} + \frac{1}{m_2^*} + \frac{1}{m_3^*}\right) E_x \equiv \frac{n_c e^2 \tau}{m_c} E_x \tag{223}$$

$$j_y = n_c e^2 \tau \times \frac{1}{3}\left(\frac{1}{m_1^*} + \frac{1}{m_2^*} + \frac{1}{m_3^*}\right) E_y \equiv \frac{n_c e^2 \tau}{m_c} E_y \tag{224}$$

$$j_z = n_c e^2 \tau \times \frac{1}{3}\left(\frac{1}{m_1^*} + \frac{1}{m_2^*} + \frac{1}{m_3^*}\right) E_z \equiv \frac{n_c e^2 \tau}{m_c} E_z \tag{225}$$

ここで導入した m_c は，キャリアの**伝導率有効質量** (conductivity effective mass) とよばれ，次式で定義されている．

$$m_c \equiv \left[\frac{1}{3}\left(\frac{1}{m_1^*} + \frac{1}{m_2^*} + \frac{1}{m_3^*}\right)\right]^{-1} = \frac{3m_1^* m_2^* m_3^*}{m_1^* m_2^* + m_2^* m_3^* + m_3^* m_1^*} \tag{226}$$

▶ 第 7 章

【7.1 原子濃度】 ゲルマニウム (Ge) 原子 1 個の質量 m_{Ge} は，原子量 M_{Ge} とアボガドロ定数 N_A を用いて，次のように求められる．

$$m_{\mathrm{Ge}} = \frac{M_{\mathrm{Ge}}}{N_A} = \frac{72.6\,\mathrm{g\,mol^{-1}}}{6.022 \times 10^{23}\,\mathrm{mol^{-1}}} = 1.21 \times 10^{-22}\,\mathrm{g} \tag{227}$$

したがって，ゲルマニウム (Ge) の原子濃度（原子数密度）N_{Ge} は，ゲルマニウム (Ge) の（重量）密度 ρ_{Ge} を用いて，

$$N_{\mathrm{Ge}} = \frac{\rho_{\mathrm{Ge}}}{m_{\mathrm{Ge}}} = \frac{\rho_{\mathrm{Ge}} N_A}{M_{\mathrm{Ge}}} = 4.42 \times 10^{22}\,\mathrm{cm^{-3}} \tag{228}$$

となる．同様にして，シリコン (Si) とヒ化ガリウム (GaAs) についても計算し，まとめたものが表 1 である．ただし，ヒ化ガリウム (GaAs) については，ガリウム (Ga) とヒ素 (As) が 1 対 1 の割合で含まれているので，原子濃度は

$$N_{\text{GaAs}} = 2 \times \frac{\rho_{\text{GaAs}}}{m_{\text{GaAs}}} = 2 \times \frac{\rho_{\text{GaAs}} N_A}{M_{\text{GaAs}}} = 4.43 \times 10^{22} \, \text{cm}^{-3} \tag{229}$$

のように，因子 2 を乗じて求めることに注意してほしい．

表 1　Ge, Si, GaAs の単位体積あたりの原子数

半導体材料	単位体積あたりの原子数 N (cm^{-3})
ゲルマニウム (Ge)	4.42×10^{22}
シリコン (Si)	4.99×10^{22}
ヒ化ガリウム (GaAs)	4.43×10^{22}

【7.2　半導体の純度】　式 (7.3)〜(7.6) から，伝導帯における有効状態密度 N_c は，

$$N_c = 2 \left[\frac{2\pi \left(m_t^2 m_l \right)^{\frac{1}{3}} k_B T}{h^2} \right]^{\frac{3}{2}} M_c \tag{230}$$

と表される．また，式 (7.8), (7.9) から，価電子帯における有効状態密度 N_v は，

$$N_v = 2 \left[\left(\frac{2\pi m_{lh} k_B T}{h^2} \right)^{\frac{3}{2}} + \left(\frac{2\pi m_{hh} k_B T}{h^2} \right)^{\frac{3}{2}} \right] \tag{231}$$

となる．式 (230), (231) を式 (7.12) に代入することで，真性キャリア濃度を求めることができる．なお，伝導帯のバンド端の数 M_c は，ゲルマニウム (Ge) に対して 8，シリコン (Si) に対して 6，ヒ化ガリウム (GaAs) に対して 1 である．このようにして計算した真性キャリア濃度 n_i と純度 n_i/N の値を表 2 に示す．ただし，原子濃度 N として，演習問題 7.1 の解答中の表 1 の値を用いた．シリコン (Si) の場合，表 2 から純度 n_i/N は $10^{-13} < 1.34 \times 10^{-13} < 10^{-12}$ である．このとき，$1 - n_i/N$ を求めると，数字の 9 が 12 個並ぶ．したがって，このような場合，純度を twelve-nine と表現することも多い．

表 2　Ge, Si, GaAs の真性キャリア濃度と純度

半導体材料	真性キャリア濃度 n_i (cm^{-3})	純度 n_i/N
ゲルマニウム (Ge)	2.62×10^{13}	5.93×10^{-10}
シリコン (Si)	6.71×10^{9}	1.34×10^{-13}
ヒ化ガリウム (GaAs)	2.08×10^{6}	4.70×10^{-17}

【7.3　真性半導体の電気伝導率と最小電気伝導率】　(a) 式 (7.45) と式 (7.46) を用いると，

$$\sigma = e(n\mu_n + p\mu_p) = \frac{e}{2}(\mu_n + \mu_p)\left[(\Delta n)^2 + 4n_i^2\right]^{\frac{1}{2}} + \frac{e}{2}(\mu_n - \mu_p)\Delta n \tag{232}$$

となる．これが，Δn に関して最小となるのは，次の場合である．

$$\frac{\partial \sigma}{\partial (\Delta n)} = \frac{e}{2}(\mu_n + \mu_p)\left[(\Delta n)^2 + 4n_\mathrm{i}^2\right]^{-\frac{1}{2}} \Delta n + \frac{e}{2}(\mu_n - \mu_p) = 0 \tag{233}$$

したがって，次の関係が得られる．

$$(\mu_n + \mu_p)\Delta n = -(\mu_n - \mu_p)\left[(\Delta n)^2 + 4n_\mathrm{i}^2\right]^{\frac{1}{2}} \tag{234}$$

ここで，$\mu_n > \mu_p$ だから，$\Delta n < 0$ である．式 (234) の両辺を 2 乗して整理すると，

$$(\Delta n)^2 = \frac{(\mu_n - \mu_p)^2}{\mu_n \mu_p} n_\mathrm{i}^2 \tag{235}$$

となり，$\Delta n < 0$ から，次の結果が得られる．

$$\Delta n = -\frac{\mu_n - \mu_p}{(\mu_n \mu_p)^{\frac{1}{2}}} n_\mathrm{i} \tag{236}$$

式 (236) を式 (232) に代入すると，最小電気伝導率 σ_min は，次のように求められる．

$$\sigma_\mathrm{min} = 2e(\mu_n \mu_p)^{\frac{1}{2}} n_\mathrm{i} \tag{237}$$

一方，真性半導体では $n = p = n_\mathrm{i}$ だから，電気伝導率 σ_i は，次のように求められる．

$$\sigma_\mathrm{i} = e(\mu_n + \mu_p) n_\mathrm{i} \tag{238}$$

以上から，最小電気伝導率 σ_min と真性半導体の電気伝導率 σ_i の比は，次のようになる．

$$\frac{\sigma_\mathrm{min}}{\sigma_\mathrm{i}} = \frac{2(\mu_n \mu_p)^{\frac{1}{2}}}{\mu_n + \mu_p} \tag{239}$$

(b) 絶対温度 $T = 300\,\mathrm{K}$ において $k_\mathrm{B}T = 25.9\,\mathrm{meV}$ である．これと，表 7.3 の値を式 (7.12) に代入する．まず，シリコン (Si) に対して

$$n_\mathrm{i} = \sqrt{N_\mathrm{c} N_\mathrm{v}} \exp\left(-\frac{E_\mathrm{g}}{2k_\mathrm{B}T}\right) = 4.37 \times 10^9\,\mathrm{cm}^{-3} \tag{240}$$

となる．以上を演習問題 7.3(a) の結果に代入すると，次の結果が得られる．

$$\Delta n = -4.37 \times 10^9\,\mathrm{cm}^{-3} \quad (\text{p 型}) \tag{241}$$

$$\sigma_\mathrm{min}(\mathrm{Si}) = 1.13 \times 10^{-6}\,\Omega^{-1}\,\mathrm{cm}^{-1} \tag{242}$$

$$\sigma_\mathrm{i}(\mathrm{Si}) = 1.28 \times 10^{-6}\,\Omega^{-1}\,\mathrm{cm}^{-1} \tag{243}$$

$$\frac{\sigma_\mathrm{min}(\mathrm{Si})}{\sigma_\mathrm{i}(\mathrm{Si})} = 0.883 \tag{244}$$

アンチモン化インジウム (InSb) に対して，同様のことを繰り返すと，次の結果が得られる．

$$n_\mathrm{i} = \sqrt{N_\mathrm{c} N_\mathrm{v}} \exp\left(-\frac{E_\mathrm{g}}{2k_\mathrm{B}T}\right) = 1.63 \times 10^{16}\,\mathrm{cm^{-3}} \tag{245}$$

$$\Delta n = -1.64 \times 10^{17}\,\mathrm{cm^{-3}} \quad (\mathrm{p\,型}) \tag{246}$$

$$\sigma_\mathrm{min}(\mathrm{InSb}) = 39.6\,\Omega^{-1}\,\mathrm{cm^{-1}} \tag{247}$$

$$\sigma_\mathrm{i}(\mathrm{InSb}) = 203\,\Omega^{-1}\,\mathrm{cm^{-1}} \tag{248}$$

$$\frac{\sigma_\mathrm{min}(\mathrm{InSb})}{\sigma_\mathrm{i}(\mathrm{InSb})} = 0.195 \tag{249}$$

【**7.4 不純物半導体**】 (a) IV 族のシリコン (Si) に対して，V 族のヒ素 (As) はドナー（イオン化エネルギー 49 meV）として，III 族のホウ素 (B) はアクセプター（イオン化エネルギー 45 meV）としてそれぞれはたらく．簡単のため，これらがすべてイオン化したとすると，イオン化したドナー濃度 $N_\mathrm{d} = 5 \times 10^{16}\,\mathrm{cm^{-3}}$，イオン化したアクセプター濃度 $N_\mathrm{a} = 4.9 \times 10^{16}\,\mathrm{cm^{-3}}$ となる．したがって，伝導型は n 型となる．自然界は，エネルギーが低いほうが安定なので，アクセプターは，ドナーがもっていた余分な電子を受容してイオン化する．この様子を図 6 に示す．

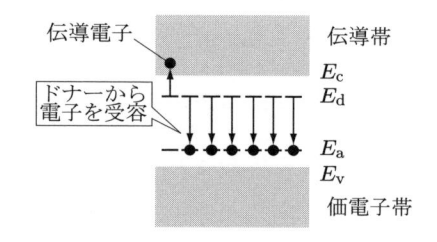

図 6　ドナーとアクセプターが共存したときのイオン化

(b) 演習問題 7.4(a) の解答で示したように，伝導型が n 型だから，多数キャリアは伝導電子である．電気的中性条件から，伝導電子濃度 n と正孔濃度 p の間には，次式が成り立つ．

$$n + N_\mathrm{a} = p + N_\mathrm{d} \tag{250}$$

式 (250) の両辺に伝導電子濃度 n を乗じ，式 (7.11) を代入して整理すると，

$$n^2 + (N_\mathrm{a} - N_\mathrm{d})\,n - n_\mathrm{i}^2 = 0 \tag{251}$$

が得られる．伝導電子濃度 n は負の値はとらないので，式 (251) から

$$n = \frac{1}{2}\left[(N_\mathrm{d} - N_\mathrm{a}) + \sqrt{(N_\mathrm{d} - N_\mathrm{a})^2 + 4n_\mathrm{i}^2}\right] \tag{252}$$

が得られる．ここで，演習問題 7.2 の表 2 の値を見ると，

$$N_\mathrm{d} - N_\mathrm{a} = 1.0 \times 10^{15}\,\mathrm{cm^{-3}} \gg n_\mathrm{i} = 6.71 \times 10^{9}\,\mathrm{cm^{-3}} \tag{253}$$

という関係があるので，次の結果が得られる．

$$n \simeq N_\mathrm{d} - N_\mathrm{a} = 1.0 \times 10^{15}\,\mathrm{cm}^{-3} \tag{254}$$

(c) 式 (7.11) から，少数キャリアである正孔の濃度 p は，次のようになる．

$$p = \frac{n_\mathrm{i}^2}{n} \simeq \frac{(6.71 \times 10^9\,\mathrm{cm}^{-3})^2}{1.0 \times 10^{15}\,\mathrm{cm}^{-3}} = 4.5 \times 10^4\,\mathrm{cm}^{-3} \tag{255}$$

【7.5 電気的中性条件】 (a) 電気的中性条件 $n = p + N_\mathrm{d}$ から，

$$p = n - N_\mathrm{d} \tag{256}$$

が成り立つ．式 (256) を式 (7.11) に代入して，

$$n^2 - N_\mathrm{d} n - n_\mathrm{i}^2 = 0 \tag{257}$$

が得られる．伝導電子濃度 n は正の値だけをとるから，この方程式の解として

$$n = \frac{1}{2}\left(N_\mathrm{d} + \sqrt{N_\mathrm{d}^2 + 4n_\mathrm{i}^2}\right) \tag{258}$$

が導かれる．この結果を式 (256) に代入すると，正孔濃度 p として次式を得る．

$$p = \frac{1}{2}\left(-N_\mathrm{d} + \sqrt{N_\mathrm{d}^2 + 4n_\mathrm{i}^2}\right) \tag{259}$$

$N_\mathrm{d} \gg n_\mathrm{i}$ のとき，$N_\mathrm{d}^2 \gg 4n_\mathrm{i}^2$ である．したがって，伝導電子濃度 n は，

$$n \simeq \frac{1}{2}(N_\mathrm{d} + N_\mathrm{d}) = N_\mathrm{d} \tag{260}$$

となる．また，$np = n_\mathrm{i}^2$ だから，正孔濃度 p は，次のように表される．

$$p = \frac{n_\mathrm{i}^2}{N_\mathrm{d}} \tag{261}$$

(b) 電気的中性条件 $p = n + N_\mathrm{a}$ から，

$$n = p - N_\mathrm{a} \tag{262}$$

が成り立つ．式 (262) を式 (7.11) に代入して，

$$p^2 - N_\mathrm{a} p - n_\mathrm{i}^2 = 0 \tag{263}$$

が得られる．正孔濃度 p は正の値だけをとるから，この方程式の解として

$$p = \frac{1}{2}\left(N_\mathrm{a} + \sqrt{N_\mathrm{a}^2 + 4n_\mathrm{i}^2}\right) \tag{264}$$

が導かれる．この結果を式 (262) に代入すると，伝導電子濃度 n として，次式を得る．

$$n = \frac{1}{2}\left(-N_\mathrm{a} + \sqrt{N_\mathrm{a}^2 + 4n_\mathrm{i}^2}\right) \tag{265}$$

$N_\mathrm{a} \gg n_\mathrm{i}$ のとき，$N_\mathrm{a}^2 \gg 4n_\mathrm{i}^2$ である．したがって，正孔濃度 p は，

$$p \simeq \frac{1}{2}(N_{\mathrm{a}} + N_{\mathrm{a}}) = N_{\mathrm{a}} \tag{266}$$

となる.また,$np = n_{\mathrm{i}}^2$ だから,伝導電子濃度 n は,次のようになる.

$$n = \frac{n_{\mathrm{i}}^2}{N_{\mathrm{a}}} \tag{267}$$

【7.6 n 型半導体】 アクセプターのエネルギー E_{a} は,ドナーのエネルギー E_{d} に比べて低いので,ドナー電子の一部はアクセプター準位に落ち込み,すべてのアクセプター準位はイオン化しているとする.つまり,イオン化されたアクセプターの濃度 N_{a}^{-} がアクセプターの濃度 N_{a} と等しいとする.

伝導電子の濃度を n,ドナー濃度を N_{d},ドナーが中性である確率を $f(D)$ とすると,電気的中性条件は,次のように表される.

$$n + N_{\mathrm{a}} = N_{\mathrm{d}}[1 - f(D)] \tag{268}$$

式 (268) は,次のように書き換えることもできる.

$$N_{\mathrm{d}} - N_{\mathrm{a}} - n = N_{\mathrm{d}} f(D) \tag{269}$$

式 (268), (269) の比をとると,次式が得られる.

$$\frac{n + N_{\mathrm{a}}}{N_{\mathrm{d}} - N_{\mathrm{a}} - n} = \frac{1 - f(D)}{f(D)} = \frac{1}{2} \exp\left(\frac{E_{\mathrm{d}} - E_{\mathrm{F}}}{k_{\mathrm{B}} T}\right) \tag{270}$$

ただし,式 (7.37) を用いた.式 (270) の両辺に式 (7.2) を乗ずると,次のようになる.

$$\frac{n(n + N_{\mathrm{a}})}{N_{\mathrm{d}} - N_{\mathrm{a}} - n} = \frac{1}{2} N_{\mathrm{c}} \exp\left(\frac{E_{\mathrm{d}} - E_{\mathrm{c}}}{k_{\mathrm{B}} T}\right) = \frac{1}{2} N_{\mathrm{c}} \exp\left(-\frac{\Delta E_{\mathrm{d}}}{k_{\mathrm{B}} T}\right) \tag{271}$$

ここで,$\Delta E_{\mathrm{d}} = E_{\mathrm{c}} - E_{\mathrm{d}}$ は,ドナーのイオン化エネルギーである.$\Delta E_{\mathrm{d}} \gg k_{\mathrm{B}} T$ のとき $N_{\mathrm{d}} \gg n \gg N_{\mathrm{a}}$ だから,次の結果が得られる.

$$n \simeq \left(\frac{N_{\mathrm{c}} N_{\mathrm{d}}}{2}\right)^{\frac{1}{2}} \exp\left(-\frac{\Delta E_{\mathrm{d}}}{2 k_{\mathrm{B}} T}\right) \tag{272}$$

【7.7 ドナーのイオン化エネルギー】 (a) 基底状態 ($n = 1$) における水素原子のエネルギー,すなわち水素原子のイオン化エネルギー E_1 と電子軌道半径 a_1 は,それぞれ次のように求められる.

$$E_1 = -\frac{m_0 e^4}{8 \varepsilon_0^2 h^2} = -2.18 \times 10^{-18}\,\mathrm{J} = -13.6\,\mathrm{eV} \tag{273}$$

$$a_1 = \frac{\varepsilon_0 h^2}{\pi m_0 e^2} = 5.29 \times 10^{-11}\,\mathrm{m} = 0.053\,\mathrm{nm} \tag{274}$$

(b) 原子核は電子に比べて十分質量が大きいから,静止していると考える.すると,水素原子に対するシュレーディンガー方程式は,

$$\left(-\frac{\hbar^2}{2m_0}\nabla^2 - \frac{e^2}{4\pi\varepsilon_0 r}\right)\psi = E\psi \tag{275}$$

と表される.ここで,$\hbar = h/(2\pi)$ はディラック定数,ψ は波動関数,E はエネルギー固有値である.一方,ドナーに対するシュレーディンガー方程式は,

$$\left(-\frac{\hbar^2}{2m_c}\nabla^2 - \frac{e^2}{4\pi\varepsilon_s\varepsilon_0 r}\right)\psi = E\psi \tag{276}$$

と表される.

したがって,ドナー原子のイオン化エネルギー,すなわち,ドナー準位 E_d と,電子軌道半径 a_d は,それぞれ次のように表される.

$$E_d = -\frac{m_c e^4}{8(\varepsilon_s\varepsilon_0)^2 h^2}\cdot\frac{1}{n^2} = -\frac{m_0 e^4}{8\varepsilon_0^2 h^2}\cdot\frac{1}{n^2}\cdot\frac{m_c}{m_0}\cdot\frac{1}{\varepsilon_s^2} = E_1\cdot\frac{m_c}{m_0}\left(\frac{1}{\varepsilon_s}\right)^2 \tag{277}$$

$$a_d = \frac{\varepsilon_s\varepsilon_0 h^2}{\pi m_c e^2} = \frac{\varepsilon_0 h^2}{\pi m_0 e^2}\cdot\frac{m_0}{m_c}\cdot\varepsilon_s = a_1\cdot\frac{m_0}{m_c}\varepsilon_s \tag{278}$$

(c) シリコン (Si) の伝導電子の伝導率有効質量 m_{c-Si} は,式 (7.49) に演習問題 7.2 の表 7.2 の値を代入すると,次のように表される.

$$m_{c-Si} = \frac{3\times 0.19 m_0 \times 0.98 m_0}{0.19 m_0 + 2\times 0.98 m_0} = 0.26 m_0 \tag{279}$$

一方,ヒ化ガリウム (GaAs) の伝導電子の伝導率有効質量 m_{c-GaAs} は,次のようになる.

$$m_{c-GaAs} = 0.067 m_0 \tag{280}$$

したがって,シリコン (Si) に対して,次のような結果が得られる.

$$E_d = 13.6\,\text{eV}\times 0.26\times\left(\frac{1}{11.8}\right)^2 = 2.53\times 10^{-2}\,\text{eV} = 25.3\,\text{meV} \tag{281}$$

$$a_d = 0.053\,\text{nm}\times\frac{1}{0.26}\times 11.8 = 2.41\,\text{nm} \tag{282}$$

一方,ヒ化ガリウム (GaAs) に対しては,次のような結果が得られる.

$$E_d = 13.6\,\text{eV}\times 0.067\times\left(\frac{1}{13.1}\right)^2 = 5.31\times 10^{-3}\,\text{eV} = 5.31\,\text{meV} \tag{283}$$

$$a_d = 0.053\,\text{nm}\times\frac{1}{0.067}\times 13.1 = 10.4\,\text{nm} \tag{284}$$

(d) ヒ化ガリウム (GaAs) のほうが,シリコン (Si) よりも伝導電子の伝導率有効質量が小さく,かつ比誘電率が大きいことによる.

【7.8 伝導電子と正孔が共存するときのホール効果】 伝導電子と正孔の移動度をそれぞれ μ_n,μ_p とおくと

$$\mu_n = \frac{e}{m_n}\tau_n, \quad \mu_p = \frac{e}{m_p}\tau_p \tag{285}$$

である．また，

$$\sigma_{0n} = ne\mu_n, \quad \sigma_{0p} = pe\mu_p, \quad \omega_{cn} = \frac{eB}{m_n}, \quad \omega_{cp} = \frac{eB}{m_p} \tag{286}$$

とおくと，電流密度 j と電界 E の関係は，次のような行列の形で表される．

$$\begin{bmatrix} j_x \\ j_y \\ j_z \end{bmatrix} = \begin{bmatrix} \sigma_{xx} & \sigma_{xy} & \sigma_{xz} \\ \sigma_{yx} & \sigma_{yy} & \sigma_{yz} \\ \sigma_{zx} & \sigma_{zy} & \sigma_{zz} \end{bmatrix} \begin{bmatrix} E_x \\ E_y \\ E_z \end{bmatrix} \tag{287}$$

ただし，

$$\sigma_{xx} = \sigma_{yy} = \frac{\sigma_{0n}}{1+(\omega_{cn}\tau_n)^2} + \frac{\sigma_{0p}}{1+(\omega_{cp}\tau_p)^2}$$

$$\sigma_{zz} = \sigma_{0n} + \sigma_{0p}$$

$$\sigma_{xy} = -\sigma_{yx} = -\frac{\sigma_{0n}\omega_{cn}\tau_n}{1+(\omega_{cn}\tau_n)^2} + \frac{\sigma_{0p}\omega_{cp}\tau_p}{1+(\omega_{cp}\tau_p)^2}$$

$$\sigma_{yz} = \sigma_{zy} = \sigma_{zx} = \sigma_{xz} = 0$$

である．ここで，B^2 に比例する項が十分小さいとして無視すると，次式が得られる．

$$j_x = (\sigma_{0n} + \sigma_{0p})E_x - (\sigma_{0n}\omega_{cn}\tau_n - \sigma_{0p}\omega_{cp}\tau_p)E_y \tag{288}$$

$$j_y = (\sigma_{0n}\omega_{cn}\tau_n - \sigma_{0p}\omega_{cp}\tau_p)E_x + (\sigma_{0n} + \sigma_{0p})E_y \tag{289}$$

式 (288)，(289) において $j_y = 0$ とすると，次の関係が得られる．

$$E_x = -\frac{\sigma_{0n}+\sigma_{0p}}{\sigma_{0n}\omega_{cn}\tau_n - \sigma_{0p}\omega_{cp}\tau_p} E_y \tag{290}$$

したがって，j_x と E_y との関係は，次のように表される．

$$\begin{aligned} j_x &= \left[-\frac{(\sigma_{0n}+\sigma_{0p})^2}{\sigma_{0n}\omega_{cn}\tau_n - \sigma_{0p}\omega_{cp}\tau_p} - (\sigma_{0n}\omega_{cn}\tau_n - \sigma_{0p}\omega_{cp}\tau_p) \right] E_y \\ &= \frac{e}{B} \left[\frac{(p\mu_p + n\mu_n)^2}{p\mu_p{}^2 - n\mu_n{}^2} + B^2 (p\mu_p{}^2 - n\mu_n{}^2) \right] E_y \\ &\simeq \frac{e}{B} \frac{(p\mu_p + n\mu_n)^2}{p\mu_p{}^2 - n\mu_n{}^2} E_y = \frac{e}{B} \frac{(p+nb)^2}{p-nb^2} E_y \end{aligned} \tag{291}$$

ただし，$b = \mu_n/\mu_p$ は移動度の比である．なお，この式を導出するときも，B^2 のオーダーの項は，十分小さいとして無視した．以上から，ホール係数 R_H は，次のように求められる．

$$R_\mathrm{H} = \frac{E_y}{j_x B} = \frac{1}{e} \cdot \frac{p-nb^2}{(p+nb)^2} \tag{292}$$

【7.9 正味のドナー濃度が低い半導体】 式 (7.45) から，$\Delta n \ll n_\mathrm{i}$ のとき，伝導電子の濃度 n は

$$n = n_{\mathrm{i}}\left[1 + \left(\frac{\Delta n}{2n_{\mathrm{i}}}\right)^2\right]^{\frac{1}{2}} + \frac{1}{2}\Delta n \simeq n_{\mathrm{i}} + \frac{1}{2}\Delta n \tag{293}$$

となる．同じようにして，式 (7.46) から，正孔の濃度 p は次のようになる．

$$p \simeq n_{\mathrm{i}} - \frac{1}{2}\Delta n \tag{294}$$

【7.10 抵抗率と不純物濃度】 $T = 300\,\mathrm{K}$ において $k_{\mathrm{B}}T = 25.9\,\mathrm{meV}$ である．また，

$$N_{\mathrm{c}} = 1.0 \times 10^{19}\,\mathrm{cm}^{-3}, \quad N_{\mathrm{v}} = 5.2 \times 10^{18}\,\mathrm{cm}^{-3}, \quad E_{\mathrm{g}} = 0.67\,\mathrm{eV} \tag{295}$$

であり，これらを式 (7.12) に代入すると，

$$n_{\mathrm{i}} = \sqrt{N_{\mathrm{c}}N_{\mathrm{v}}}\exp\left(-\frac{E_{\mathrm{g}}}{2k_{\mathrm{B}}T}\right) = 1.66 \times 10^{13}\,\mathrm{cm}^{-3} \tag{296}$$

となる．
(a) 式 (7.45), (7.46), (7.54) を用いると，電気伝導率 σ は，

$$\sigma = e(n\mu_n + p\mu_p) = e\left[\mu_n\Delta n + (\mu_n + \mu_p)\frac{n_{\mathrm{i}}^2}{\Delta n}\right] \tag{297}$$

となる．両辺に Δn をかけて整理すると，次式が得られる．

$$\mu_n(\Delta n)^2 - \frac{\sigma}{e}\Delta n + (\mu_n + \mu_p)n_{\mathrm{i}}^2 = 0 \tag{298}$$

この 2 次方程式を解くと，次のようになる．

$$\begin{aligned}\Delta n &= \frac{1}{2\mu_n}\frac{\sigma}{e} \pm \frac{1}{2\mu_n}\sqrt{\left(\frac{\sigma}{e}\right)^2 - 4\mu_n(\mu_n + \mu_p)n_{\mathrm{i}}^2} \\ &= 7.45 \times 10^{13}\,\mathrm{cm}^{-3}, \quad 5.51 \times 10^{12}\,\mathrm{cm}^{-3}\end{aligned} \tag{299}$$

このうち，

$$p \simeq \frac{n_{\mathrm{i}}^2}{\Delta n} \ll n_{\mathrm{i}} \tag{300}$$

を満たすものが解であり，次の結果が得られる．

$$\Delta n = 7.45 \times 10^{13}\,\mathrm{cm}^{-3} \tag{301}$$

(b) 式 (7.45), (7.46), (7.54) を用いると，電気伝導率 σ は，

$$\sigma = e\left[\mu_p|\Delta n| + (\mu_n + \mu_p)\frac{n_{\mathrm{i}}^2}{|\Delta n|}\right] \tag{302}$$

となる．両辺に $|\Delta n|$ をかけて整理すると，次式が得られる．

$$\mu_p|\Delta n|^2 - \frac{\sigma}{e}|\Delta n| + (\mu_n + \mu_p)n_{\mathrm{i}}^2 = 0 \tag{303}$$

この 2 次方程式を解くと，次のようになる．

$$|\Delta n| = \frac{1}{2\mu_p}\frac{\sigma}{e} \pm \frac{1}{2\mu_p}\sqrt{\left(\frac{\sigma}{e}\right)^2 - 4\mu_p(\mu_n + \mu_p){n_\mathrm{i}}^2}$$
$$= 1.53 \times 10^{14}\,\mathrm{cm}^{-3},\quad 1.13 \times 10^{13}\,\mathrm{cm}^{-3} \tag{304}$$

このうち，

$$n \simeq \frac{{n_\mathrm{i}}^2}{|\Delta n|} \ll n_\mathrm{i} \tag{305}$$

を満たすものが解であり，次の結果が得られる．

$$|\Delta n| = 1.53 \times 10^{14}\,\mathrm{cm}^{-3} \tag{306}$$

【7.11 サイクロトロン共鳴】 磁界（磁束密度 $\boldsymbol{B}$）が xy 面内に存在するとき，x 軸と $\boldsymbol{B}$ とのなす角を θ とする．伝導電子の質量を m，速度を $\boldsymbol{v}$，波動関数を $\psi(\boldsymbol{r}) = \psi_0 \exp(\mathrm{i}\boldsymbol{k}\cdot\boldsymbol{r})$，エネルギーを E とする．このとき，

$$\boldsymbol{v} = \frac{1}{\hbar}\frac{\partial E}{\partial \boldsymbol{k}} \tag{307}$$

である．ここで，$\hbar = h/(2\pi)$ はディラック定数，h はプランク定数である．したがって，速度 $\boldsymbol{v}$ の各成分は次のようになる．

$$v_x = \hbar^{-1}\frac{\mathrm{d}E}{\mathrm{d}k_x} = \frac{\hbar k_x}{m_\mathrm{t}},\quad v_y = \hbar^{-1}\frac{\mathrm{d}E}{\mathrm{d}k_y} = \frac{\hbar k_y}{m_\mathrm{t}},\quad v_z = \hbar^{-1}\frac{\mathrm{d}E}{\mathrm{d}k_z} = \frac{\hbar k_z}{m_\mathrm{l}} \tag{308}$$

また，運動量の期待値 $m\boldsymbol{v}$ は，

$$m\boldsymbol{v} = \hbar\boldsymbol{k} \tag{309}$$

と表すことができる．式 (309) を時間について微分すると，次式が得られる．

$$m\frac{\mathrm{d}\boldsymbol{v}}{\mathrm{d}t} = \hbar\frac{\mathrm{d}\boldsymbol{k}}{\mathrm{d}t} \tag{310}$$

以上から，一様な磁界（磁束密度 $\boldsymbol{B}$）中における伝導電子に対する運動方程式は，

$$\hbar\frac{\mathrm{d}\boldsymbol{k}}{\mathrm{d}t} = -e\boldsymbol{v}\times\boldsymbol{B} \tag{311}$$

と表される．式 (311) を各成分に分けて表すと，次式のようになる．

$$\hbar\frac{\mathrm{d}k_x}{\mathrm{d}t} = -e(-v_z B\sin\theta) = eB\frac{\hbar k_z}{m_\mathrm{l}}\sin\theta \tag{312}$$

$$\hbar\frac{\mathrm{d}k_y}{\mathrm{d}t} = -e(v_z B\cos\theta) = -eB\frac{\hbar k_z}{m_\mathrm{l}}\cos\theta \tag{313}$$

$$\hbar\frac{\mathrm{d}k_z}{\mathrm{d}t} = -e\left[v_x B\sin\theta - v_y B\sin\left(\frac{\pi}{2}-\theta\right)\right]$$
$$= -eB\left(\frac{\hbar k_x}{m_\mathrm{t}}\sin\theta - \frac{\hbar k_y}{m_\mathrm{t}}\cos\theta\right) \tag{314}$$

式 (312)〜(314) から，次の結果が得られる．

$$\frac{d^2 k_z}{dt^2} = -\frac{1}{m_t m_l}(eB)^2 k_z = -\omega_c^2 k_z, \quad \omega_c = \frac{eB}{(m_l m_t)^{\frac{1}{2}}} \tag{315}$$

これは，式 (6.13) と式 (7.94) において $\theta = \pi/2$ としたときの結果と一致している．

▶ 第 8 章

【8.1 導体球の分極率】 導体球の中の電界は 0 である．したがって，外部から印加された電界 $\boldsymbol{E}_0$ は，表面電荷による電界 $\boldsymbol{E}_1 = -\boldsymbol{P}/3\varepsilon_0$ によって打ち消される．すなわち，導体球の内部では

$$\boldsymbol{E}_0 + \boldsymbol{E}_1 = \boldsymbol{E}_0 - \frac{\boldsymbol{P}}{3\varepsilon_0} = 0 \tag{316}$$

であり，これから次の結果が得られる．

$$\boldsymbol{E}_0 = \frac{\boldsymbol{P}}{3\varepsilon_0} \tag{317}$$

一方，導体球の電気双極子モーメント $\boldsymbol{p}$ は，

$$\boldsymbol{p} = \frac{4\pi}{3}a^3 \boldsymbol{P} = \alpha \boldsymbol{E}_0 = \frac{\boldsymbol{P}}{3\varepsilon_0}\alpha \tag{318}$$

である．したがって，次の結果が得られる．

$$\alpha = 4\pi\varepsilon_0 a^3 \tag{319}$$

【8.2 誘電体球の分極】 (a) 誘電体球の内部の電界を E_{in} とすると，

$$E_{\text{in}} = E_0 - \frac{P}{3\varepsilon_0} = E_0 - \frac{\chi E_{\text{in}}}{3\varepsilon_0} \tag{320}$$

だから，次の結果が得られる．

$$E_{\text{in}} = \left(1 + \frac{\chi}{3\varepsilon_0}\right)^{-1} E_0 \tag{321}$$

(b) 式 (321) から，分極 P は次のようになる．

$$P = \chi E_{\text{in}} = \chi \left(1 + \frac{\chi}{3\varepsilon_0}\right)^{-1} E_0 \tag{322}$$

【8.3 平行平板コンデンサ (1)】 空気の比誘電率は 1 だから，比誘電率が，それぞれ ε, 1 のコンデンサーを直列に接続したと考えることができる．電極の面積を S とすると，それぞれの静電容量 $C_{\text{D}}, C_{\text{A}}$ は，

$$C_{\text{D}} = \frac{\varepsilon \varepsilon_0 S}{d_{\text{D}}}, \quad C_{\text{A}} = \frac{\varepsilon_0 S}{d_{\text{A}}} \tag{323}$$

と表される．したがって，合成静電容量 C は，次式のようになる．

$$C = \left(\frac{1}{C_\mathrm{D}} + \frac{1}{C_\mathrm{A}}\right)^{-1} = \frac{\varepsilon\varepsilon_0 S}{d_\mathrm{D} + \varepsilon d_\mathrm{A}} \tag{324}$$

【8.4 平行平板コンデンサ (2)】 次のようなマクスウェル方程式

$$\mathrm{rot}\,\boldsymbol{H} = \boldsymbol{j} + \frac{\partial \boldsymbol{D}}{\partial t},\quad \boldsymbol{j} = \sigma \boldsymbol{E} \tag{325}$$

を考え，媒質1，媒質2の中の電界 $\boldsymbol{E}$，磁界 $\boldsymbol{H}$ をそれぞれ添字1, 2を用いて表すと，

$$\mathrm{rot}\,\boldsymbol{H}_1 = \varepsilon\varepsilon_0 \frac{\partial \boldsymbol{E}_1}{\partial t},\quad \mathrm{rot}\,\boldsymbol{H}_2 = \sigma \boldsymbol{E}_2 \tag{326}$$

となる．ここで，$\boldsymbol{E}_1, \boldsymbol{E}_2 \propto \exp(-\mathrm{i}\omega t)$ とおいて，式 (326) に代入すると，

$$\mathrm{rot}\,\boldsymbol{H}_1 = -\mathrm{i}\omega\varepsilon\varepsilon_0 \boldsymbol{E}_1,\quad \mathrm{rot}\,\boldsymbol{H}_2 = \sigma \boldsymbol{E}_2 \tag{327}$$

が得られる．二つの媒質の境界部で磁界の接線成分が連続だから，$\mathrm{rot}\,\boldsymbol{H}_1 = \mathrm{rot}\,\boldsymbol{H}_2$ である．($\mathrm{rot}\,\boldsymbol{H}_1$ と $\mathrm{rot}\,\boldsymbol{H}_2$ は，媒質1と媒質2の界面に平行である．）したがって，

$$\boldsymbol{E}_2 = -\mathrm{i}\frac{\omega\varepsilon\varepsilon_0}{\sigma}\boldsymbol{E}_1 \tag{328}$$

となる．これから，電極間の電位差 V は，次のようになる．

$$V = E_1 d_\mathrm{D} + E_2 d_\mathrm{C} = \left(d_\mathrm{D} - \mathrm{i}\frac{\omega\varepsilon\varepsilon_0}{\sigma}d_\mathrm{C}\right)E_1 \tag{329}$$

次に媒質1，媒質2の両端に蓄えられる電荷をそれぞれ Q_1, Q_2 と表し，電極の面積を S とする．このとき，

$$|\boldsymbol{j}| = \frac{1}{S}\frac{\mathrm{d}Q_2}{\mathrm{d}t} = \sigma E_2 \tag{330}$$

だから，次の結果が得られる．

$$Q_2 = -\frac{\sigma}{\mathrm{i}\omega}E_2 S = \varepsilon\varepsilon_0 E_1 S = Q_1 \tag{331}$$

ここで，$Q_1 = Q_2 = Q$ と表すと，静電容量 C は次のようになる．

$$C = \frac{Q}{V} = \frac{\varepsilon\varepsilon_0 S}{d_\mathrm{D} - \mathrm{i}\dfrac{\omega\varepsilon\varepsilon_0}{\sigma}d_\mathrm{C}} \tag{332}$$

【8.5 強誘電性を示すための条件】 図7のように，それぞれの原子の電気双極子モーメントの向きが，2個の中性原子を結ぶ線と一致しているとする．

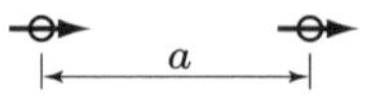

図7 2個の中性原子から構成される1次元格子

原子1が電気双極子モーメント $\boldsymbol{p}_1$ をもっているとすると，式 (8.9) において $\theta = 0$ として，原子2の位置に電界

$$E_z = \frac{p_1}{2\pi\varepsilon_0 a^3} \tag{333}$$

が生ずる．この電界 E_z によって，原子 2 の位置に電気双極子モーメント $\boldsymbol{p}_2$ が生じ，

$$p_2 = \alpha E_z = \alpha \frac{p_1}{2\pi\varepsilon_0 a^3} \tag{334}$$

となる．$p_1 = p_2$ となるためには，次の条件を満たす必要がある．

$$\alpha = 2\pi\varepsilon_0 a^3 \tag{335}$$

【8.6　強誘電性 1 次元格子】　図 8 のように，それぞれの原子の分極の向きが原子を結ぶ線と一致しているとする．

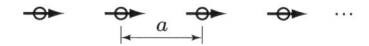

図 8　分極率 α と格子定数 a をもつ 1 次元格子

1 個の原子の位置に生ずる電界 E_z は，各原子の分極を p とすると，式 (8.9) において $\theta = 0$ として，

$$E_z = \frac{p}{2\pi\varepsilon_0 a^3}\left(\frac{2}{1^3} + \frac{2}{2^3} + \frac{2}{3^3} + \cdots\right) = \frac{p}{\pi\varepsilon_0 a^3}\sum_n \frac{1}{n^3} \tag{336}$$

となる．この電界によって生じる分極 αE_z が，原子の分極以上ならば，自発的に分極が生じる．したがって，この条件は，次のように表される．

$$\frac{\alpha p}{\pi\varepsilon_0 a^3}\sum_n \frac{1}{n^3} \geq p \tag{337}$$

これを書き換えると，次式のようになる．

$$\alpha \geq \frac{\pi\varepsilon_0 a^3}{\displaystyle\sum_n \frac{1}{n^3}} \tag{338}$$

【8.7　キュリー温度以下での比誘電率】　式 (8.45)，(8.46) から

$$E = \gamma(T - T_\mathrm{C})P + g_4 P^3 \tag{339}$$

である．ここで，

$$P = P_\mathrm{s} + \Delta P \tag{340}$$

とおく．これを式 (339) に代入し，2 次以上の微小項を無視すると，次式が得られる．

$$\begin{aligned}E &= \gamma(T-T_\mathrm{C})(P_\mathrm{s}+\Delta P)+g_4(P_\mathrm{s}+\Delta P)^3 \\ &\simeq \left[\gamma(T-T_\mathrm{C})+3g_4 P_\mathrm{s}{}^2\right]\Delta P \\ &= 2\gamma(T_\mathrm{C}-T)\Delta P\end{aligned} \tag{341}$$

ただし，次の関係を用いた．
$$\gamma(T - T_\text{C})P_\text{s} + g_4 P_\text{s}{}^3 = 0 \tag{342}$$
したがって，次の結果が得られる．
$$\varepsilon = 1 + \frac{\Delta P}{\varepsilon_0 E} = 1 + \frac{1}{2\varepsilon_0 \gamma(T_\text{C} - T)} \tag{343}$$

▶ 第9章

【9.1 3重項励起準位】 この系が磁界（磁束密度 B）中に置かれたとき，基底状態に対する占有確率は，上の準位から順に次のようになる．

$$\exp\left(-\frac{k_\text{B}\Delta + \mu B}{k_\text{B}T}\right), \quad \exp\left(-\frac{k_\text{B}\Delta}{k_\text{B}T}\right), \quad \exp\left(-\frac{k_\text{B}\Delta - \mu B}{k_\text{B}T}\right) \tag{344}$$

ここで，μ は磁気双極子モーメントである．

したがって，磁気双極子モーメントの平均値 $\langle \mu \rangle$ は，次のように求められる．

$$\langle \mu \rangle = \mu \frac{\exp\left(-\frac{k_\text{B}\Delta - \mu B}{k_\text{B}T}\right) - \exp\left(-\frac{k_\text{B}\Delta + \mu B}{k_\text{B}T}\right)}{1 + \exp\left(-\frac{k_\text{B}\Delta - \mu B}{k_\text{B}T}\right) + \exp\left(-\frac{k_\text{B}\Delta}{k_\text{B}T}\right) + \exp\left(-\frac{k_\text{B}\Delta + \mu B}{k_\text{B}T}\right)} \tag{345}$$

【9.2 二準位系】 (a) 上の準位の占有確率は，下の準位に対して相対的に

$$\exp\left(-\frac{k_\text{B}\Delta}{k_\text{B}T}\right) = \exp\left(-\frac{\Delta}{T}\right) \tag{346}$$

である．したがって，下の準位のエネルギーを0とすると，この二準位系のエネルギー U は，次のようになる．

$$U = \frac{k_\text{B}\Delta \exp\left(-\frac{\Delta}{T}\right)}{1 + \exp\left(-\frac{\Delta}{T}\right)} \tag{347}$$

したがって，Δ が一定のときの比熱 C は，次のように求められる．

$$C = \left(\frac{\partial U}{\partial T}\right)_\Delta = k_\text{B}\left(\frac{\Delta}{T}\right)^2 \frac{\exp\left(-\frac{\Delta}{T}\right)}{\left[1 + \exp\left(-\frac{\Delta}{T}\right)\right]^2} \tag{348}$$

(b) $T \gg \Delta$ のとき，マクローリン展開によって，次式が得られる．

$$\exp\left(-\frac{\Delta}{T}\right) = 1 + \frac{\Delta}{T} + \frac{1}{2}\left(\frac{\Delta}{T}\right)^2 + \cdots \tag{349}$$

これを演習問題 9.2(a) の結果に代入すると，次の結果が得られる．

$$C \simeq k_B \left(\frac{\Delta}{T}\right)^2 \frac{1 + \frac{\Delta}{T} + \frac{1}{2}\left(\frac{\Delta}{T}\right)^2 + \cdots}{\left(2 + \frac{\Delta}{T}\right)^2}$$

$$\simeq k_B \left(\frac{\Delta}{2T}\right)^2 \left[1 + \frac{\Delta}{T} + \frac{1}{2}\left(\frac{\Delta}{T}\right)^2 + \cdots\right] \tag{350}$$

【9.3 $S=1$ の系に対する常磁性】 (a) スピン $S=1$ だから，この系に磁界を印加すると，縮退していた準位が 3 個に分裂する．磁気双極子モーメントが μ だから，この 3 個の準位の相対的な占有確率は，上から順番に次のように表される．

$$\exp\left(-\frac{\mu B}{k_B T}\right), \quad 1, \quad \exp\left(\frac{\mu B}{k_B T}\right) \tag{351}$$

したがって，磁化 M は次のようになる．

$$M = n\langle\mu\rangle = n\mu \frac{\exp\left(\frac{\mu B}{k_B T}\right) - \exp\left(-\frac{\mu B}{k_B T}\right)}{1 + \exp\left(\frac{\mu B}{k_B T}\right) + \exp\left(-\frac{\mu B}{k_B T}\right)} = n\mu \frac{2\sinh\left(\frac{\mu B}{k_B T}\right)}{1 + 2\cosh\left(\frac{\mu B}{k_B T}\right)} \tag{352}$$

(b) $\mu B \ll k_B T$ のとき

$$\sinh\left(\frac{\mu B}{k_B T}\right) \simeq \frac{\mu B}{k_B T}, \quad \cosh\left(\frac{\mu B}{k_B T}\right) \simeq 1 \tag{353}$$

である．これを演習問題 9.3(a) の結果に代入すると，次の結果が得られる．

$$M \simeq \frac{2n\mu^2}{3k_B T} B \tag{354}$$

【9.4 T_C 付近の飽和磁化】 式 (9.48) において

$$m \equiv \frac{M}{N\mu}, \quad t \equiv \frac{k_B T}{N\mu^2 \alpha} \tag{355}$$

とおくと，次のように表される．

$$m = \tanh\left(\frac{\mu_0 m}{t}\right) \tag{356}$$

式 (356) において，

$$m = \tanh\left(\frac{m}{t}\right) = \frac{m}{t} - \frac{1}{3}\left(\frac{m}{t}\right)^3 + \cdots \tag{357}$$

だから，

$$m^2 \simeq 3t^2(1-t) = 3\left(\frac{T}{T_C}\right)^2 \left(1 - \frac{T}{T_C}\right) = 3\frac{T^2}{T_C^3}(T_C - T) \tag{358}$$

となる．したがって，T が T_C よりもわずかに小さいとき，すなわち $T \simeq T_C$ かつ $T < T_C$ のとき，次のようになる．

$$m \simeq \left[\frac{3}{T_C}(T_C - T)\right]^{\frac{1}{2}} \propto (T_C - T)^{\frac{1}{2}} \tag{359}$$

この結果から，キュリー温度 T_C よりもわずかに低い温度における飽和磁化が，強誘電体における飽和分極の 2 次の相転移と同じ傾向を示していることがわかる．

▶ 第 10 章

【10.1 超伝導体球におけるマイスナー効果】 (a) 表 9.1 のように球の反磁界係数が $\frac{1}{3}$ だから，球内の磁界 H_{in} は，

$$H_{\text{in}} = H_0 - \frac{M}{3} \tag{360}$$

と表される．マイスナー効果が生じるときには，球は完全反磁性体となっているから，

$$H_{\text{in}} = -M \tag{361}$$

となる．式 (360), (361) から，次の結果が得られる．

$$M = -\frac{3}{2} H_0 \tag{362}$$

(b) 式 (362) から，

$$-\frac{M}{3} = \frac{1}{2} H_0 \tag{363}$$

である．したがって，次の結果が得られる．

$$H_{\text{in}} = H_0 - \frac{M}{3} = H_0 + \frac{1}{2} H_0 = \frac{3}{2} H_0 \tag{364}$$

【10.2 超伝導体板への磁界の侵入】 (a) 式 (10.16) の解を

$$B(x) = A_1 \exp\left(\frac{x}{\lambda_L}\right) + A_2 \exp\left(-\frac{x}{\lambda_L}\right) \tag{365}$$

とおき，超伝導体板の中央を $x = 0$ とする．このとき，$B\left(\pm\frac{\delta}{2}\right) = B_0$ だから，次の関係が導かれる．

$$B_0 = A_1 \exp\left(\frac{\delta}{2\lambda_L}\right) + A_2 \exp\left(-\frac{\delta}{2\lambda_L}\right) \tag{366}$$

$$B_0 = A_1 \exp\left(-\frac{\delta}{2\lambda_L}\right) + A_2 \exp\left(\frac{\delta}{2\lambda_L}\right) \tag{367}$$

式 (366), (367) が任意の δ について成り立つためには，

$$A_1 = A_2 = \frac{B_0}{2\cosh[\delta/(2\lambda_L)]} \tag{368}$$

でなければならない．したがって，次の結果が得られる．

$$B(x) = \frac{B_0}{2\cosh[\delta/(2\lambda_\mathrm{L})]}\left[\exp\left(\frac{x}{\lambda_\mathrm{L}}\right) + \exp\left(-\frac{x}{\lambda_\mathrm{L}}\right)\right] = B_0 \frac{\cosh(x/\lambda_\mathrm{L})}{\cosh[\delta/(2\lambda_\mathrm{L})]} \tag{369}$$

(b) 式 (369) を用いると，次のようになる．

$$M(x) = \frac{B(x) - B_0}{\mu_0} = -\frac{B_0}{\mu_0}\left(1 - \frac{\cosh(x/\lambda_\mathrm{L})}{\cosh[\delta/(2\lambda_\mathrm{L})]}\right) \tag{370}$$

さて，$\delta \ll \lambda_\mathrm{L}$ のとき，$x \ll \lambda_\mathrm{L}$ だから

$$\cosh\left(\frac{x}{\lambda_\mathrm{L}}\right) \simeq 1 + \frac{1}{2}\frac{x^2}{\lambda_\mathrm{L}^2}, \quad \cosh\left(\frac{\delta}{2\lambda_\mathrm{L}}\right) \simeq 1 + \frac{1}{2}\frac{\delta^2}{4\lambda_\mathrm{L}^2} \tag{371}$$

である．これらを式 (370) に代入すると，次の結果が得られる．

$$M(x) \simeq -\frac{B_0}{\mu_0}\left[1 - \left(1 + \frac{1}{2}\frac{x^2}{\lambda_\mathrm{L}^2}\right)\left(1 + \frac{1}{2}\frac{\delta^2}{4\lambda_\mathrm{L}^2}\right)^{-1}\right]$$

$$\simeq -\frac{B_0}{8\mu_0\lambda_\mathrm{L}^2}(\delta^2 - 4x^2) \tag{372}$$

【10.3 超伝導体板の臨界磁界】 (a) 式 (10.4) に式 (372) を代入すると，次式のようになる．

$$\mathrm{d}F_\mathrm{S} = \frac{B_0}{8\mu_0\lambda_\mathrm{L}^2}(\delta^2 - 4x^2)\,\mathrm{d}B_0 \tag{373}$$

式 (373) を積分すると，次の結果が得られる．

$$F_\mathrm{S}(x, B_0) = F_\mathrm{S}(0) + \frac{B_0^2}{16\pi\mu_0\lambda_\mathrm{L}^2}(\delta^2 - 4x^2) \tag{374}$$

(b) F_S に対する磁気的な寄与を薄膜の層厚にわたって平均すると，次の結果が得られる．

$$\langle F_\mathrm{S}(x, B_0) - F_\mathrm{S}(0)\rangle = \frac{1}{\delta}\frac{B_0^2}{16\pi\mu_0\lambda_\mathrm{L}^2}\int_{-\delta/2}^{\delta/2}(\delta^2 - 4x^2)\,\mathrm{d}x = \frac{B_0^2}{24\pi\mu_0}\left(\frac{\delta}{\lambda_\mathrm{L}}\right)^2 \tag{375}$$

【10.4 ロンドンの侵入深さ】 (a) 式 (10.12) を時間について偏微分し，

$$\boldsymbol{E} = -\frac{\partial \boldsymbol{A}}{\partial t} \tag{376}$$

を利用すると，次の結果が得られる．

$$\frac{\partial \boldsymbol{j}}{\partial t} = -\frac{1}{\mu_0\lambda_\mathrm{L}^2}\frac{\partial \boldsymbol{A}}{\partial t} = \frac{1}{\mu_0\lambda_\mathrm{L}^2}\boldsymbol{E} \tag{377}$$

(b) 電流密度は $\boldsymbol{j} = nq\boldsymbol{v}$ と表される．これを時間について偏微分して，式 (10.38), (377) を用いると，次のようになる．

$$\frac{\partial \boldsymbol{j}}{\partial t} = nq\frac{\mathrm{d}\boldsymbol{v}}{\mathrm{d}t} = \frac{nq^2}{m}\boldsymbol{E} = \frac{1}{\mu_0\lambda_\mathrm{L}^2}\boldsymbol{E} \tag{378}$$

したがって，次の結果が得られる．

$$\lambda_{\rm L} = \left(\frac{m}{\mu_0 n q^2}\right)^{\frac{1}{2}} \tag{379}$$

【10.5 交流ジョゼフソン効果】 式 (10.22) を式 (10.32) に代入して整理すると，次式が得られる．

$$i\frac{1}{2}\frac{\partial n_1}{\partial t} - n_1\frac{\partial \theta_1}{\partial t} = T\sqrt{n_1 n_2}\exp\left[i\left(\theta_2 - \theta_1\right)\right] - \frac{eV}{\hbar}n_1 \tag{380}$$

$$i\frac{1}{2}\frac{\partial n_2}{\partial t} - n_2\frac{\partial \theta_2}{\partial t} = T\sqrt{n_1 n_2}\exp\left[-i\left(\theta_2 - \theta_1\right)\right] + \frac{eV}{\hbar}n_2 \tag{381}$$

ここで，オイラーの公式

$$\exp(\pm i\theta) = \cos\theta \pm i\sin\theta \tag{382}$$

を用いて，式 (380), (381) の両辺の実部と虚部を比較すると，次の関係が導かれる．

$$\frac{\partial \theta_1}{\partial t} = \frac{eV}{\hbar} - T\sqrt{\frac{n_2}{n_1}}\cos\left(\theta_2 - \theta_1\right) \tag{383}$$

$$\frac{\partial n_1}{\partial t} = 2T\sqrt{n_1 n_2}\sin\left(\theta_2 - \theta_1\right) \tag{384}$$

$$\frac{\partial \theta_2}{\partial t} = -\frac{eV}{\hbar} - T\sqrt{\frac{n_1}{n_2}}\cos\left(\theta_2 - \theta_1\right) \tag{385}$$

$$\frac{\partial n_2}{\partial t} = -2T\sqrt{n_1 n_2}\sin\left(\theta_2 - \theta_1\right) \tag{386}$$

接合部を流れる電流 I は，$\frac{\partial n_1}{\partial t} = -\frac{\partial n_2}{\partial t}$ に比例する．つまり，式 (384), (386) から，接合部を流れる電流 I は $\sin\left(\theta_2 - \theta_1\right)$ に比例する．したがって，比例係数を I_0 とおくと，接合部を流れる電流 I は，次のように表される．

$$I = I_0 \sin\left(\theta_2 - \theta_1\right) \tag{387}$$

ここで，式 (383), (385) から，次式が成り立つ．

$$\frac{\partial}{\partial t}\left(\theta_2 - \theta_1\right) = -\frac{2eV}{\hbar} \tag{388}$$

式 (388) を時間 t について積分すると，位相差 $\left(\theta_2 - \theta_1\right)$ は，次のように表される．

$$\theta_2 - \theta_1 = \delta(0) - \frac{2eVt}{\hbar} \tag{389}$$

ここで，$\delta(0)$ は $t = 0$ における位相差 $\theta_2 - \theta_1$ である．式 (389) を式 (387) に代入すると，接合部を流れる電流 I は，次のように表され，式 (10.33) が導かれる．

$$I = I_0 \sin\left[\delta(0) - \frac{2eVt}{\hbar}\right] \tag{390}$$

【10.6 ジョゼフソン接合における電流】 磁束 $\Phi(x) = xdB$ と，式 (10.23)，式 (10.37) から，微小領域 dx を流れる電流 dI は，次のように表される．

$$dI = I_0 \sin\left(\frac{2exdB}{\hbar} + \frac{\pi}{2}\right)\frac{dx}{w} = \frac{I_0}{w}\cos\left(\frac{2exdB}{\hbar}\right)dx \tag{391}$$

したがって，次の結果が得られる．

$$I = \frac{I_0}{w}\int_{-w/2}^{w/2}\cos\left(\frac{2exdB}{\hbar}\right)dx = I_0\frac{\sin[eBwd/(\hbar)]}{eBwd/\hbar} \tag{392}$$

▶ 第 11 章

【11.1 合金 Cu_3Au の構造因子】 無秩序状態における構造因子 $\langle S(hkl)\rangle$ は，3Cu と Au に関して平均した原子形状因子 $\langle f \rangle$ を用いて，次のように表される．

$$\langle S(hkl)\rangle = \langle f\rangle\left[1 + e^{-i\pi(h+k)} + e^{-i\pi(k+l)} + e^{-i\pi(l+h)}\right] \tag{393}$$

一方，秩序状態における構造因子 $S(hkl)$ は，Cu と Au に関して，それぞれの原子形状因子 f_{Cu}, f_{Au} を用いて，次のように表される．

$$S(hkl) = f_{Au} + f_{Cu}\left[e^{-i\pi(h+k)} + e^{-i\pi(k+l)} + e^{-i\pi(l+h)}\right] \tag{394}$$

【11.2 シリコンと金の合金】 (a) 蒸着した金 (Au) の層厚を t_{Au}，融解したシリコン (Si) の層厚を t_{Si} とすると，金 (Au)，シリコン (Si) それぞれの単位面積あたりのモル数 n_{Au}, n_{Si} は，次のように表される．

$$n_{Au} = \frac{t_{Au}\rho_{Au}}{M_{Au}}, \quad n_{Si} = \frac{t_{Si}\rho_{Si}}{M_{Si}} \tag{395}$$

ここで，$\rho_{Au} = 19.3\,\mathrm{g\,cm^{-3}}$ と $M_{Au} = 197$ は，それぞれ金 (Au) の密度と原子量，$\rho_{Si} = 2.33\,\mathrm{g\,cm^{-3}}$ と $M_{Si} = 28$ は，それぞれシリコン (Si) の密度と原子量である．液体 Au–Si 合金における金 (Au) とシリコン (Si) それぞれの存在比を x_{Au}, x_{Si} とし，

$$n_{Au} = x_{Au}n, \quad n_{Si} = x_{Si}n \tag{396}$$

とおくと，次の関係が成り立つ．

$$\frac{t_{Au}\rho_{Au}}{x_{Au}M_{Au}} = \frac{t_{Si}\rho_{Si}}{x_{Si}M_{Si}} \tag{397}$$

したがって，次式が得られる．

$$t_{Si} = t_{Au}\frac{\rho_{Au}M_{Si}}{\rho_{Si}M_{Au}}\frac{x_{Si}}{x_{Au}} \tag{398}$$

温度 $T = 400°C$ では，$x_{Si} \simeq 0.32$, $x_{Au} = 1 - x_{Si} \simeq 0.68$ だから，次のようになる．

$$t_{Si} = 554\,\text{Å} \tag{399}$$

(b) 温度 $T = 800°C$ では，$x_{Si} \simeq 0.44$, $x_{Au} \simeq 0.56$ だから，次のようになる．

$$t_{\text{Si}} = 925\,\text{Å} \tag{400}$$

▶ 第12章

【12.1 金属における光の反射】 (a) 金属中の電子（質量 m, 電荷 $-e$）に対する1次元における運動方程式は,

$$m\frac{d^2 x}{dt^2} + \frac{m}{\tau}\frac{dx}{dt} = -eE \tag{401}$$

である. ここで, E は入射光の電界である. 入射光の角周波数を ω とすると, 金属中の電子の位置 x も角周波数 ω で振動すると考えられる. そこで,

$$E = E_0 \exp(-i\omega t), \quad x = x_0 \exp(-i\omega t) \tag{402}$$

とおいて, 運動方程式 (401) に代入すると

$$x = \frac{e}{m\omega^2}\frac{1 - i\dfrac{1}{\omega\tau}}{1 + \left(\dfrac{1}{\omega\tau}\right)^2} E \tag{403}$$

が得られる. したがって, 金属中の電子濃度を n とすると, 電子の速度 $v = dx/dt$ を用いて, 電流密度 j は, 次のように表される.

$$j = n(-e)v = n(-e)\frac{dx}{dt} = \frac{ne^2}{m\omega}\frac{\dfrac{1}{\omega\tau} + i}{1 + \left(\dfrac{1}{\omega\tau}\right)^2} E = \sigma E \tag{404}$$

この結果, 電気伝導率 σ は, 次のようになる.

$$\sigma = \frac{ne^2}{m\omega}\frac{\dfrac{1}{\omega\tau} + i}{1 + \left(\dfrac{1}{\omega\tau}\right)^2} \simeq \frac{ne^2}{m\omega}\left(\frac{1}{\omega\tau} + i\right) \tag{405}$$

ただし, $\omega\tau \ll 1$ だから, 分母における $1/(\omega\tau)^2$ の項を無視した.
(b) 伝導電子の濃度を n とすると, 式 (405) から, 分極 P は次のようになる.

$$P = n(-e)x = -\frac{ne^2}{m\omega^2}\frac{1 - i\dfrac{1}{\omega\tau}}{1 + \left(\dfrac{1}{\omega\tau}\right)^2} E = i\frac{\sigma}{\omega} E \tag{406}$$

したがって, 金属の比誘電率 ε_s は, 次式で与えられる.

$$\varepsilon_\text{s} \equiv \frac{D}{\varepsilon_0 E} = 1 + \frac{P}{\varepsilon_0 E} = 1 + i\frac{\sigma}{\varepsilon_0 \omega} \tag{407}$$

(c) 式 (12.13), (407) から, 次の関係が成り立つ.

$$n_\mathrm{r}^2 - \kappa^2 = 1, \quad n_\mathrm{r}\kappa = \frac{\sigma}{2\varepsilon_0\omega} \tag{408}$$

したがって，$\sigma \gg \omega$ のとき

$$n_\mathrm{r} \simeq \kappa = \left(\frac{\sigma}{2\varepsilon_0\omega}\right)^{\frac{1}{2}} \gg 1 \tag{409}$$

が得られる．式 (12.2)，(12.20) から，次の結果が得られる．

$$R = \frac{(n_\mathrm{r}-1)^2 + \kappa^2}{(n_\mathrm{r}+1)^2 + \kappa^2} \simeq \frac{2n_\mathrm{r}^2 - 2n_\mathrm{r} + 1}{2n_\mathrm{r}^2 + 2n_\mathrm{r} + 1} \simeq \frac{1 - n_\mathrm{r}^{-1}}{1 + n_\mathrm{r}^{-1}}$$

$$\simeq \left(1 - \frac{1}{n_\mathrm{r}}\right)^2 \simeq 1 - \frac{2}{n_\mathrm{r}} = 1 - \left(\frac{2\omega}{\pi\sigma}\right)^{\frac{1}{2}} \tag{410}$$

【12.2 半導体における誘電率とエネルギーギャップ】 式 (12.27) と式 (12.23) から

$$\varepsilon_\mathrm{r}(\omega) - 1 = \frac{2}{\pi}\mathrm{P}\int_0^\infty \frac{s}{s^2 - \omega^2}\frac{\pi n e^2 \delta(s - \omega_\mathrm{g})}{2\varepsilon_0 m s}\mathrm{d}s = \frac{\omega_\mathrm{p}^2}{\omega_\mathrm{g}^2 - \omega^2}, \quad \omega_\mathrm{p}^2 \equiv \frac{ne^2}{m\varepsilon_0} \tag{411}$$

となる．したがって，次の結果が得られる．

$$\varepsilon_\mathrm{r}(\omega) = 1 + \frac{\omega_\mathrm{p}^2}{\omega_\mathrm{g}^2 - \omega^2}, \quad \varepsilon_\mathrm{r}(0) = 1 + \frac{\omega_\mathrm{p}^2}{\omega_\mathrm{g}^2} \tag{412}$$

【12.3 励起子準位の分裂】 基底状態の波動関数を $\psi_\mathrm{g} = A_1 B_1 A_2 B_2 \cdots A_N B_N$ と表す．励起状態を右肩に $*$ をつけて表し，

$$\varphi_j = A_1 B_1 A_2 B_2 \cdots A_j^* B_j \cdots A_N B_N \tag{413}$$
$$\theta_j = A_1 B_1 A_2 B_2 \cdots A_j B_j^* \cdots A_N B_N \tag{414}$$

とおく．これらを用いると，シュレーディンガー方程式は，次のようになる．

$$\mathcal{H}\varphi_j = \epsilon_\mathrm{A}\varphi_j + T_1\theta_j + T_2\theta_{j-1} \tag{415}$$
$$\mathcal{H}\theta_j = \epsilon_\mathrm{B}\theta_j + T_1\varphi_j + T_2\varphi_{j+1} \tag{416}$$

ここで，$\mathcal{H}$ はハミルトニアンである．さらに，

$$\psi_\mathrm{K} = \sum \mathrm{e}^{\mathrm{i}jka}(\alpha\varphi_j + \beta\theta_j) \tag{417}$$

とおき，固有値を E とすると，シュレーディンガー方程式は，次のように表される．

$$\mathcal{H}\psi_\mathrm{K} = \sum_j \mathrm{e}^{\mathrm{i}jka}\left[\alpha(\epsilon_\mathrm{A}\varphi_j + T_1\theta_j + T_2\theta_{j-1}) + \beta(\epsilon_\mathrm{B}\theta_j + T_1\varphi_j + T_2\varphi_{j+1})\right]$$

$$= \sum_j \mathrm{e}^{\mathrm{i}jka}\left[(\alpha\epsilon_\mathrm{A} + \beta T_1 + \mathrm{e}^{-\mathrm{i}ka}\beta T_2)\varphi_j + (\alpha T_1 + \beta\epsilon_\mathrm{B} + \mathrm{e}^{\mathrm{i}ka}\alpha T_2)\theta_j\right]$$

$$= E\psi_\mathrm{K} = \sum_j \mathrm{e}^{\mathrm{i}jka}[\alpha E\varphi_j + \beta E\theta_j] \tag{418}$$

以上から，次の関係が得られる．

$$\alpha \epsilon_A + \beta T_1 + e^{-ika}\beta T_2 = \alpha E \tag{419}$$

$$\alpha T_1 + \beta \epsilon_B + e^{ika}\alpha T_2 = \beta E \tag{420}$$

式 (419), (420) が，$\alpha = \beta = 0$ 以外の解をもつためには，次式が成り立つ必要がある．

$$\begin{vmatrix} \epsilon_A - E & T_1 + e^{-ika}T_2 \\ T_1 + e^{ika}T_2 & \epsilon_B - E \end{vmatrix} = 0 \tag{421}$$

式 (421) を書き直すと，次のようになる．

$$E^2 - (\epsilon_A + \epsilon_B)E + \epsilon_A \epsilon_B - (T_1^2 + T_2^2 + 2T_1 T_2 \cos ka) = 0 \tag{422}$$

したがって，エネルギー固有値 E は，次のようになる．

$$E = \frac{1}{2}\left[(\epsilon_A + \epsilon_B) \pm \sqrt{(\epsilon_A - \epsilon_B)^2 + 4(T_1^2 + T_2^2 + 2T_1 T_2 \cos ka)}\right] \tag{423}$$

【12.4 吸収の飽和】 (a) 図 9 に示すように，下の準位の分布を N_1，上の準位の分布を N_2 とする．また，電磁波が存在しないとき，下の準位から上の準位への遷移レートを W_{12}，上の準位から下の準位への遷移レートを W_{21} とする．また，電磁波による遷移レートは，下の準位から上の準位への遷移，上の準位から下の準位への遷移の両方について W_{rf} である．

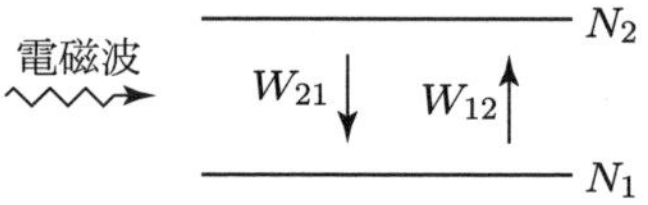

図 9 二準位スピン系

このとき，レート方程式は，次のようになる．

$$\frac{dN_1}{dt} = N_2 W_{21} - N_1 W_{12} - (N_1 - N_2)W_{rf} \tag{424}$$

$$\frac{dN_2}{dt} = N_1 W_{12} - N_2 W_{21} + (N_1 - N_2)W_{rf} \tag{425}$$

式 (424), (425) から，定常状態 ($d/dt = 0$) では，

$$N_2 W_{21} - N_1 W_{12} = (N_1 - N_2)W_{rf} \tag{426}$$

となる．ここで，

$$N = N_1 + N_2, \quad n = N_1 - N_2 \tag{427}$$

とおくと

$$N_1 = \frac{N+n}{2}, \quad N_2 = \frac{N-n}{2} \tag{428}$$

となるから，式 (428) を式 (426) に代入して

$$(N-n)W_{21} - (N+n)W_{12} = 2nW_{\rm rf} \tag{429}$$

が得られる.したがって,

$$n = N\frac{W_{21}-W_{12}}{W_{21}+W_{12}} \cdot \left(1 + \frac{2W_{\rm rf}}{W_{12}+W_{21}}\right)^{-1} = \frac{n_0}{1+2T_1 W_{\rm rf}} \tag{430}$$

となる.ただし,

$$n_0 = N\frac{W_{21}-W_{12}}{W_{21}+W_{12}}, \quad \frac{1}{T_1} = W_{12}+W_{21} \tag{431}$$

とおいた.ここで,$M_0 = n_0\mu$ とおくと,磁気モーメント M_z は

$$M_z = n\mu = \frac{M_0}{1+2W_{\rm rf}T_1} \tag{432}$$

となる.これらの結果から,$2W_{\rm rf}T_1 \ll 1$ であるかぎり,電磁波を吸収しても各準位の分布差 n と磁気モーメント M_z は,熱平衡状態から大きく変わらないことがわかる.

(b) 電磁波のエネルギーが失われる割合は,$nW_{\rm rf}$ に比例し,式 (430) から

$$nW_{\rm rf} = \frac{n_0 W_{\rm rf}}{1+2T_1 W_{\rm rf}} \tag{433}$$

となる.式 (433) から,図 10 に示すように,$W_{\rm rf}$ が大きくなるにつれて,$nW_{\rm rf}$ は一定値 $n_0/(2T_1)$ に近づく.この効果は飽和とよばれており,T_1 の測定に用いることができる.

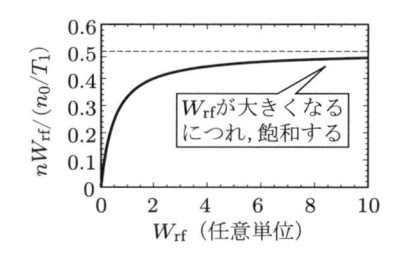

図 10 電磁波の吸収

▶ 第 13 章

【13.1 2 次元格子の逆格子ベクトル】 基本並進ベクトル $\hat{c}_1 = a\hat{x}$, $\hat{c}_2 = 3a\hat{y}$ に直交する仮想的な基本並進ベクトル $\hat{c}_3 = c\hat{z}$ を考え,3 次元格子と同じ方法で逆格子の基本ベクトルを求めればよい.ただし,$\hat{c}_3^*$ を計算しないことに注意してほしい.

$\hat{c}_1 = a\hat{x}$, $\hat{c}_2 = 3a\hat{y}$, $\hat{c}_3 = c\hat{z}$ を基本並進ベクトルとする基本セルの体積 V は,$V = 3a^2c$ である.したがって,逆格子の基本ベクトル $\hat{c}_1^*$, $\hat{c}_2^*$ は,次のようになる.

$$\hat{c}_1^* = \frac{2\pi}{V}\hat{c}_2 \times \hat{c}_3 = \frac{2\pi}{a}\hat{x}, \quad \hat{c}_2^* = \frac{2\pi}{V}\hat{c}_3 \times \hat{c}_1 = \frac{2\pi}{3a}\hat{y} \tag{434}$$

【13.2 電界効果トランジスタの表面電位】 図 13.5 において,下向きに x 軸を選び,絶縁体-p 型半導体界面を $x = 0$ とする.このとき,p 型半導体中のポアソン方程式は,

$$\frac{\mathrm{d}^2\phi(x)}{\mathrm{d}x^2} = \frac{eN_\mathrm{a}}{\varepsilon_\mathrm{p}\varepsilon_0} \tag{435}$$

となる．ここで，$\phi(x)$ は位置 x における p 型半導体の電位，e は電気素量，N_a は p 型半導体中におけるアクセプター濃度，ε_p は p 型半導体の比誘電率，ε_0 は真空の誘電率である．なお，p 型半導体における不純物はアクセプターのみとし，すべてのアクセプターがイオン化していると仮定した．また，絶縁体-p 型半導体界面付近に形成される空乏層には，まったくキャリアが存在しないとした．

空乏層の端 $x = l_\mathrm{D}$ において，電界の x 成分 $E_x(x)$ が 0，すなわち $E_x(l_\mathrm{D}) = 0$ とすると，電界の x 成分 $E_x(x)$ は，

$$E_x(x) = -\frac{\mathrm{d}\phi(x)}{\mathrm{d}x} = -\frac{eN_\mathrm{a}}{\varepsilon_\mathrm{p}\varepsilon_0}(x - l_\mathrm{D}) \tag{436}$$

となる．さらに，$x = l_\mathrm{D}$ において電位 0，すなわち $\phi(l_\mathrm{D}) = 0$ とすると，

$$\phi(x) = \frac{eN_\mathrm{a}}{2\varepsilon_\mathrm{p}\varepsilon_0}(x^2 - 2l_\mathrm{D}x + l_\mathrm{D}{}^2) = \frac{eN_\mathrm{a}}{2\varepsilon_\mathrm{p}\varepsilon_0}l_\mathrm{D}{}^2\left(1 - \frac{x}{l_\mathrm{D}}\right)^2 \tag{437}$$

が得られる．絶縁体-p 型半導体界面における電位，すなわち表面電位 ϕ_Surf は，$x = 0$ における電位 $\phi(0)$ として定義され，次式で与えられる．

$$\phi_\mathrm{Surf} \equiv \phi(0) = \frac{eN_\mathrm{a}}{2\varepsilon_\mathrm{p}\varepsilon_0}l_\mathrm{D}{}^2 \tag{438}$$

【13.3 半導体層の伝導型の反転】 式 (13.6) から，絶縁体-p 型半導体界面における正孔濃度 p_S は，次のようになる．

$$p_\mathrm{S} = \frac{n_\mathrm{i}{}^2}{n_\mathrm{S}} = n_\mathrm{i} \exp\left(-e\frac{\phi_\mathrm{Surf} - \phi_\mathrm{F}}{k_\mathrm{B}T}\right) \tag{439}$$

式 (13.6), (439) から，表面電位 ϕ_Surf がフェルミポテンシャル ϕ_F よりも大きい場合 ($\phi_\mathrm{Surf} > \phi_\mathrm{F}$)，次の関係が導かれる．

$$n_\mathrm{S} > n_\mathrm{i} > p_\mathrm{S} \tag{440}$$

すなわち，絶縁体-p 型半導体界面に伝導電子が蓄積され，p 型半導体が n 型に反転する．図 13.5 のようにソースとドレインが n 型半導体の場合，絶縁体-p 型半導体界面も n 型になれば，チャネル（n チャネル）が形成され，ソース-ドレイン間に電流が流れる．

▶ 第 14 章

【14.1 ショットキー欠陥】 $T = 300\,\mathrm{K}$ のとき，$k_\mathrm{B}T = 2.59 \times 10^{-2}\,\mathrm{eV}$ である．また，$N = 2.65 \times 10^{22}\,\mathrm{cm}^{-3}$，$E_\mathrm{V} = 1\,\mathrm{eV}$ である．これらを式 (14.8) に代入すると，ショットキー欠陥の濃度 n は，次のようになる．

$$n = N\exp\left(-\frac{E_\mathrm{V}}{k_\mathrm{B}T}\right) = 4.52 \times 10^5\,\mathrm{cm}^{-3} \tag{441}$$

【14.2 フレンケル欠陥】 状態数 W は，次式で与えられる．

$$W = {}_N C_n \times {}_{N'} C_n = \frac{N!}{(N-n)!\,n!} \cdot \frac{N'!}{(N'-n)!\,n!} \tag{442}$$

ここで，式 (14.2) のスターリングの公式を用いると，エントロピー σ は，

$$\begin{aligned}\sigma &= \ln W \\ &\simeq N\ln N + N'\ln N' - (N-n)\ln(N-n) \\ &\quad - (N'-n)\ln(N'-n) - 2n\ln n\end{aligned} \tag{443}$$

となる．欠陥 1 個の平均エネルギーを E_0 とすると，欠陥の全エネルギーは $U = nE_0$ である．したがって，ヘルムホルツの自由エネルギー F は，次のように表される．

$$F = U - k_\mathrm{B} T\sigma = nE_0 - k_\mathrm{B} T \ln W \tag{444}$$

以上から，フェルミ準位 E_F は，次のようになる．

$$E_\mathrm{F} = \frac{\partial F}{\partial n} = E_0 - k_\mathrm{B} T \ln \frac{(N-n)(N'-n)}{n^2} \tag{445}$$

ここで，$E_\mathrm{I} = E_0 - E_\mathrm{F}$ だから，

$$E_\mathrm{I} = k_\mathrm{B} T \ln \frac{(N-n)(N'-n)}{n^2} \tag{446}$$

が成り立つ．また，$N, N' \gg n$ のとき，$N - n \simeq N$, $N' - n \simeq N'$ として，

$$E_\mathrm{I} \simeq k_\mathrm{B} T \ln \frac{NN'}{n^2} \tag{447}$$

となる．したがって，次の結果が得られる．

$$n \simeq (NN')^{\frac{1}{2}} \exp\left(-\frac{E_\mathrm{I}}{2k_\mathrm{B} T}\right) \tag{448}$$

付録 A
統計力学の基礎

A.1 状態数とエントロピー

エネルギーや粒子数などの観測される物理量が，時間に依存しない状態，すなわち定常的な量子状態にある系を考える．各々の量子状態は，はっきりと決まったエネルギーと波動関数をもっている．なお，同一のエネルギーをもつ量子状態は，同じエネルギー準位に属しているといい，一つのエネルギー準位に属する量子状態の数を**多重度** (multiplicity) あるいは**縮退度** (degeneracy) とよんでいる．状態数 W は，一般にきわめて大きな値，たとえば 10^{20} となるので，もっと扱いやすい数値にするために，**エントロピー** (entropy) σ を次式で定義する．

$$\sigma \equiv \ln W \tag{A.1}$$

なお，ボルツマン定数 k_B を用いて，次式で定義される S もエントロピーとよばれる．

$$S = k_B \sigma \tag{A.2}$$

A.2 プランク分布関数

A.2.1 絶対温度とボルツマン因子

図 A.1 のように，系 $\mathcal{S}$ が，**熱浴** (reservoir) とよばれる非常に大きな系 $\mathcal{R}$ と熱平衡になっていると仮定する．また，全系 $\mathcal{R} + \mathcal{S}$ は閉じた系であり，全エネルギー $U_0 = U_\mathcal{R} + U_\mathcal{S}$ は一定とする．ここで，系 $\mathcal{S}$ が量子状態 s をとる確率を考える．このとき，系 $\mathcal{S}$ はエネルギー E_s をもち，熱浴 $\mathcal{R}$ はエネルギー $U_0 - E_s$ をもつ．系 $\mathcal{S}$ の状態は指定されているから，系 $\mathcal{S}$ の状態数は $W_\mathcal{S} = 1$ である．したがって，全系の可能な状態数 $W_{\mathcal{R}+\mathcal{S}}$ は，次のように，熱浴 $\mathcal{R}$ がとりうる状態数 $W_\mathcal{R}$ に等しくなる．

$$W_{\mathcal{R}+\mathcal{S}} = W_\mathcal{R} \times W_\mathcal{S} = W_\mathcal{R} \times 1 = W_\mathcal{R} \tag{A.3}$$

系 $\mathcal{S}$ が量子状態 s をとる確率 $P(E_s)$ と状態数 $W_\mathcal{R}$ との間には，次のような関係がある．

$$\frac{P(E_1)}{P(E_2)} = \frac{W_\mathcal{R}(U_0 - E_1)}{W_\mathcal{R}(U_0 - E_2)} = \frac{\exp[\sigma_\mathcal{R}(U_0 - E_1)]}{\exp[\sigma_\mathcal{R}(U_0 - E_2)]} = \exp(\Delta\sigma_\mathcal{R}) \tag{A.4}$$

ただし，$\sigma_\mathcal{R}$ は熱浴のエントロピーであり，

$$\Delta\sigma_\mathcal{R} \equiv \sigma_\mathcal{R}(U_0 - E_1) - \sigma_\mathcal{R}(U_0 - E_2) \tag{A.5}$$

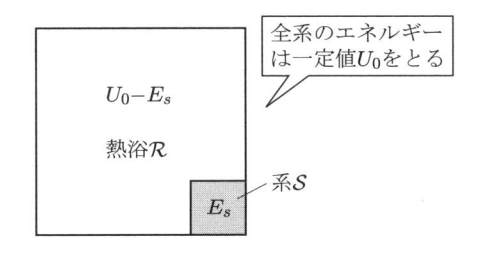

図 **A.1** 系 $\mathcal{S}$ と 熱浴 $\mathcal{R}$ との熱的接触

とおいた．$\sigma_\mathcal{R}(U)$ を $\sigma_\mathcal{R}(U_0)$ のまわりでテイラー展開すると，

$$\sigma_\mathcal{R}(U) = \sigma_\mathcal{R}(U_0) + \frac{U-U_0}{1!}\left(\frac{\partial \sigma_\mathcal{R}}{\partial U}\right)_{V,N} + \frac{(U-U_0)^2}{2!}\left(\frac{\partial^2 \sigma_\mathcal{R}}{\partial U^2}\right)_{V,N} + \cdots \quad (A.6)$$

となる．ここで，ボルツマン定数 k_B とエントロピー σ を用いて絶対温度 T を次式で定義する．

$$\frac{1}{T} \equiv k_\mathrm{B}\left(\frac{\partial \sigma}{\partial U}\right)_{V,N} \quad (A.7)$$

さらに，$(U-U_0)$ の2次以上の項を十分小さいとして無視すると，

$$\sigma_\mathcal{R}(U) = \sigma_\mathcal{R}(U_0) + \frac{U-U_0}{k_\mathrm{B}T} \quad (A.8)$$

が得られる．ここで，$U = U_0 - E_s$ とおくと，

$$\sigma_\mathcal{R}(U_0 - E_s) = \sigma_\mathcal{R}(U_0) - \frac{E_s}{k_\mathrm{B}T} + \cdots \quad (A.9)$$

となる．式 (A.9) を用いると，式 (A.5) は次のように書き換えられる．

$$\Delta \sigma_\mathcal{R} = -\frac{E_1 - E_2}{k_\mathrm{B}T} \quad (A.10)$$

したがって，式 (A.4) は，次のように表される．

$$\frac{P(E_1)}{P(E_2)} = \frac{\exp\left[-E_1/(k_\mathrm{B}T)\right]}{\exp\left[-E_2/(k_\mathrm{B}T)\right]} \quad (A.11)$$

ここで現れた $\exp\left[-E_s/(k_\mathrm{B}T)\right]$ を**ボルツマン因子** (Boltzmann factor) という．

A.2.2 分配関数

ボルツマン因子を用いて，**分配関数** (partition function) Z を次式で定義する．

$$Z = \sum_s \exp\left(-\frac{E_s}{k_\mathrm{B}T}\right) \quad (A.12)$$

この分配関数 Z を用いると，系 $\mathcal{S}$ が量子状態 s をとる確率 $P(E_s)$ は，

$$P(E_s) = \frac{1}{Z}\exp\left(-\frac{E_s}{k_B T}\right), \quad \sum_s P(E_s) = 1 \tag{A.13}$$

と表される．また，系の平均エネルギー $U = \langle E_s \rangle$ は，次のようになる．

$$U = \sum_s E_s P(E_s) = \frac{1}{Z}\sum_s E_s \exp\left(-\frac{E_s}{k_B T}\right) \tag{A.14}$$

A.2.3 プランク分布関数

格子振動や光波などは調和振動子として表すことができる．この調和振動子を量子化すると，B.3 節で示すように，エネルギー固有値 E_n は，

$$E_n = \left(n + \frac{1}{2}\right)\hbar\omega \tag{A.15}$$

で与えられる．ここで，n は格子振動の場合フォノン数，光波の場合フォトン (photon) 数である．また，$\hbar$ はプランク定数 h を 2π で割ったものであり，ω は調和振動子の角周波数である．特筆すべきは，$n = 0$ のときにも真空場の揺らぎによるエネルギー $\frac{1}{2}\hbar\omega$ が存在することで，このエネルギーは零点エネルギーとよばれている．

これから，n の平均値 $\langle n \rangle$ を求めると，次のようになる．

$$
\begin{aligned}
\langle n \rangle &= \sum_n n P(E_n) = \frac{\displaystyle\sum_n n \exp\left(-\frac{E_n}{k_B T}\right)}{\displaystyle\sum_n \exp\left(-\frac{E_n}{k_B T}\right)} \\
&= \frac{\displaystyle\sum_n n \exp\left[-\frac{\left(n+\frac{1}{2}\right)\hbar\omega}{k_B T}\right]}{\displaystyle\sum_n \exp\left[-\frac{\left(n+\frac{1}{2}\right)\hbar\omega}{k_B T}\right]} = \frac{1}{\exp\left(\dfrac{\hbar\omega}{k_B T}\right) - 1}
\end{aligned}
\tag{A.16}
$$

この n の平均値 $\langle n \rangle$ は，プランク分布関数とよばれ，図 A.2 のようになる．

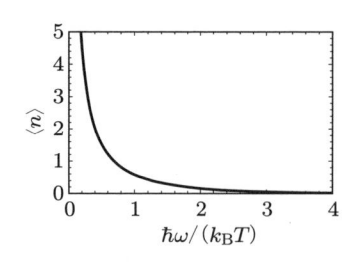

図 **A.2** プランク分布関数

A.3 フェルミ-ディラック分布関数

A.3.1 ギブス因子とギブス和

図 A.3 のように，系が熱浴と熱的接触かつ拡散接触しているとき，ボルツマン因子を一般化したものを**ギブス因子** (Gibbs factor) という．

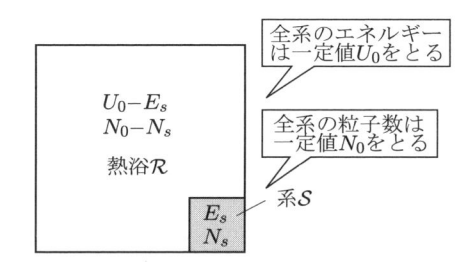

図 **A.3** 系 $\mathcal{S}$ と 熱浴 $\mathcal{R}$ との熱的接触かつ拡散接触

これから，ギブス因子を求めてみよう．系 $\mathcal{S}$ が粒子数 N_s，エネルギー E_s をもつ場合，その状態数 $W(\mathcal{R}+\mathcal{S})$ は，

$$W(\mathcal{R}+\mathcal{S}) = W(\mathcal{R}) \times 1 = W(\mathcal{R}) \tag{A.17}$$

である．この状態をとる確率 $P(N_s, E_s)$ は，

$$P(N_s, E_s) \propto W(N_0 - N_s, U_0 - E_s) \tag{A.18}$$

である．また，エントロピーの定義から

$$W(N_0, U_0) \equiv \exp\bigl[\sigma(N_0, U_0)\bigr] \tag{A.19}$$

だから

$$\frac{P(N_1, E_1)}{P(N_2, E_2)} = \frac{W(N_0 - N_1, U_0 - E_1)}{W(N_0 - N_2, U_0 - E_2)} = \exp(\Delta\sigma) \tag{A.20}$$

$$\Delta\sigma \equiv \sigma(N_0 - N_1, U_0 - E_1) - \sigma(N_0 - N_2, U_0 - E_2) \tag{A.21}$$

となる．ここで，$\sigma(N, U)$ を $\sigma(N_0, U_0)$ のまわりでテイラー展開し，$N = N_0 - N_i$，$U = U_0 - E_i$ とおくと

$$\sigma(N_0 - N_i, U_0 - E_i) = \sigma(N_0, U_0) - N_i \left(\frac{\partial \sigma}{\partial N}\right)_{U_0} - E_i \left(\frac{\partial \sigma}{\partial U}\right)_{N_0} + \cdots \tag{A.22}$$

となる．したがって，$\Delta\sigma$ は次のように書き換えられる．

$$\Delta\sigma = \frac{(N_1 - N_2)\mu}{k_\mathrm{B}T} - \frac{E_1 - E_2}{k_\mathrm{B}T}, \quad -\frac{\mu}{k_\mathrm{B}T} \equiv \left(\frac{\partial \sigma}{\partial N}\right)_{U_0} \tag{A.23}$$

ここで導入した μ を**化学ポテンシャル** (chemical potential) という．

したがって，次の関係が導かれる．

$$\frac{P(N_1, E_1)}{P(N_2, E_2)} = \frac{\exp\left[(N_1\mu - E_1)/(k_BT)\right]}{\exp\left[(N_2\mu - E_2)/(k_BT)\right]} \tag{A.24}$$

ここで現れた $\exp\left[(N_s\mu - E_s)/(k_BT)\right]$ がギブス因子である．

系 $\mathcal{S}$ が熱浴 $\mathcal{R}$ と熱的接触している場合，ボルツマン因子の和として分配関数 Z を定義した．一方，熱的接触かつ拡散接触している場合，ギブス因子の和として**ギブス和** (Gibbs sum) $\mathcal{Z}$ を次式で定義する．

$$\mathcal{Z} = \sum_{N=0}^{\infty} \sum_{s(N)} \exp\left(\frac{N\mu - E_{s(N)}}{k_BT}\right) \tag{A.25}$$

ここで，和はすべての粒子に対して，系のすべての状態にわたってとる．また，和に $N=0$ を含めることに注意してほしい．

ギブス和を用いると，系が粒子数 N_1，エネルギー E_1 の状態にある確率 $P(N_1, E_1)$ は，

$$P(N_1, E_1) = \frac{1}{\mathcal{Z}} \exp\left(\frac{N_1\mu - E_1}{k_BT}\right), \quad \sum_N \sum_s P(N, E_s) = 1 \tag{A.26}$$

と表される．

A.3.2 フェルミ-ディラック分布関数

半奇数のスピンをもつ粒子を**フェルミ粒子** (fermion) という．**パウリの排他律** (Pauli exclusion principle) によって，一つの状態は，空であるか，あるいは 1 個のフェルミ粒子によって占有される．図 A.4 にフェルミ粒子の状態を模式的に示す．この例では，椅子を状態とし，フェルミ粒子を人で表している．

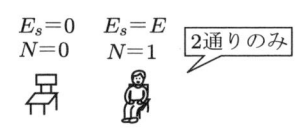

図 A.4 フェルミ粒子の状態

図 A.4 のように，フェルミ粒子の状態は 2 個だけなので，ギブス和は，

$$\mathcal{Z} = 1 + \lambda \exp\left(-\frac{E}{k_BT}\right), \quad \lambda \equiv \exp\left(\frac{\mu}{k_BT}\right) \tag{A.27}$$

となる．ここで，λ は，**絶対活動度** (absolute activity) である．また，$N=0$ のとき $E_s = 0$，$N=1$ のとき $E_s = E$ とした．式 (A.27) から，一つの状態の占有数の平均値 $\langle N(E) \rangle = f_{\mathrm{FD}}(E)$ は，次のようになる．

$$f_{\mathrm{FD}}(E) = \frac{0 \times 1 + 1 \cdot \lambda \exp\left(\dfrac{-E}{k_BT}\right)}{1 + \lambda \exp\left(\dfrac{-E}{k_BT}\right)} = \frac{1}{\exp\left(\dfrac{E-\mu}{k_BT}\right) + 1} \tag{A.28}$$

これが，**フェルミ-ディラック分布関数** (Fermi-Dirac distribution function) である．なお，固体物理学では，化学ポテンシャル μ は，**フェルミ準位** (Fermi level) とよばれ，$\mu = E_\mathrm{F}$ と表現していることが多い．図 A.5 にフェルミ-ディラック分布関数を示す．

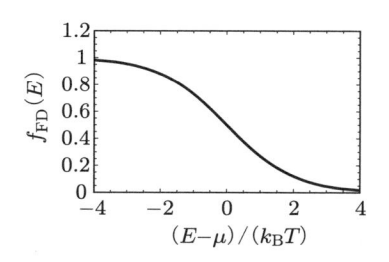

図 A.5 フェルミ-ディラック分布関数

付録 B
量子力学の基礎

B.1 シュレーディンガー方程式

定常状態における量子状態は，定常状態における**シュレーディンガー方程式** (Schrödinger equation) の解である**波動関数** (wave function) と**エネルギー固有値** (energy eigenvalue) を用いて記述することができる．一つの波動関数が，一つの量子状態を表していると考えればよい．

定常状態におけるシュレーディンガー方程式は，次式で与えられる．

$$\left[-\frac{\hbar^2}{2m} \nabla^2 + V(\boldsymbol{r}) \right] \psi_{n\boldsymbol{k}}(\boldsymbol{r}) = E_n(\boldsymbol{k}) \psi_{n\boldsymbol{k}}(\boldsymbol{r}) \tag{B.1}$$

ここで，$\hbar = h/(2\pi) = 1.0546 \times 10^{-34}$ J s は**ディラック定数** (Dirac's constant), $h = 6.6261 \times 10^{-34}$ J s は**プランク定数** (Planck's constant), m は粒子の質量，$V(\boldsymbol{r})$ は**ポテンシャル** (potential), $\psi_{n\boldsymbol{k}}(\boldsymbol{r})$ は波動関数 (wave function), $E_n(\boldsymbol{k})$ はエネルギー固有値である．また，n は量子状態の指標を表す**量子数** (quantum number), $\boldsymbol{k}$ は**波数ベクトル** (wave vector) である．

波動関数の物理的意味は，$\psi_{n\boldsymbol{k}}(\boldsymbol{r})^* \psi_{n\boldsymbol{k}}(\boldsymbol{r}) \,\mathrm{d}V / \left(\int_0^\infty \psi_{n\boldsymbol{k}}(\boldsymbol{r})^* \psi_{n\boldsymbol{k}}(\boldsymbol{r}) \,\mathrm{d}V \right)$ が，微小体積 $\mathrm{d}V$ の中に粒子が存在する確率を表すということである．確率という意味から，

$$\int_0^\infty \psi_{n\boldsymbol{k}}(\boldsymbol{r})^* \psi_{n\boldsymbol{k}}(\boldsymbol{r}) \,\mathrm{d}V = 1 \tag{B.2}$$

となるように波動関数 $\psi_{n\boldsymbol{k}}(\boldsymbol{r})$ を規格化すると，$\psi_{n\boldsymbol{k}}(\boldsymbol{r})^* \psi_{n\boldsymbol{k}}(\boldsymbol{r}) \,\mathrm{d}V$ は，微小体積 $\mathrm{d}V$ の中に粒子が存在する確率そのものを表すことになり，便利である．したがって，波動関数の係数は，規格化によって決定することが多い．そして，$\psi_{n\boldsymbol{k}}(\boldsymbol{r})$ を定数倍した波動関数 $c\psi_{n\boldsymbol{k}}(\boldsymbol{r})$, $(c \neq 1)$, すなわち $\psi_{n\boldsymbol{k}}(\boldsymbol{r})$ と線形従属な波動関数は，$\psi_{n\boldsymbol{k}}(\boldsymbol{r})$ と同一の波動関数であると考える．この理由は，線形従属な波動関数に対して，粒子の存在確率は同じ結果となり，またエネルギー固有値も同一の値となるからである．別の言い方をすれば，$\psi_{n\boldsymbol{k}}(\boldsymbol{r})$ と定数倍の関係にない波動関数，すなわち $\psi_{n\boldsymbol{k}}(\boldsymbol{r})$ と線形独立な波動関数が，それぞれ異なった量子状態を表す．なお，異なった量子状態のエネルギー固有値が同一の場合，この量子状態は縮退しているという．なお，量子状態を省略して，状態という表現もよく用いられている．

さて，量子力学では古典論と違い，物理量は**演算子** (operator) として表される．そして，観測される物理量，つまり**可観測量** (observable) は，期待値として表される．いま，演算子を $\widetilde{A}$ とすると，期待値 $\langle \widetilde{A} \rangle$ は，

$$\langle \widetilde{A} \rangle = \frac{\int_0^\infty \psi_{nk}(r)^* \widetilde{A} \psi_{nk}(r)\,dV}{\int_0^\infty \psi_{nk}(r)^* \psi_{nk}(r)\,dV} \tag{B.3}$$

で与えられる．規格化した波動関数を用いた場合，期待値 $\langle \widetilde{A} \rangle$ は，

$$\langle \widetilde{A} \rangle = \int_0^\infty \psi_{nk}(r)^* \widetilde{A} \psi_{nk}(r)\,dV \tag{B.4}$$

によって求めることができる．

たとえば，粒子の速度を v とすれば，古典論における運動量 p は，

$$p = mv \tag{B.5}$$

であるが，量子力学では，運動量演算子 $\widetilde{p}$ は，

$$\widetilde{p} = -i\hbar \frac{\partial}{\partial r} = -i\hbar \nabla \tag{B.6}$$

となる．そして，運動量の期待値 $\langle \widetilde{p} \rangle$ は，規格化した波動関数を用いた場合，

$$\langle \widetilde{p} \rangle = \int_0^\infty \psi_{nk}(r)^* \widetilde{p} \psi_{nk}(r)\,dV = \int_0^\infty \psi_{nk}(r)^* \left(-i\hbar \nabla\right) \psi_{nk}(r)\,dV \tag{B.7}$$

によって与えられる．ここで，演算子は，演算子の後に書かれた波動関数だけに作用することに注意してほしい．つまり，式 (B.7) の例では，$\psi_{nk}(r)$ を位置 r について微分するが，$\psi_{nk}(r)^*$ は微分しない．

B.2 箱形井戸

図 B.1 のようなポテンシャル井戸（箱形ポテンシャル）中に粒子が存在する場合のシュレーディンガー方程式を考える．図 B.1 において，箱形ポテンシャル $V(r)$ は，

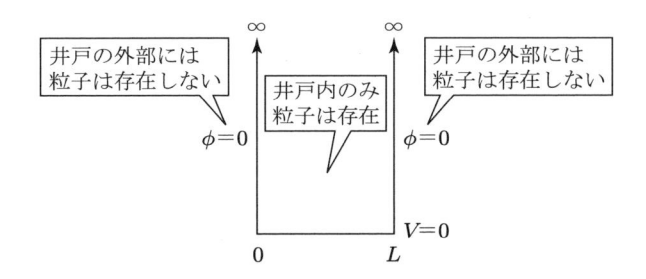

$$\text{箱の中では，} V(r) = 0$$
$$\text{箱の外では，} V(r) = \infty$$

図 **B.1** 箱形ポテンシャル

である．ここで，ポテンシャル $V(\bm{r})$ に周期性がないことに注意してほしい．

箱を 1 辺の長さ L の立方体とすると，波動関数 $\phi(x, y, z)$ の境界条件は，

$$\left.\begin{array}{l}\phi(0, y, z) = \phi(L, y, z) = 0 \\ \phi(x, 0, z) = \phi(x, L, z) = 0 \\ \phi(x, y, 0) = \phi(x, y, L) = 0\end{array}\right\} \tag{B.8}$$

となる．この境界条件を満たす解として，波動関数 $\phi(x, y, z)$ とエネルギー E は，次のように表される．

$$\phi(x, y, z) = \sqrt{\frac{8}{L^3}} \sin k_x x \cdot \sin k_y y \cdot \sin k_z z$$

$$E = \frac{\hbar^2}{2m}\left(k_x{}^2 + k_y{}^2 + k_z{}^2\right) \tag{B.9}$$

$$k_x = \frac{n_x \pi}{L}, \quad k_y = \frac{n_y \pi}{L}, \quad k_z = \frac{n_z \pi}{L} \quad (n_x, n_y, n_z = 1, 2, 3, \ldots)$$

1 次元の箱形ポテンシャル (x 方向のみ) に対する波動関数 ϕ とエネルギー E を図 B.2 に示す．式 (B.10) からすぐわかるように，エネルギー E は**離散的**になり，その大きさは量子数 n_x の 2 乗に比例する．また，L が小さくなるにつれて，量子数の異なる準位間のエネルギー差が大きくなる．波動関数は，正の値だけでなく負の値もとる．しかし，波動関数の物理的解釈は，波動関数の 2 乗が存在確率を表すということであり，波動関数が負の値をとっても一向にかまわない．

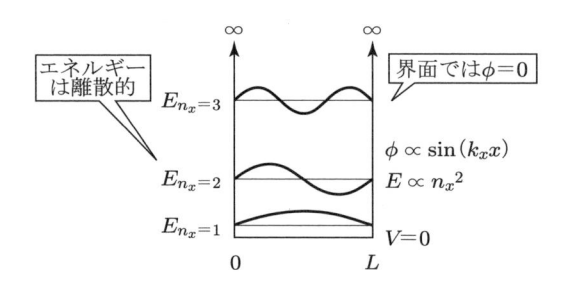

図 **B.2** 1 次元箱形ポテンシャルにおける ϕ と E

B.3 調和振動子

B.3.1 古典論

図 B.3 のように，質量 m の粒子がばねに接続された 1 次元調和振動子を考える．ばねは x 方向だけに伸縮し，ばねの平衡位置からの変位を x とする．なお，ばねの長さの平衡値は a，ばね定数を k とする．

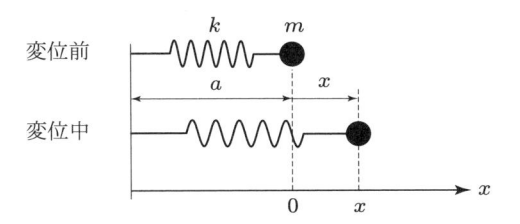

図 **B.3** 1次元調和振動子

図 B.3 の 1 次元調和振動子に対する運動方程式は，次のように表される．

$$m\frac{\mathrm{d}^2 x}{\mathrm{d}t^2} = -kx \tag{B.10}$$

時刻 $t=0$ において，$x = x_0$, $v = \dfrac{\mathrm{d}x}{\mathrm{d}t} = 0$ とすると，

$$x = x_0 \cos \omega t \tag{B.11}$$

$$v = -\omega x_0 \sin \omega t \tag{B.12}$$

$$\omega = \sqrt{\frac{k}{m}} \tag{B.13}$$

となる．ここで，v は粒子の速度，ω は調和振動子の角周波数である．

これらの結果から，運動エネルギー E_k とポテンシャルエネルギー E_p は，次のように表される．

$$E_\mathrm{k} = \frac{1}{2}mv^2 = \frac{1}{2}m\omega^2 x_0{}^2 \sin^2 \omega t = \frac{1}{2}kx_0{}^2 \sin^2 \omega t \tag{B.14}$$

$$E_\mathrm{p} = \frac{1}{2}kx^2 = \frac{1}{2}kx_0{}^2 \cos^2 \omega t \tag{B.15}$$

したがって，全エネルギー E は，

$$E = E_\mathrm{k} + E_\mathrm{p} = \frac{1}{2}kx_0{}^2 \tag{B.16}$$

となる．また，運動エネルギーの時間平均 $\langle E_\mathrm{k} \rangle$ とポテンシャルエネルギー $\langle E_\mathrm{p} \rangle$ は，次式のようになる．

$$\langle E_\mathrm{k} \rangle = \langle E_\mathrm{p} \rangle = \frac{1}{2} \cdot \frac{1}{2}kx_0{}^2 \tag{B.17}$$

これから，粒子が $x \sim x+\mathrm{d}x$ に存在する確率 $P_\mathrm{classic}(x)\,\mathrm{d}x$ を求めよう．粒子が $x \sim x+\mathrm{d}x$ に存在するときの時刻を $t \sim t+\mathrm{d}t$ とし，振動の周期 T を用いると，

$$P_\mathrm{classic}(x)\,\mathrm{d}x = 2\frac{\mathrm{d}t}{T} \tag{B.18}$$

という関係が成り立つ．式 (B.18) における右辺の因子 2 は，図 B.4(a), (b) のように粒子が右向きに移動している場合と，左向きに移動している場合の 2 通りを考慮したものである．

(a) 右方向への移動

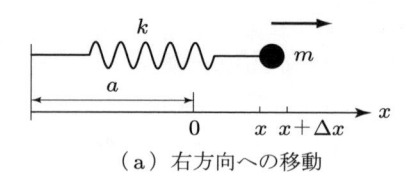

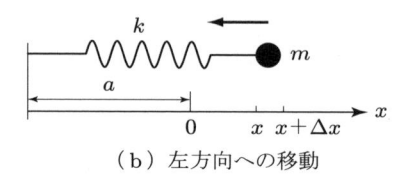

(b) 左方向への移動

図 B.4 調和振動子において粒子が $x \sim x + \Delta x$ に存在する場合

ここで,

$$T = \frac{2\pi}{\omega} \tag{B.19}$$

$$\mathrm{d}t = \frac{\mathrm{d}x}{v} \tag{B.20}$$

を式 (B.18) に代入すると,

$$P_{\text{classic}}(x)\,\mathrm{d}x = -\frac{\mathrm{d}x}{\pi x_0 \sin \omega t} \tag{B.21}$$

となる．さらに，式 (B.11) から

$$\sin \omega t = \pm\sqrt{1 - \cos^2 \omega t} = \pm\sqrt{1 - \left(\frac{x}{x_0}\right)^2} \tag{B.22}$$

であり，これを式 (B.21) に代入し，$P_{\text{classic}} \geq 0$ であることを用いると，

$$P_{\text{classic}}(x) = \frac{1}{\pi\sqrt{x_0{}^2 - x^2}} \tag{B.23}$$

が得られる．

B.3.2 量子論

図 B.3 の 1 次元調和振動子に対するシュレーディンガー方程式は，次のようになる．

$$\left(-\frac{\hbar^2}{2m}\frac{\mathrm{d}^2}{\mathrm{d}x^2} + \frac{1}{2}kx^2\right)\psi_n(x) = E_n\,\psi_n(x) \tag{B.24}$$

この解は，

$$\psi_n(x) = \left(\frac{\alpha}{\pi}\right)^{\frac{1}{4}} \left(\frac{1}{2^n n!}\right)^{\frac{1}{2}} \mathrm{e}^{-\frac{\alpha}{2}x^2} H_n(\sqrt{\alpha}\,x) \tag{B.25}$$

$$E_n = \left(n + \frac{1}{2}\right)\hbar\omega \quad (n = 0, 1, 2, \ldots) \tag{B.26}$$

である．ただし，

$$\alpha = \frac{m\omega}{\hbar} = \frac{\sqrt{mk}}{\hbar} \tag{B.27}$$

とおいた．また，エルミート多項式 $H_n(\xi)$ は，

$$H_n(\xi) \equiv (-1)^n e^{\xi^2} \frac{d^n}{d\xi^n} e^{-\xi^2} \quad (n \geq 0) \tag{B.28}$$

で定義され，例として $n = 0 \sim 4$ に対して示すと，次のようになる．

$$H_0(\xi) = 1, \quad H_1(\xi) = 2\xi, \quad H_2(\xi) = 4\xi^2 - 2, \tag{B.29}$$

$$H_3(\xi) = 8\xi^3 - 12\xi, \quad H_4(\xi) = 16\xi^4 - 48\xi^2 + 12 \tag{B.30}$$

B.3.3 古典論と量子論との比較

1次元調和振動子の全エネルギー E が古典論と量子論とで等しいとき，古典論における粒子の存在確率 $P_{\text{classic}}(x)$ と量子論における粒子の存在確率 $P_{\text{quantum}}(x)$ とを比較してみよう．いま，$E = E_n$ の場合を考えているので，式 (B.16)，(B.26) から，

$$\frac{1}{2}kx_0^2 = \left(n + \frac{1}{2}\right)\hbar\omega \tag{B.31}$$

が成り立つ．したがって，

$$x_0^2 = (2n+1)\frac{\hbar\omega}{k} = \frac{2n+1}{\alpha} \tag{B.32}$$

となる．ただし，ここで式 (B.27) を用いた．式 (B.32) を式 (B.23) に代入すると，古典論における存在確率 $P_{\text{classic}}(x)$ は，

$$P_{\text{classic}}(x) = \frac{1}{\pi\sqrt{\dfrac{2n+1}{\alpha} - x^2}} \tag{B.33}$$

となる．一方，量子論における粒子の存在確率 $P_{\text{quantum}}(x)$ は，式 (B.25) から

$$P_{\text{quantum}}(x) = \psi_n(x)^* \psi_n(x) = \left(\frac{\alpha}{\pi}\right)^{\frac{1}{2}} \frac{1}{2^n n!} e^{-\alpha x^2} H_n(\sqrt{\alpha}\,x)^2 \tag{B.34}$$

となる．式 (B.33)，(B.34) をプロットすると，図 B.5 のようになる．ただし，$\alpha = 10^{24}\,\text{m}^{-2}$ とした．実線が量子論の結果，破線が古典論の結果を示しており，量子数 n が大きくなるにつれて，古典論と量子論との結果が近づくことがわかる．

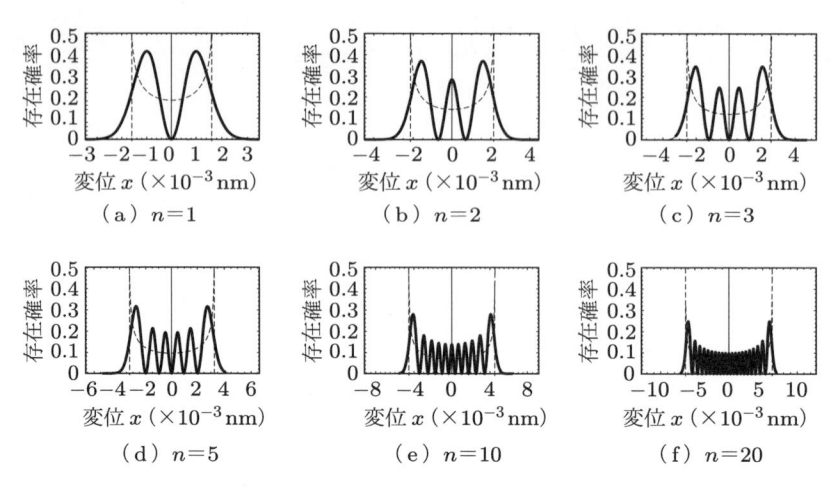

| (a) $n=1$ | (b) $n=2$ | (c) $n=3$ |
| (d) $n=5$ | (e) $n=10$ | (f) $n=20$ |

図 B.5 調和振動子における粒子の存在確率.ただし,$\alpha = 10^{24}\,\mathrm{m}^{-2}$ とした.また,実線が量子論の結果,破線が古典論の結果を示している.

B.4 水素原子

ポテンシャル $V(r)$ が,定点から距離 r だけの関数である場合,シュレーディンガー方程式は,極座標を用いて,次のように表すことができる.

$$\left[-\frac{\hbar^2}{2m}\left(\frac{\partial^2}{\partial r^2}+\frac{2}{r}\frac{\partial}{\partial r}\right)+\frac{\boldsymbol{l}^2}{2mr^2}+V(r)\right]\psi = E\psi \tag{B.35}$$

ただし,m は換算質量であり,水素の原子核の質量 m_N と電子の質量 m_e を用いて,

$$m = \frac{m_\mathrm{N} m_\mathrm{e}}{m_\mathrm{N}+m_\mathrm{e}} \simeq \frac{m_\mathrm{N} m_\mathrm{e}}{m_\mathrm{N}} = m_\mathrm{e} \tag{B.36}$$

と表される.なお,$m_\mathrm{N} \gg m_\mathrm{e}$ であることを利用した.

ここで,動径関数 $R_{nl}(r)$ と球面調和関数 $Y_{lm}(\theta,\phi)$ を用いて,波動関数 ψ を

$$\psi = R_{nl}(r) Y_{lm}(\theta,\phi) \tag{B.37}$$

とおき,シュレーディンガー方程式に代入する.動径関数 $R_{nl}(r)$ に対する方程式は,次のようになる.

$$-\frac{\hbar^2}{2m}\left[\frac{\mathrm{d}^2 R_{nl}(r)}{\mathrm{d}r^2}+\frac{2}{r}\frac{\mathrm{d}R_{nl}(r)}{\mathrm{d}r}-\frac{l(l+1)}{r^2}R_{nl}(r)\right]$$
$$+V(r)R_{nl}(r) = ER_{nl}(r) \tag{B.38}$$

水素原子の場合,電気素量 e を用いると,ポテンシャル $V(r)$ は,

$$V(r) = -\frac{e^2}{4\pi\varepsilon_0 r} \tag{B.39}$$

だから，式 (B.38) に式 (B.39) を代入すると，次の方程式が得られる．

$$-\frac{\hbar^2}{2m}\left[\frac{d^2 R_{nl}(r)}{dr^2} + \frac{2}{r}\frac{dR_{nl}(r)}{dr} - \frac{l(l+1)}{r^2}R_{nl}(r)\right]$$
$$-\frac{e^2}{4\pi\varepsilon_0 r}R_{nl}(r) = ER_{nl}(r) \quad \text{(B.40)}$$

このエネルギー固有値は，整数 n を用いて，

$$E_n = -\frac{me^4}{2\hbar^2(4\pi\varepsilon_0)^2}\frac{1}{n^2} \quad \text{(B.41)}$$

となる．また，動径関数 $R_{nl}(r)$ は，次のように表される．

$$\begin{aligned}
R_{10}(r) &= \left(\frac{1}{a_0}\right)^{3/2} 2e^{-r/a_0} \\
R_{20}(r) &= \left(\frac{1}{a_0}\right)^{3/2} \frac{1}{\sqrt{2}}\left(1 - \frac{1}{2}\frac{r}{a_0}\right)e^{-r/(2a_0)} \\
R_{21}(r) &= \left(\frac{1}{a_0}\right)^{3/2} \frac{1}{2\sqrt{6}}\frac{r}{a_0}e^{-r/(2a_0)} \\
&\vdots
\end{aligned} \quad \text{(B.42)}$$

ここで，a_0 は**ボーア半径** (Bohr radius) であり，次のように表される．

$$a_0 = \frac{4\pi\varepsilon_0\hbar^2}{me^2} \quad \text{(B.43)}$$

微小体積 $dV = r^2\sin\theta\,dr\,d\theta\,d\phi$ の中に電子が存在する確率は，$\psi^*\psi\,dV$ に比例する．一方，動径 r と $r + dr$ の間に電子が存在する確率は，$r^2 R_{nl}(r)^2$ に比例し，図 B.6 のようになる．

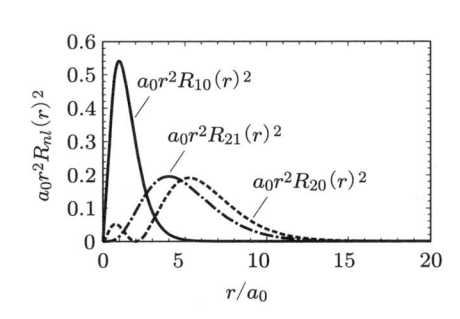

図 B.6 水素原子の動径 r における電子の存在確率

半導体中のドナーは，この水素原子モデルで考えることができる．ただし，真空の誘電率 ε_0 を半導体の誘電率 ε でおきかえるとともに，電子の質量 m_e のかわりに電子の有効質量 m^* を用いることに注意してほしい．

B.5 定常状態における摂動論

次のようなシュレーディンガー方程式を考える．

$$\mathcal{H}\psi = W\psi, \quad \mathcal{H} = \mathcal{H}_0 + \mathcal{H}', \quad \mathcal{H}_0 u_k = E_k u_k \tag{B.44}$$

ここで，$\mathcal{H}_0$ はすでに解の求められているハミルトニアンで，**非摂動ハミルトニアン** (unperturbed Hamiltonian) とよばれる．$\mathcal{H}'$ は $\mathcal{H}_0$ に対する**摂動** (perturbation) であり，$\mathcal{H}_0$ に比べて十分小さい．また，ψ と W は，それぞれ摂動を受けた定常状態の固有関数（波動関数）とエネルギー固有値である．u_k と E_k は，それぞれ非摂動ハミルトニアン $\mathcal{H}_0$ に対する規格直交化された固有関数とエネルギー固有値である．

B.5.1 縮退のない場合

$\mathcal{H}'$ が $\mathcal{H}_0$ に比べて十分小さいので，摂動を受けた固有関数とエネルギー固有値が $\mathcal{H}'$ のべき級数で展開できると仮定する．ここで，パラメータ λ を導入して $\mathcal{H}'$ を $\lambda\mathcal{H}'$ でおきかえ，ψ と W を λ のべき級数で表す．そして，最終的な結果を出すときに $\lambda = 1$ とする．

以上から，ψ と W を次のように表す．

$$\begin{aligned}\psi &= \psi_0 + \lambda\psi_1 + \lambda^2\psi_2 + \lambda^3\psi_3 + \cdots \\ W &= W_0 + \lambda W_1 + \lambda^2 W_2 + \lambda^3 W_3 + \cdots\end{aligned} \tag{B.45}$$

式 (B.45) を式 (B.44) に代入し，$\mathcal{H}'$ を $\lambda\mathcal{H}'$ でおきかえたことに注意すると，

$$\begin{aligned}&(\mathcal{H}_0 + \lambda\mathcal{H}')(\psi_0 + \lambda\psi_1 + \lambda^2\psi_2 + \lambda^3\psi_3 + \cdots) \\ &= (W_0 + \lambda W_1 + \lambda^2 W_2 + \lambda^3 W_3 + \cdots)(\psi_0 + \lambda\psi_1 + \lambda^2\psi_2 + \lambda^3\psi_3 + \cdots)\end{aligned} \tag{B.46}$$

が得られる．

ある範囲の任意の λ の値に対して式 (B.46) が成立すると仮定すると，両辺の λ のべき乗共通の項が等しくなければならない．したがって，

$$\begin{aligned}\lambda^0 &: (\mathcal{H}_0 - W_0)\psi_0 = 0 \\ \lambda^1 &: (\mathcal{H}_0 - W_0)\psi_1 = (W_1 - \mathcal{H}')\psi_0 \\ \lambda^2 &: (\mathcal{H}_0 - W_0)\psi_2 = (W_1 - \mathcal{H}')\psi_1 + W_2\psi_0 \\ \lambda^3 &: (\mathcal{H}_0 - W_0)\psi_3 = (W_1 - \mathcal{H}')\psi_2 + W_2\psi_1 + W_3\psi_0 \\ &\quad\vdots\end{aligned} \tag{B.47}$$

が成り立つことが必要である．

式 (B.47) と式 (B.44) を比較すると，ψ_0 は非摂動固有関数 u_k の一つであることがわかる．そこで，縮退のない場合 (nondegenerate case)，

$$\psi_0 = u_m, \quad W_0 = E_m \tag{B.48}$$

とおくことにする．

そして，摂動を受けた定常状態の固有関数 ψ_s ($s > 0$) として，内積

$$(\psi_0, \psi_s) = \int \psi_0^* \psi_s \, dV = 0 \tag{B.49}$$

を満たすものを考える．この条件のもとで，式 (B.47) の両辺に左側から ψ_0^* をかけて全空間にわたって積分すると，つまり ψ_0 と式 (B.47) との内積をとると，

$$W_s = \frac{(\psi_0, \mathcal{H}'\psi_{s-1})}{(\psi_0, \psi_0)} = (u_m, \mathcal{H}'\psi_{s-1}) \tag{B.50}$$

が得られる．なお，式 (B.50) を導くとき，u_k が規格直交関数であることを利用した．

式 (B.48) と式 (B.50) から

$$W_1 = (u_m, \mathcal{H}'\psi_0) = (u_m, \mathcal{H}'u_m) = \langle m|\mathcal{H}'|m\rangle \tag{B.51}$$

となる．式 (B.51) から，1 次の摂動エネルギー W_1 は，非摂動状態における $\mathcal{H}'$ の期待値になっていることがわかる．

次に，1 次の摂動固有関数 ψ_1 を u_n で展開して

$$\psi_1 = \sum_n a_n^{(1)} u_n \tag{B.52}$$

と表してみよう．ここで，$a_n^{(1)}$ は展開係数で，この表式を求めれば 1 次の摂動まで含んだ固有関数が得られる．まず，u_m と式 (B.52) との内積を考えよう．u_n は規格直交関数だから

$$\langle m|n\rangle = \delta_{mn} \tag{B.53}$$

であって，式 (B.49) を用いると，

$$(u_m, \psi_1) = \langle m| \sum_n a_n^{(1)} |n\rangle = \sum_n a_n^{(1)} \langle m|n\rangle$$
$$= a_m^{(1)} = (\psi_0, \psi_1) = 0 \tag{B.54}$$

となる．また，式 (B.52) を式 (B.47) の第 2 式に代入すると，次式のようになる．

$$\sum_n a_n^{(1)} (\mathcal{H}_0 - E_m) u_n = (W_1 - \mathcal{H}') u_m \tag{B.55}$$

式 (B.44) を利用して，u_k と式 (B.55) の内積をとると，

$$a_k^{(1)}(E_k - E_m) = -\langle k|\mathcal{H}'|m\rangle \tag{B.56}$$

$$\therefore \quad a_k^{(1)} = \frac{\langle k|\mathcal{H}'|m\rangle}{E_m - E_k} \quad (k \neq m) \tag{B.57}$$

が得られる．したがって，1次の摂動まで考えると，固有関数 ψ は，$\lambda = 1$ として

$$\psi = \psi_0 + \psi_1 = u_m + \sum_n \frac{\langle n|\mathcal{H}'|m\rangle}{E_m - E_n} u_n \tag{B.58}$$

となる．

一方，2次の摂動エネルギーは，式 (B.50) において $s = 2$ として

$$W_2 = (u_m, \mathcal{H}'\psi_1) = \sum_n \frac{\langle m|\mathcal{H}'|n\rangle\langle n|\mathcal{H}'|m\rangle}{E_m - E_n} \tag{B.59}$$

と求められる．

したがって，式 (B.51) と式 (B.59) から，2次の摂動までの範囲で，エネルギー固有値は

$$\begin{aligned} W &= W_0 + W_1 + W_2 \\ &= E_m + \langle m|\mathcal{H}'|m\rangle + \sum_n \frac{\langle m|\mathcal{H}'|n\rangle\langle n|\mathcal{H}'|m\rangle}{E_m - E_n} \end{aligned} \tag{B.60}$$

で与えられる．

最後に，2次の摂動まで考慮した固有関数を求めてみよう．2次の摂動固有関数 ψ_2 を u_n で展開して，次のように表す．

$$\psi_2 = \sum_n a_n^{(2)} u_n \tag{B.61}$$

ここで，式 (B.54) と同様に，$a_m^{(2)} = 0$ である．式 (B.61) を式 (B.47) の第3式に代入すると

$$\sum_n a_n^{(2)}(\mathcal{H}_0 - W_0)u_n = \sum_n a_n^{(1)}\left(W_1 - \mathcal{H}'\right)u_n + W_2 u_m \tag{B.62}$$

となる．式 (B.44) を利用して，u_k $(k \neq m)$ と式 (B.62) の内積をとると，

$$a_k^{(2)}(E_k - E_m) = a_k^{(1)} W_1 - \sum_n a_n^{(1)}\langle k|\mathcal{H}'|n\rangle \tag{B.63}$$

が得られる．

式 (B.51) と式 (B.57) を用いると，式 (B.63) から

$$a_k^{(2)} = \sum_n \frac{\langle k|\mathcal{H}'|n\rangle\langle n|\mathcal{H}'|m\rangle}{(E_m - E_k)(E_m - E_n)} - \frac{\langle k|\mathcal{H}'|m\rangle\langle m|\mathcal{H}'|m\rangle}{(E_m - E_k)^2} \tag{B.64}$$

となる．したがって，2次の摂動まで考えると，固有関数 ψ は，$\lambda = 1$ として

$$\begin{aligned}
\psi &= \psi_0 + \psi_1 + \psi_2 \\
&= u_m + \sum_k u_k \left(\frac{\langle k|\mathcal{H}'|m\rangle}{E_m - E_k} \right. \\
&\qquad \left. + \sum_n \frac{\langle k|\mathcal{H}'|n\rangle\langle n|\mathcal{H}'|m\rangle}{(E_m-E_k)(E_m-E_n)} - \frac{\langle k|\mathcal{H}'|m\rangle\langle m|\mathcal{H}'|m\rangle}{(E_m-E_k)^2} \right) \quad \text{(B.65)} \\
&= u_m + \sum_k u_k \left[\frac{\langle k|\mathcal{H}'|m\rangle}{E_m - E_k}\left(1 - \frac{\langle m|\mathcal{H}'|m\rangle}{E_m - E_k}\right) + \sum_n \frac{\langle k|\mathcal{H}'|n\rangle\langle n|\mathcal{H}'|m\rangle}{(E_m-E_k)(E_m-E_n)} \right]
\end{aligned}$$

で与えられる.

縮退のない場合の固有関数とエネルギー固有値をまとめると，次のようになる.

1次の摂動までの範囲で

$$\psi = u_m + \sum_n \frac{\langle n|\mathcal{H}'|m\rangle}{E_m - E_n} u_n \tag{B.66}$$

$$W = W_0 + W_1 = E_m + \langle m|\mathcal{H}'|m\rangle \tag{B.67}$$

2次の摂動までの範囲で

$$\begin{aligned}
\psi = u_m + \sum_k u_k &\left[\frac{\langle k|\mathcal{H}'|m\rangle}{E_m - E_k}\left(1 - \frac{\langle m|\mathcal{H}'|m\rangle}{E_m - E_k}\right) \right. \\
&\left. + \sum_n \frac{\langle k|\mathcal{H}'|n\rangle\langle n|\mathcal{H}'|m\rangle}{(E_m-E_k)(E_m-E_n)} \right]
\end{aligned} \tag{B.68}$$

$$W = E_m + \langle m|\mathcal{H}'|m\rangle + \sum_n \frac{\langle m|\mathcal{H}'|n\rangle\langle n|\mathcal{H}'|m\rangle}{E_m - E_n} \tag{B.69}$$

B.5.2 縮退している場合

縮退している場合 (degenerate case) の摂動論では，0次の固有関数 ψ_0 の選び方だけが縮退がない場合の摂動論と異なり，それ以外の方法は同じである．

非摂動固有関数 u_l と u_m $(l \neq m)$ が，同一の非摂動エネルギー W_0 をもつ場合を考える．

$$\psi_0 = a_l u_l + a_m u_m, \quad W_0 = E_l = E_m \tag{B.70}$$

とおき，式 (B.70) を式 (B.47) に代入して u_l, u_m と内積をとると，次のようになる．

$$\begin{aligned}
\left(\langle m|\mathcal{H}'|m\rangle - W_1\right) a_m + \langle m|\mathcal{H}'|l\rangle a_l &= 0 \\
\langle l|\mathcal{H}'|m\rangle a_m + \left(\langle l|\mathcal{H}'|l\rangle - W_1\right) a_l &= 0
\end{aligned} \tag{B.71}$$

式 (B.71) が，$a_l = a_m = 0$ 以外の解をもつためには，a_l, a_m の係数からなる行列式が 0 とならなければならない．したがって，

$$(\langle m|\mathcal{H}'|m\rangle - W_1)(\langle l|\mathcal{H}'|l\rangle - W_1) - \langle m|\mathcal{H}'|l\rangle\langle l|\mathcal{H}'|m\rangle = 0 \tag{B.72}$$

である.

式 (B.72) を W_1 について解くと

$$\begin{aligned}W_1 &= \frac{1}{2}\left(\langle m|\mathcal{H}'|m\rangle + \langle l|\mathcal{H}'|l\rangle\right) \\ &\pm \frac{1}{2}\left[\left(\langle m|\mathcal{H}'|m\rangle - \langle l|\mathcal{H}'|l\rangle\right)^2 + 4\langle m|\mathcal{H}'|l\rangle\langle l|\mathcal{H}'|m\rangle\right]^{\frac{1}{2}}\end{aligned} \tag{B.73}$$

となる.

式 (B.73) から, [ ] の中が 0 にならない限り, 1 次の摂動までを考えることによって縮退が解けることがわかる. W_1 が二つの解をもつとき, すなわち, 縮退が解けたときは, 式 (B.71) から a_l と a_m を決定し, これを用いて波動関数が求められる. 式 (B.47) の第 2 式に式 (B.52) と式 (B.70) を代入し, u_k ($k \neq l, m$) との内積をとると,

$$a_k^{(1)}(E_k - E_m) = -\langle k|\mathcal{H}'|m\rangle a_m - \langle k|\mathcal{H}'|l\rangle a_l \tag{B.74}$$

となる. また, $a_l^{(1)} = a_m^{(1)} = 0$ と仮定すると, $s = 1$ における式 (B.49) も満たす. 式 (B.74) で与えられた $a_k^{(1)}$ を用いて, 1 次の摂動までの固有関数を求めることができる.

2 次の摂動まで考えるときには, 式 (B.70) を式 (B.47) の第 3 式に代入して u_l, u_m と内積をとる. この結果,

$$\begin{aligned}\sum_n \langle m|\mathcal{H}'|n\rangle a_n^{(1)} - W_2\, a_m &= 0 \\ \sum_n \langle l|\mathcal{H}'|n\rangle a_n^{(1)} - W_2\, a_l &= 0\end{aligned} \tag{B.75}$$

が得られる.

式 (B.74) を式 (B.75) に代入すると,

$$\begin{aligned}\left(\sum_n \frac{\langle m|\mathcal{H}'|n\rangle\langle n|\mathcal{H}'|m\rangle}{E_m - E_n} - W_2\right) a_m + \sum_n \frac{\langle m|\mathcal{H}'|n\rangle\langle n|\mathcal{H}'|l\rangle}{E_m - E_n} a_l &= 0 \\ \sum_n \frac{\langle l|\mathcal{H}'|n\rangle\langle n|\mathcal{H}'|m\rangle}{E_m - E_n} a_m + \left(\sum_n \frac{\langle l|\mathcal{H}'|n\rangle\langle n|\mathcal{H}'|l\rangle}{E_m - E_n} - W_2\right) a_l &= 0\end{aligned} \tag{B.76}$$

となる. 式 (B.76) を解くことによって, 2 次の摂動まで考えたエネルギー固有値が求められる.

参考文献

[1] 青木昌治「電子物性工学」(コロナ社, 1964).
[2] 川村 肇「固体物理学」(共立出版, 1968).
[3] 黒沢達美「物性論―固体を中心とした―」(裳華房, 1970).
[4] N. W. Ashcroft and N. D. Mermin, "Solid State Physics" (Holt-Saunders, 1976); 松原武生, 町田一成 訳「固体物理の基礎」上・I, 上・II, 下・I, 下・II (吉岡書店, 1981, 1982).
[5] J. M. Ziman, "Principles of the Theory of Solids" (Cambridge, 1972); 山下次郎, 長谷川 彰 訳「固体物性論の基礎」第2版 (丸善, 1976).
[6] 浜口智尋「電子物性入門」(丸善, 1979).
[7] W. A. Harrison, "Solid State Theory" (Dover, 1979).
[8] W. A. Harrison, "Electronic Structure and the Properties of Solids" (Dover, 1980); 小島忠宣, 小島和子, 山田栄三郎 訳「固体の電子構造と物性―化学結合の物理―」上, 下 (現代工学社, 1983).
[9] 佐々木昭夫「現代電子物性論」(オーム社, 1981).
[10] 花村榮一「固体物理学」(裳華房, 1986).
[11] 花村榮一「基礎物理学演習シリーズ 固体物理学」(裳華房, 1986).
[12] C. Kittel, "Quantum Theory of Solids" 2nd ed. (John Wiley & Sons, 1987).
[13] 坂田 亮「理工学基礎 物性科学」(培風館, 1995).
[14] 上村 洸, 中尾憲司「電子物性論＝物性物理・物質科学のための」(培風館, 1995).
[15] L. Mihály and M. C. Martin, "Solid State Physics Problems and Solutions" (John Wiley & Sons, 1996).
[16] C. Kittel, "Introduction to Solid State Physics" 7th ed. (John Wiley & Sons, 1996); 宇野良清, 津屋 昇, 森田 章, 山下次郎 共訳「固体物理学入門」(上, 下) 第7版 (丸善, 1997).
[17] C. Kittel, "Introduction to Solid State Physics" 8th ed. (John Wiley & Sons, 2005); 宇野良清, 津屋 昇, 森田 章, 山下次郎 共訳「固体物理学入門」(上, 下) 第8版 (丸善, 2005).
[18] 沼居貴陽「固体物理学演習―キッテルの理解を深めるために―」(丸善, 2000).
[19] 沼居貴陽「改訂版 固体物理学演習―キッテルの理解を深めるために―」(丸善, 2005).
[20] 近角聰信「強磁性体の物理」(上) (裳華房, 1978).

[21] 近角聰信「強磁性体の物理」(下)(裳華房, 1984).
[22] 川村 肇「半導体の物理」第 2 版 (槇書店, 1971).
[23] 霜田光一, 桜井捷海「エレクトロニクスの基礎」(新版)(裳華房, 1983).
[24] 御子柴宣夫「半導体の物理」改訂版 (培風館, 1991).
[25] 高橋 清「半導体工学」第 2 版 (森北出版, 1993).
[26] J. H. Davies, "The Physics of Low-Dimensional Semiconductors" (Cambridge University Press, 1998); 樺沢宇紀 訳「低次元半導体の物理」(シュプリンガーフェアラーク東京, 2004).
[27] 沼居貴陽「例題で学ぶ半導体デバイス」(森北出版, 2006).
[28] 沼居貴陽「半導体レーザー工学の基礎」(丸善, 1996).
[29] T. Numai, "Fundamentals of Semiconductor Lasers" (Springer, 2004).
[30] 高橋秀俊「電磁気学」(裳華房, 1959).
[31] 霜田光一, 近角聰信 編「大学演習 電磁気学」全訂版 (裳華房, 1956).
[32] 久保亮五「統計力学」(共立出版, 1971).
[33] 久保亮五 編「大学演習 熱学・統計力学」修訂版 (裳華房, 1998).
[34] C. Kittel and H. Kroemer, "Thermal Physics" 2nd ed. (W. H. Freeman and Company, 1980); 山下次郎, 福地 充 訳「熱物理学」第 2 版 (丸善, 1983).
[35] 沼居貴陽「熱物理学・統計物理学演習―キッテルの理解を深めるために―」(丸善, 2001).
[36] 小出昭一郎「量子力学 (I), (II)」(裳華房, 1969).
[37] J. J. Sakurai, "Modern Quantum Mechanics" Revised ed. (Addison-Wesley, 1994); 桜井明夫 訳「現代の量子力学」上, 下 (吉岡書店, 1989).
[38] 大槻義彦 監修「演習 現代の量子力学―J. J. サクライの問題解説―」(吉岡書店, 1992).
[39] E. D. Palik, "Handbook of Optical Constants of Solids II" (Academic Press, 1991).
[40] 寺沢寛一「自然科学者のための数学概論」(増訂版)(岩波書店, 1983).
[41] M. Abramowitz and I. A. Stegun, "Handbook of Mathematical Functions" (Dover, 1965).
[42] C. R. Wylie and L. C. Barrett, "Advanced Engineering Mathematics" 5th ed. (McGraw-Hill, 1985).
[43] E. W. Weisstein, "CRC Concise Encyclopedia of Mathematics" (CRC Press, 1998).

索　引

あ 行

アインシュタイン・モデル　71
アインシュタインの関係　120
アクセプター　110
アクセプター準位　114

イオン結晶　36
1 次の相転移　139
移動度　94, 118, 120
色中心　191

エネルギーギャップ　81
エネルギー固有値　248
エネルギーバンド　80
塩化セシウム (CsCl) 構造　11
塩化ナトリウム (NaCl) 構造　10
演算子　248
エントロピー　242

応答関数　175
応　力　42
オームの法則　94
重い正孔　107
音響的分枝　56

か 行

外因性半導体　110
回折 X 線　15
回折条件　17
界面層　186
化学ポテンシャル　246
可観測量　248
拡　散　119
拡散係数　120
化合物半導体　105
価電子　29, 41, 80
価電子帯　80
軽い正孔　107
間接遷移　125
完全反磁性　158
緩　和　184

希ガス結晶　29
軌道角運動量　146
擬フェルミ準位　120
ギブス因子　245
ギブス和　246
基本セル　2
基本並進ベクトル　2
逆格子ベクトル　18
逆有効質量テンソル　92
キャリア　106
キュリー温度　141, 153
キュリー定数　153
キュリーの法則　153
キュリー-ワイスの法則　153
強磁性体　153
凝集エネルギー　36
共有結合結晶　39
強誘電状態　139
強誘電性結晶　139
強誘電体　139
局所電界　138
禁制帯　81
金　属　81
金属結晶　41

空間格子　2
空格子点　188
屈折率　172
　　　　複素——　174
クーパー対　161
クラマース-クローニッヒの関係　176
クローニッヒ-ペニーのモデル　89
クロネッカーのデルタ記号　19
クーロン相互作用　79

$k \cdot p$ 摂動　212
欠　陥　188
結　晶　1
結晶運動量　60
結晶構造　10
結晶軸　2
結晶表面　183
結晶面　7
ケット・ベクトル　213
ゲート　187
原子形状因子　25
原子層　183

光学的分枝　56
交換磁界　153
合　金　166
格　子　1
格子振動　50
格子位置　188
格子間位置　188
格子定数　1
格子点　1
構造因子　25
交流ジョゼフソン効果　161
混合のエントロピー　170
混成軌道　40

さ 行

サイクロトロン運動　97
サイクロトロン角周波数　96, 111
サイクロトロン共鳴　97

歳差運動　150
散乱振幅　25

g 因子　146
磁　化　143
磁　荷　144
磁化率　145
磁気角運動量比　146
磁気双極子モーメント　143
磁気分極　143
磁性体　143
自発磁化　153
自発的磁気双極子モーメント
　153
自発分極　139
周期的ポテンシャル　82
自由電子　29, 41
自由電子気体　41, 73, 98
充満帯　80
縮　退　60
縮退度　242
シュレーディンガー方程式
　248
常磁性体　145
消衰係数　100, 172
状　態　60
状態密度　64
　有効――　107
状態密度有効質量　107, 214
常誘電状態　139
ジョゼフソン効果　161
　交流――　162
　直流――　161
ショットキー欠陥　188
進行波　63
真性キャリア濃度　108
真性半導体　106
真性フェルミ準位　108
振幅反射率　172

水素結合結晶　42
スターリングの公式　189
スピン　73, 106
スピン角運動量　146
スピン格子緩和時間　179

正　孔　106
静水圧応力　44
静電しゃへい　101
絶縁体　81, 130
絶対活動度　246
摂　動　82, 212
摂動論　93
閃亜鉛鉱構造　13
全角運動量　146
せん断応力　44

相互作用ポテンシャル　79
相転移　139
　1次の――　139
　2次の――　139
ソース　186
塑性変形　42, 192

　　　　　た　行

第1ブリルアン・ゾーン　52
第Ⅰ種超伝導体　158
体心立方格子　4
第Ⅱ種超伝導体　158
ダイヤモンド構造　13
多重度　242
縦緩和時間　179
縦モード　56
縦有効質量　107, 214
単位構造　1
短距離相互作用　79
短距離的秩序　166
単元素半導体　105
単純立方格子　4
単純六方格子　11
弾性スティフネス定数　44
弾性波　46
弾性変形　42

秩序状態　166
チャネル　187
長距離的秩序　166
超伝導状態　157
超伝導体　158
　第Ⅰ種――　158
　第Ⅱ種――　158
直接遷移　125

直流ジョゼフソン効果　161

抵抗率　95
定在波　62
定積比熱　68
ディラック定数　32, 248
デバイ・モデル　68
デバイ温度　69
デバイ近似　68
転　位　192
転移温度　139
電気感受率　137
　比　137
電気双極子振動　55
電気双極子モーメント　131
電気素量　111
電気抵抗　95
電気伝導率　94, 118
伝導帯　80
伝導電子　29, 106
伝導率有効質量　117, 217

ドナー　110
ドナー準位　112
ドーピング　110
ドリフト速度　94
ドリフト電流　118
ドレイン　186
トンネリング　161

　　　　　な　行

2次の相転移　139

熱　浴　242

　　　　　は　行

パウリのスピン磁化　149
パウリの排他律　33, 80, 246
刃状転位　192
波数ベクトル　248
波動関数　248
パワー反射率　175
反強磁性相互作用　154
半金属　81
反磁化磁界　145

反磁性
　　完全—— 158
反磁性体　145
半導体　81, 105
　　化合物—— 105
　　単元素—— 105
　　バンドギャップ　81
反分極因子　132
反分極電界　132

ひずみ　44
比電気感受率　137
比誘電率　98, 131
表面再構成　184

ファン・デル・ワールス-ロンドン相互作用　30
フェリ磁性体　154
フェルミ・エネルギー　75
フェルミ温度　78
フェルミ準位　73, 247
　　真性—— 108
フェルミ-ディラック分布関数　73, 247
フェルミ粒子　73, 106, 246
フォノン　59, 125
副格子　5
複素屈折率　174
複素誘電率　174
不純物半導体　110
フックの法則　44
ブラッグ回折　15
ブラッグ条件　17
ブラ・ベクトル　213
ブラベ格子　2
プランク定数　32, 248
フレンケル欠陥　188
フレンケル励起子　177, 182
ブロッホ関数　88, 212
ブロッホの定理　89, 212
ブロッホ方程式　179
分極　131
　　自発—— 139
　　平衡—— 140
　　飽和—— 139

分極率　139
分散関係　51, 172
分配関数　243
分布　147

平均場の近似　153
平衡分極　140
並進ベクトル　2
ヘルムホルツの自由エネルギー　189
変形　192
　　塑性—— 192

ボーア磁子　146
ポアソン方程式　101
ボーア半径　255
方位量子数　147
飽和分極　139
ほとんど自由な電子モデル　82
ホール係数　97, 111
ホール効果　97
ボルツマン因子　243
ホール伝導率　217

ま 行

マイスナー効果　158
マクスウェル方程式　130
マーデルング定数　38

ミラー指数　8

無秩序状態　166

メッシュ　184
面心立方格子　4

モット-ワニエ励起子　177
モード　56
　　縦—— 56
　　横—— 56

や 行

有効質量　127
　　状態密度—— 107, 214

　　縦—— 107, 214
　　伝導率—— 117, 217
　　横—— 107, 214
有効質量近似　92
有効状態密度　106
誘電関数　98
誘電体　130
誘電率
　　比—— 131

横緩和時間　179
横モード　56
横有効質量　107, 214

ら 行

ラウエ条件　25
らせん転位　192
ラーモアの歳差運動　150
ラーモアの理論　150
ランダウの自由エネルギー　139
ランデの方程式　146

立方格子
　　体心—— 4
　　単純—— 4
　　面心—— 4
量子数　248

励起子　177
　　フレンケル—— 177
　　モット-ワニエ—— 177
零点エネルギー　59, 244
レナード-ジョーンズ・パラメータ　33
レナード-ジョーンズ・ポテンシャル　33
六方最密構造　11, 12
ローレンツ電界　138
ローレンツの関係　139
ロンドンの侵入深さ　161
ロンドン方程式　160

著者略歴
沼居　貴陽（ぬまい・たかひろ）
- 1983 年　慶應義塾大学工学部電気工学科卒業
- 1985 年　慶應義塾大学大学院工学研究科
　　　　　電気工学専攻修士課程修了
- 1985 年　日本電気株式会社入社
　　　　　光エレクトロニクス研究所勤務
- 1992 年　工学博士（慶應義塾大学）
- 1994 年　北海道大学助教授（電子科学研究所）
- 1998 年　キヤノン株式会社入社
　　　　　中央研究所勤務
- 2003 年　立命館大学教授（理工学部電気電子工学科）
　　　　　現在に至る

固体物性入門　　　　　　　　　　　Ⓒ 沼居貴陽　2007
2007 年 6 月 5 日 第 1 版第 1 刷発行　【本書の無断転載を禁ず】
2019 年 8 月 30 日 第 1 版第 8 刷発行

著　者　沼居貴陽
発行者　森北博巳
発行所　森北出版株式会社
　　　　東京都千代田区富士見 1-4-11（〒102-0071）
　　　　電話 03-3265-8341 ／ FAX 03-3264-8709
　　　　https://www.morikita.co.jp/
　　　　日本書籍出版協会・自然科学書協会　会員
　　　　JCOPY ＜（一社）出版者著作権管理機構　委託出版物＞

落丁・乱丁本はお取替えいたします　　印刷/モリモト印刷・製本/協栄製本
TeX 組版処理/(株)プレイン　http://www.plain.jp/

Printed in Japan　／　ISBN978-4-627-77391-2

出版案内

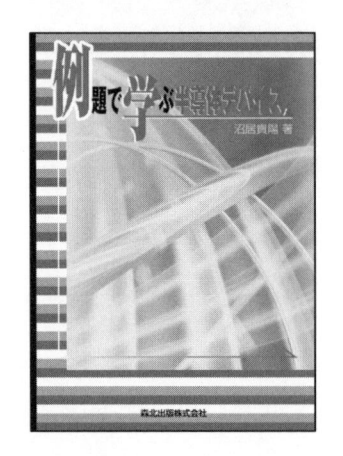

例題で学ぶ
半導体デバイス

沼居 貴陽／著

菊判・216 頁・ISBN978-4-627-77361-5

■例題を解きながら，半導体デバイスの本質を理解する力を養います．本書では例題60題，演習問題50題と盛りだくさんに掲載しています．さらに，演習問題解答は充実の31頁!!解きながら学ぶスタイルを求める読者には最適のテキストです．

http://www.morikita.co.jp/